U0575463

水资源开发与水利工程建设

刘景才　赵晓光　李　璇　编著

吉林科学技术出版社

图书在版编目（CIP）数据

水资源开发与水利工程建设 / 刘景才，赵晓光，李
璇编著． -- 长春：吉林科学技术出版社，2019.5
ISBN 978-7-5578-5482-9

Ⅰ．①水… Ⅱ．①刘… ②赵… ③李… Ⅲ．①水资源
开发②水利工程管理 Ⅳ．① TV213 ② TV6

中国版本图书馆 CIP 数据核字（2019）第 106146 号

水资源开发与水利工程建设

编　　著	刘景才　　赵晓光　　李　璇	
出 版 人	李　梁	
责任编辑	杨超然	
封面设计	刘　华	
制　　版	王　朋	
开　　本	185mm×260mm	
字　　数	360 千字	
印　　张	16	
版　　次	2019 年 5 月第 1 版	
印　　次	2019 年 5 月第 1 次印刷	
出　　版	吉林科学技术出版社	
发　　行	吉林科学技术出版社	
地　　址	长春市福祉大路 5788 号出版集团 A 座	
邮　　编	130118	
发行部电话／传真	0431—81629529　　81629530　　81629531	
	81629532　　81629533　　81629534	
储运部电话	0431—86059116	
编辑部电话	0431—81629517	
网　　址	www.jlstp.net	
印　　刷	北京宝莲鸿图科技有限公司	
书　　号	ISBN 978-7-5578-5482-9	
定　　价	65.00 元	

版权所有　翻印必究

前　言

　　水资源是维持人类生存和促进社会发展的重要物质基础，水资源开发利用，是改造自然、利用自然的一个方面，随着我国经济的快速发展，水资源短缺以及水资源污染现象日益严重，因此，加强对水资源的合理开发以及可持续利用显得尤为重要。与此同时，经济与科学技术的发展，也使水利事业在国民经济中的命脉和基础产业地位愈加突出；水利工程建设水平的提高更是进一步促进水能水电的开发利用，保护生态环境，促进我国经济发展具有举足轻重的重大意义。

　　本书开篇用一章对水资源开发与水利工程建设的现状与问题进行概述，后分为水资源开发基础、水资源开发利用、水资源开发利用工程、水利工程建设、水利水电工程建设与工程项目的施工管理六章分别对水资源开发的理论、技术与水利工程施工建设进行详细阐述。

　　由于本书包罗内容较广，涉及知识较烦琐，编写人员较多，各章节内容的格式、深度和广度可能并不一致，且谬误无可避免，敬请读者批评指正。

目 录

第一章 绪 论

第一节 水资源及其开发

一、水资源的特征与重要性

根据世界气象组织和联合国教科文组织的《INTERNATIONAL GLOSSARY OF HYDROLOGY》中有关水资源的定义，水资源是指可资利用或有可能被利用的水源，这个水源应具有足够的数量和合适的质量，并满足某一地方在一段时间内具体利用的需求。

根据全国科学技术名词审定委员会公布的水利科技名词中有关水资源的定义，水资源是指地球上具有一定数量和可用质量能从自然界获得补充并可资利用的水。

（一）重要性

水不仅是构成身体的主要成分，而且还有许多生理功能。

水的溶解力很强，许多物质都能溶于水，并解离为离子状态，发挥重要的作用。不溶于水的蛋白质和脂肪可悬浮在水中形成胶体或乳液，便于消化、吸收和利用；水在人体内直接参加氧化还原反应，促进各种生理活动和生化反应的进行；没有水就无法维持血液循环、呼吸、消化、吸收、分泌、排泄等生理活动，体内新陈代谢也无法进行；水的比热大，可以调节体温，保持恒定。当外界温度高或体内产热多时，水的蒸发及出汗可帮助散热。天气冷时、由于水储备热量的潜力很大，人体不致因外界寒冷而使体温降低，水的流动性大。一方面可以运送氧气、营养物质、激素等，一方面又可通过大便、小便、出汗把代谢产物及有毒物质排泄掉。水还是体内自备的润滑剂，如皮肤的滋润及眼泪、唾液，关节囊和浆膜腔液都是相应器官的润滑剂。

成人体液是由水、电解质、低分子有机化合物和蛋白质等组成，广泛分布在组织细胞内外，构成人体的内环境。其中细胞内液约占体重的 40%，细胞外液占 20%（其中血浆占5%，组织间液占 15%）。水是机体物质代谢必不可少的物质，细胞必须从组织间液摄取营养，而营养物质溶于水才能被充分吸收，物质代谢的中间产物和般终产物也必须通过组织间液运送和排除。

在地球上，人类可直接或间接利用的水，是自然资源的一个重要组成部分。天然水资源包括河川径流、地下水、积雪和冰川、湖泊水、沼泽水、海水。按水质划分为淡水和咸水。随着科学技术的发展，被人类所利用的水增多，例如海水淡化，人工催化降水，南极大陆冰的利用等。由于气候条件变化，各种水资源的时空分布不均，天然水资源量不等于可利用水量，往往采用修筑水库和地下水库来调蓄水源，或采用回收和处理的办法利用工业和生活污水，扩大水资源的利用。与其他自然资源不同，水资源是可再生的资源，可以重复多次使用；并出现年内和年际量的变化，具有一定的周期和规律；储存形式和运动过程受自然地理因素和人类活动所影响。

（二）特征

1.周期性

（1）必然性和偶然性

水资源的基本规律是指水资源（包括大气水、地表水和地下水）在某一时段内的状况，它的形成都具有其客观原因，都是一定条件下的必然现象。但是，从人们的认识能力来讲，和许多自然现象一样，由于影响因素复杂，人们对水文与水资源发生多种变化的前因后果的认识并非十分清楚。故常把这些变化中能够作出解释或预测的部分称之为必然性。例如，河流每年的洪水期和枯水期，年际间的丰水年和枯水年；地下水位的变化也具有类似的现象。由于这种必然性在时间上具有年的、月的甚至日的变化，故又称之为周期性，相应地分别称之为多年期间，月的或季节性周期等。而将那些还不能作出解释或难以预测的部分，称之为水文现象或水资源的偶然性的反映。任一河流不同年份的流量过程不会完全一致；地下水位在不同年份的变化也不尽相同，泉水流量的变化有一定差异。这种反映也可称之为随机性，其规律要由大量的统计资料或长系列观测数据分析。

（2）相似性

相似性主要指气候及地理条件相似的流域，其水文与水资源现象则具有一定的相似性，湿润地区河流径流的年内分布较均匀，干旱地区则差异较大；表现在水资源形成、分布特征也具有这种规律。

（3）特殊性

特殊性是指不同下垫面条件产生不同的水文和水资源的变化规律。如同一气候区，山区河流与平原河流的洪水变化特点不同；同为半干旱条件下河谷阶地和黄土原区地下水赋存规律不同。

（4）循环性、有限性及分布的不均一性

水是自然界的重要组成物质，是环境中最活跃的要素。它不停地运动且积极参与自然环境中一系列物理的、化学的和生物的过程。水资源与其他固体资源的本质区别在于其具有流动性，它是在水循环中形成的一种动态资源，具有循环性。水循环系统是一个庞大的自然水资源系统，水资源在开采利用后，能够得到大气降水的补给，处在不断地开采、补

给和消耗、恢复的循环之中，可以不断地供给人类利用和满足生态平衡的需要。在不断的消耗和补充过程中，在某种意义上水资源具有"取之不尽"的特点，恢复性强。可实际上全球淡水资源的蓄存量是十分有限的。全球的淡水资源仅占全球总水量的 2.5%，且淡水资源的大部分储存在极地冰帽和冰川中，真正能够被人类直接利用的淡水资源仅占全球总水量的 0.796%。从水量动态平衡的观点来看，某一期间的水量消耗量接近于该期间的水量补给量，否则将会破坏水平衡，造成一系列不良的环境问题。可见，水循环过程是无限的，水资源的蓄存量是有限的，并非用之不尽，取之不竭。

水资源在自然界中具有一定的时间和空间分布。时空分布的不均匀是水资源的又一特性。全球水资源的分布表现为大洋洲的径流模数为 51.0L/(s·km²)，亚洲为 10.5L/(s·km²)，最高的和最低的相差数倍。我国水资源在区域上分布不均匀。总的说来，东南多，西北少；沿海多，内陆少；山区多，平原少。在同一地区中，不同时间分布差异性很大，一般夏多冬少。

2. 利用的多样性

水资源是被人类在生产和生活活动中广泛利用的资源，不仅广泛应用于农业、工业和生活，还用于发电、水运、水产、旅游和环境改造等。在各种不同的用途中，有的是消耗用水，有的则是非消耗性或消耗很小的用水，而且对水质的要求各不相同。这是使水资源一水多用、充分发展其综合效益的有利条件。此外，水资源与其他矿产资源相比，另一个最大区别是：水资源具有既可造福于人类，又可危害人类生存的两重性。

水资源质量适宜，且时空分布均匀，将为区域经济发展、自然环境的良性循环和人类社会进步做出巨大贡献。水资源开发利用不当，又可制约国民经济发展，破坏人类的生存环境。如水利工程设计不当、管理不善，可造成垮坝事故，也可引起土壤次生盐碱化。水量过多或过少的季节和地区，往往又产生各种各样的自然灾害。水量过多容易造成洪水泛滥，内涝渍水；水量过少容易形成干旱、盐渍化等自然灾害。适量开采地下水，可为国民经济各部门和居民生活提供水源，满足生产、生活的需求。无节制、不合理地抽取地下水，往往引起水位持续下降、水质恶化、水量减少、地面沉降，不仅影响生产发展，而且严重威胁人类生存。正是由于水资源利害的双重性质，在水资源的开发利用过程中尤其强调合理利用、有序开发，以达到兴利除害的目的。

3. 有限资源

海水是咸水，不能直接饮用，所以通常所说的水资源主要是指陆地上的淡水资源，如河流水、淡水、湖泊水、地下水和冰川等。陆地上的淡水资源只占地球上水体总量 2.53%左右，其中近 70% 是固体冰川，即分布在两极地区和中、低纬度地区的高山冰川，还很难加以利用。人类比较容易利用的淡水资源，主要是河流水、淡水湖泊水，以及浅层地下水，储量约占全球淡水总储量的 0.3%，只占全球总储水量的十万分之七。据研究，从水循环的观点来看，全世界真正有效利用的淡水资源每年约有 9000 立方千米。

地球上水的体积大约有 13.6 千万立方公里。海洋占了 13.2 千万立方公里（约

97.2%)；冰川和冰盖占了 25000000 立方公里（约 1.8%）；地下水占了 13000000 立方公里（约 0.9%）；湖泊、内陆海，和河里的淡水占了 250000 立方公里（约 0.02%）；大气中的水蒸气在任何已知的时候都占了 13000 立方公里（约 0.001%），也就是说，真正可以被利用的水源不到 0.1%。

根据世界气象组织和联合国教科文组织的《INTERNATIONAL GLOSSARY OF HYDROLOGY》（国际水文学名词术语，第三版，2012 年）中有关水资源的定义，水资源是指可资利用或有可能被利用的水源，这个水源应具有足够的数量和合适的质量，并满足某一地方在一段时间内具体利用的需求。

根据全国科学技术名词审定委员会公布的水利科技名词中有关水资源的定义，水资源是指地球上具有一定数量和可用质量能从自然界获得补充并可资利用的水。

二、淡水来源与水资源开发利用

（一）淡水来源

1. 地表水

地表水是指河流、湖或是淡水湿地。地表水由经年累月自然的降水和下雪累积而成，并且自然地流失到海洋或者是经由蒸发消逝，以及渗流至地下。

虽然任何地表水系统的自然水来源仅来自于该集水区的降水，但仍有其他许多因素影响此系统中的总水量多寡。这些因素包括了湖泊、湿地、水库的蓄水量、土壤的渗流性、此集水区中地表径流之特性。人类活动对这些特性有着重大的影响。人类为了增加存水量而兴建水库，为了减少存水量而放光湿地的水分。人类的开垦活动以及兴建沟渠则增加径流的水量与强度。

当下可供使用的水量是必须考量的。部分人的用水需求是暂时性的，如许多农场在春季时需要大量的水，在冬季则丝毫不需要。为了要提供水与这类农场，表层的水系统需要大量的存水量来搜集一整年的水，并在短时间内释放。另一部份的用水需求则是经常性的，像是发电厂的冷却用水。为了提供水与发电厂，表层的水系统需要一定的容量来储存水，当发电厂的水量不足时补足即可。

加拿大拥有世界上最大的水量补给。

2. 地下水

地下水，是贮存于包气带以下地层空隙，包括岩石孔隙、裂隙和溶洞之中的水。

水在地下分为许多层段便是所谓的含水层。

3. 海水淡化

海水淡化是一个将咸水（通常为海水）转化为淡水的过程。最常见的方式是蒸馏法与逆渗透法。就当今来说，海水淡化的成本较其他方式高，而且提供的淡水量仅能满足极少数人的需求。此法唯有对干漠地区的高经济用途用水有其经济价值存在。至今最广泛使用于波斯湾。

不过，随着技术的跟进，海水淡化的成本越来越低，其中太阳能海水淡化技术日益受到人们的关注。

早已有几个计划提出要利用冰山作为一个淡水的来源，但迄今为止仅止于新颖性用途，尚未能顺利进行。而冰川径流被视为是地表水。

（二）水资源开发和利用

水资源开发利用，是改造自然、利用自然的一个方面，其目的是发展社会经济。最初开发利用目标比较单一，以需定供。随着工农业不断发展，逐渐变为多目的、综合、以供定用、有计划有控制地开发利用。当前各国都强调在开发利用水资源时，必需考虑经济效益、社会效益和环境效益三方面。

水资源开发利用的内容很广，诸如农业灌溉、工业用水、生活用水、水能、航运、港口运输、淡水养殖、城市建设、旅游等。防洪、防涝等属于水资源开发利用的另一方面的内容。在水资源开发利用中，在以下一些问题上，还持有不同的意见。例如，大流域调水是否会导致严重的生态失调，带来较大的不良后果？森林对水资源的作用到底有多大？大量利用南极冰，会不会导致世界未来气候发生重大变化？此外，全球气候变化和冰川进退对未来水资源的影响，人工降雨和海水淡化利用等，都是今后有待探索的一系列问题。它们对未来人类合理开发利用水资源具有深远的意义。

（三）现状

1. 世界水资源

地球表面的 72% 被水覆盖，但淡水资源仅占所有水资源的 0.5%，近 70% 的淡水固定在南极和格陵兰的冰层中，其余多为土壤水分或深层地下水，不能被人类利用。地球上只有不到 1% 的淡水或约 0.007% 的水可为人类直接利用，而中国人均淡水资源只占世界人均淡水资源的四分之一。

地球的储水量是很丰富的，共有 14.5 亿立方千米之多。地球上的水，尽管数量巨大，而能直接被人们生产和生活利用的，却少得可怜。首先，海水又咸又苦，不能饮用，不能浇地，也难以用于工业。其次，地球的淡水资源仅占其总水量的 2.5%，而在这极少的淡水资源中，又有 70% 以上被冻结在南极和北极的冰盖中，加上难以利用的高山冰川和永冻积雪，有 87% 的淡水资源难以利用。人类真正能够利用的淡水资源是江河湖泊和地下水中的一部分，约占地球总水量的 0.26%。全球淡水资源不仅短缺而且地区分布极不平衡。按地区分布，巴西、俄罗斯、加拿大、中国、美国、印度尼西亚、印度、哥伦比亚和刚果等 9 个国家的淡水资源占了世界淡水资源的 60%。

随着世界经济的发展，人口不断增长，城市日渐增多和扩张，各地用水量不断增多。据联合国估计，1900 年，全球用水量只有 4000 亿立方米 / 年，1980 年为 30000 亿立方米 / 年，1985 年为 39000 亿立方米 / 年。到 2000 年，水量需增加到 60000 亿立方米 / 年。其中以亚洲用水量最多，达 32000 亿立方米 / 年，其次为北美洲、欧洲、南美洲等。约占世界人口总数 40% 的 80 个国家和地区约 15 亿人口淡水不足，其中 26 个国家约 3 亿人极度缺水。更可怕的是，预计到 2025 年，世界上将会有 30 亿人面临缺水，40 个国家和地区淡水严重不足。

2. 中国水资源

中国水资源总量 2.8 万亿 m，居世界第五位。我国 2014 年用水总量 6094.9 亿立方米，仅次于印度，位居世界第二位。由于人口众多，人均水资源占有量仅 $2100m^3$ 左右，仅为世界人均水平的 28%。另外，中国属于季风气候，水资源时空分布不均匀，南北自然环境差异大，其中北方 9 省区，人均水资源不到 500 立方米，实属水少地区；特别是城市人口剧增，生态环境恶化，工农业用水技术落后，浪费严重，水源污染，更使原本贫乏的水"雪上加霜"，而成为国家经济建设发展的瓶颈。全国 600 多座城市中，已有 400 多个城市存在供水不足问题，其中比较严重的缺水城市达 110 个，全国城市缺水总量为 60 亿立方米。

据监测，当前全国多数城市地下水受到一定程度的点状和面状污染，且有逐年加重的趋势。日趋严重的水污染不仅降低了水体的使用功能，进一步加剧了水资源短缺的矛盾，对我国正在实施的可持续发展战略带来了严重影响，而且还严重威胁到城市居民的饮水安全和人民群众的健康。

水利部预测，2030 年中国人口将达到 16 亿，届时人均水资源量仅有 1750 立方米。在充分考虑节水情况下，预计用水总量为 7000 亿至 8000 亿立方米，要求供水能力比当前增长 1300 亿至 2300 亿立方米，全国实际可利用水资源量接近合理利用水量上限，水资源开发难度极大。

中国水资源总量少于巴西、俄罗斯、加拿大、美国和印度尼西亚，居世界第六位。若按人均水资源占有量这一指标来衡量，则仅占世界平均水平的 1/4，排名在第一百一十名之后。缺水状况在中国普遍存在，而且有不断加剧的趋势。全国约有 670 个城市中，一半以上存在着不同程度的缺水现象。其中严重缺水的有一百一十多个。

中国水资源总量虽然较多，但人均量并不丰富。水资源的特点是地区分布不均，水土资源组合不平衡；年内分配集中，年际变化大；连丰连枯年份比较突出；河流的泥沙淤积严重。这些特点造成了中国容易发生水旱灾害，水的供需产生矛盾，这也决定了中国对水资源的开发利用、江河整治的任务十分艰巨。

三、水资源现状解决途径

（一）我国水资源现状和解决途径

1. 我国水资源现状

中国经济发展向来是走先污染，再治理的老路子，经济飞速发展的十年，水资源紧缺和水污染问题已经到了迫在眉睫的关头。我国水资源面临先天不足和后天污染的双重困境。

（1）我国的水资源总体偏少

在全球范围内，我们属于轻度缺水国家。中国用全球 7% 的水资源养活了占全球 21% 的人口。专家估计中国缺水的高峰将在 2030 年出现，因为那时人口将达到 16 亿，人均水资源的占有量将为 1760 立方米，中国将进入联合国有关组织确定的中度缺水型国家的行列。

（2）我国水资源空间分布十分不均匀

华北地区人口占全国的三分之一，而水资源只占全国的 6%。我国的西南地区，人口占全国的五分之一，但是水资源占有量却在 46%。所以，水资源差距最大的年份，水资源占有量最多的省份西藏与天津相比，人均水资源占有量直接的差距是一万倍。

（3）我们的问题是资源性缺水及水污染严重

我国每年没有处理的水的排放量是 2000 亿吨，这些污水造成了 90% 流经城市的河道受到污染，75% 的湖泊富营养化，并且日益严重。所以在南方地区，资源不缺水，但是水质性缺水。

（4）我们的地下水过度取用

北京地下水位从解放初期的 5 米变成当前的 50 米，地下水位每年下降将近 1 米，因此造成了地面的沉降。从国际上来说，安全取用地下水，应该是安全取用地下水的补给量的一部分，但我们不仅吃光了利息，而且还在吃老本。

（5）水生态环境破坏严重

最后一个问题是水浪费严重，我们每一万元的 GDP 用水是世界平均水平的五倍。讨论中国的水市场，就要从这五个方面来讨论，这个市场是非常大的。光是污水处理的市场，预计就要超过 5000 亿元人民币。如果包括以上五项，总数不会少于 2 万亿元人民币。

2. 我国水资源治理三种途径

在全国范围内，无论是政府还是民间慈善机构，抑或是企业家都在努力解决日益逼近的饮水问题。也通过三种不同的途径开始了艰巨的饮水治理之路。

（1）民间组织

2000 年全国妇联等组织承办了"情系西部·共享母爱"世纪爱心行动大型公益活动，募捐善款 1.16 亿元，用于设立"大地之爱·母亲水窖"项目专项基金，"母亲水窖"项目被载入国务院《中国农村扶贫开发白皮书》，这是第一次全国较大范围的解决饮水问题。

（2）政府部门

来自另外一个方向的力量就是政府部门，广州早在 2005 年就进行过水污染普查，国内于 2008 年推出完整的《中华人民共和国水污染防治法》，开始进行全国性的水污染整治，对水污染严重的长江、黄河、珠江流域进行大力整治。当前各大流域污染已经得到控制改善，由于治理水污染周期较长，牵涉面大，至少需要 10 年以上才能取得显著效果。

（3）净水器

与此同时，20世纪80年代末开始出现的净水器开始崭露头角，一些社会人士希望通过净水技术的普及，推广一种廉价而方便的净水解决方案——净水器。

当前，政府和企业所采取的方式卓有成效，而社会民间力量效果次之。政府推动大范围污染治理，净水器企业推动家庭饮水治理。两者不从由面到点，顾全大局又兼顾个体。实际上随着健康意识的提高，民间力量经过引导可以发挥成为重要的纽带作用。中国的饮水困境有赖点线面三个方向综合推进，只有这样，困扰中国几十年的饮水之患才能迅速得到解决。

（二）水资源的供需矛盾

中国地表水年均径流总量约为 2.7 万亿立方米，相当于全球陆地径流总量的 5.5%，占世界第 5 位，低于巴西、前苏联、加拿大和美国。中国还有年平均融水量近 500 亿立方米的冰川，约 8000 亿立方米的地下水及近 500 万立方千米的近海海水。当前中国可供利用的水量年约 1.1 万亿立方米，而 1980 年中国实际用水总量已达 5075 亿立方米，占可利用水资源的 46%。

建国以来，在水资源的开发利用、江河整治及防治水害方面都做了大量的工作，取得较大的成绩。

在城市供水上，当前全国已有 300 多个城市建起了供水系统，自来水日供水能力为 4000 万吨，年供水量 100 多亿立方米；城市工矿企业、事业单位自备水源的日供水能力总计为 6000 多万吨，年供水量 170 亿立方米；在 7400 多个建制镇中有 28% 建立了供水设备，日供水能力约 800 万吨，年供水量 29 亿立方米。

农田灌溉方面，全国现有农田灌溉面积近 8.77 亿亩，林地果园和牧草灌溉面积约 0.3 亿亩有灌溉设施的农田占全国耕地面积的 48%，但它生产的粮食却占全国粮食总产量的 75%。

防洪方面，现有堤防 20 万多千米，保护着耕地 5 亿亩和大、中城市 100 多个。现有大中小型水库 8 万多座，总库容 4400 多亿立方米，控制流域面积约 150 万平方千米。

水力发电，中国水电装机近 3000 万千瓦，在电力总装机中的比重约为 29%，在发电量中的比重约为 20%。

然而，随着工业和城市的迅速发展，需水不断增加，出现了供水紧张的局面。据 1984 年 196 个缺水城市的统计，日缺水量合计达 1400 万立方米，水资源的保证程度已成为某些地区经济开发的主要制约因素。

水资源的供需矛盾，既受水资源数量、质量、分布规律及其开发条件等自然因素的影响，同时也受各部门对水资源需求的社会经济因素的制约。

中国水资源总量不算少，而人均占有水资源量却很贫乏，只有世界人均值的 1/4（中国人均占有地表水资源约 2700 立方米，居世界第 88 位）。按人均占有水资源量比较，加拿大为中国的 48 倍、巴西为 16 倍、印度尼西亚为 9 倍、前苏联为 7 倍、美国为 5 倍，而且也低于日本、墨西哥、法国、前南斯拉夫、澳大利亚等国家。

中国水资源南多北少，地区分布差异很大。黄河流域的年径流量只占全国年径流总量的约 2%，为长江水量的 6% 左右。在全国年径流总量中，淮、海河、滦河及辽河三流域只分别约占 2%、1% 及 0.6%。黄河、淮河、海滦河、辽河四流域的人均水量分别仅为中国人均值的 26%、15%、11.5%、21%。

随着人口的增长，工农业生产的不断发展，造成了水资源供需矛盾的日益加剧。从本世纪初以来，到 20 世纪 70 年代中期，全世界农业用水量增长了 7 倍，工业用水量增长了 21 倍。中国用水量增长也很快，至 70 年代末期全国总用水量为 4700 亿立方米，为建国初期的 4.7。其中城市生活用水量增长 8 倍，而工业用水量（包括火电）增长 22 倍。北京市 70 年代末期城市用水和工业用水量，均为建国初期的 40 多倍，河北、河南、山东、安徽等省的城市用水量，到 70 年代末期都比建国初期增长几十倍，有的甚至超过 100 倍。因而水资源的供需矛盾就异常突出。

由于水资源供需矛盾日益尖锐，产生了许多不利的影响。首先是对工农业生产影响很大，例如 1981 年，大连市由于缺水而造成损失工业产值 6 亿元。在中国 15 亿亩耕地中，尚有 8.3 亿亩没有灌溉设施的干旱地，另有 14 亿亩的缺水草场。全国每年有 3 亿亩农田受旱。西北农牧区尚有 4000 万人口和 3000 万头牲畜饮水困难。其次对群众生活和工作造成不便，有些城市对楼房供水不足或经常断水，有的缺水城市不得不采取定时、限量供水，造成人民生活困难。其三，超量开采地下水，引起地下水位持续下降，水资源枯竭，在 27 座主要城市中有 24 座城市出现了地下水降落漏斗。

（三）水利与洪涝

由于所处地理位置和气候的影响，中国是一个水旱灾害频繁发生的国家，尤其是洪涝灾害长期困扰着经济的发展。据统计，从公元前 206 年至 1949 年的 2155 年间，共发生较大洪水 1062 次，平均两年即有一次。黄河在 2000 多年中，平均 3 年两决口，百年一改道，仅 1887 年的一场大水死亡 93 万人，全国在 1931 年的大洪水中丧生 370 万人。建国以后，洪涝灾害仍不断发生，造成了很大的损失。因此，兴修水利、整治江河、防治水害实为国家的一项治国安邦的大计，也是十分重要的战略任务。

中国 40 多年来，共整修江河堤防 20 余万千米，保护了 5 亿亩耕地。建成各类水库 8 万多座，配套机电井 263 万眼，拥有 6600 多万千瓦的排灌机械。机电排灌面积 4.6 亿亩，除涝面积约 2.9 亿亩，改良盐碱地面积 0.72 亿亩，治理水土流失面积 51 万平方千米。这些水利工程建设，不仅每年为农业、工业和城市生活提供 5000 亿立方米的用水，解决了山区、牧区 1.23 亿人口和 7300 万头牲畜的饮水困难。而且在防御洪涝灾害上发挥了巨大的效益。

随着人口的急剧增加和对水土资源不合理的利用，导致水环境的恶化，加剧了洪涝灾害的发生。特别是 1991 年入夏以来，在中国的江淮、太湖地区，以及长江流域的其他地区连降大雨或暴雨，部分地区出现了近百年来罕见的洪涝灾害。截至 8 月 1 日，受害人口达到 2.2 亿人，伤亡 5 万余人，倒塌房屋 291 万间，损坏 605 万间，农作物受灾面积约 3.15 亿亩，成灾面积 1.95 亿亩，直接经济损失高达 685 亿元。在这次大面积的严重洪灾面前，应该进一步提高对中国面临洪涝灾害严重威胁的认识，总结经验教训，寻找防治对策。

除了自然因素外，造成洪涝灾害的主要原因有：

1. 不合理利用自然资源

尤其是滥伐森林，破坏水土平衡，生态环境恶化。如前所述，中国水土流失严重，建国以来虽已治理 51 万平方千米，但当前水土流失面积已达 160 万平方千米，每年流失泥沙 50 亿吨，河流带走的泥沙约 35 亿吨，其中淤积在河道、水库、湖泊中的泥沙达 12 亿吨。湖泊不合理的围垦，面积日益缩小，使其调洪能力下降。据中科院南京地理与湖泊研究所调查，70 年代后期，中国面积 1 平方千米以上的湖泊约有 2300 多个，总面积达 7.1 万平方千米，占国土总面积的 0.8%，湖泊水资源量为 7077 亿立方米，其中淡水 2250 亿立方米，占中国陆地水资源总量的 8%。建国以后的 30 多年来，中国的湖泊已减少了 500 多个，面积缩小约 1.86 万平方千米，占现有湖泊面积的 26.3%，湖泊蓄水量减少 513 亿立方米。长江中下游水系和天然水面减少，1954 年以来，湖北、安徽、江苏以及洞庭、鄱阳等湖泊水面因围湖造田等缩小了约 1.2 万平方千米，大大削弱了防洪抗涝的能力。另一方面，河道淤塞和被侵占，行洪能力降低，因大量泥沙淤积河道，使许多河流的河床抬高，减少了过洪能力，增加了洪水泛滥的机会。如淮河干流行洪能力下降了 3000 立方米 / 秒。此外，河道被挤占，束窄过水断面，也减少了行洪、调洪能力，加大了洪水危害程度。

2. 水利工程防洪标准偏低

中国大江大河的防洪标准普遍偏低，当前除黄河下游可预防 60 年一遇洪水外，其余长江、淮河等 6 条江河只能预防 10 ～ 20 年一遇洪水标准。许多大中城市防洪排涝设施差，经常处于一般洪水的威胁之下。广大江河中下游地区处于洪水威胁范围的面积达 73.8 万平方千米，占国土陆地总面积的 7.7%，其中有耕地 5 亿亩，人口 4.2 亿，均占全国总数的 1/3 以上，工农业总产值约占全国的 60%。此外，各条江河中下游的广大农村地区排涝标准更低，随着农村经济的发展，远不能满足当前防洪排涝的要求。

3. 人口增长和经济发展使受灾程度加深

一方面抵御洪涝灾害的能力受到削弱，另一方面由于社会经济发展却使受灾程度大幅度增加。建国以后人口增加了一倍多，尤其是东部地区人口密集，长江三角洲的人口密度为全国平均密度的 10 倍。全国 1949 年工农业总产值仅 466 亿元，至 1988 年已达 24089 亿元，增加了 51 倍。乡镇企业得到迅猛发展，东部、中部地区乡镇企业的产值占全国乡镇企业的总产值的 98%，因经济不断发展，在相同频率洪水情况下所造成的各种损失却成倍增加。例如 1991 年太湖流域地区 5 ～ 7 月降雨量为 600 ～ 900 毫米，不及 50 年一遇，并没有超过 1954 年大水，但所造成的灾害和经济损失都比 1954 年严重得多。

（四）水体污染危害

1.水体富营养化。水体富营养化是一种有机污染类型，由于过多的氮、磷等营养物质进入天然水体而恶化水质。施入农田的化肥，一般情况下约有一半氮肥未被利用，流入地下水或池塘湖泊，大量生活污水也常使水体过肥。过多的营养物质促使水域中的浮游植物，如蓝藻、硅藻以及水草的大量繁殖，有时整个水面被藻类覆盖而形成"水花"，藻类死亡后沉积于水底，微生物分解消耗大量溶解氧，导致鱼类因缺氧而大批死亡。水体富营养化会加速湖泊的衰退，使之向沼泽化发展。

海洋近岸海区，发生富营养化现象，使腰鞭毛藻类（如裸沟藻和夜光虫等）等大量繁殖、密集在一起，使海水呈粉红色或红褐色，称为赤潮，对渔业危害极大。渤海北部和南海已多次发生。

2.有毒物质的污染。有毒物质包括两大类：一类是指汞、镉、铝、铜、铅、锌等重金属；另一类则是有机氯、有机磷、多氯联苯、芳香族氨基化合物等化工产品。许多酶依赖蛋白质和金属离子的络合作用才能发挥其作用，因而要求某些微量元素（例如锰、硼、锌、铜、钼、钴等），然而，不合乎需要的金属，例如汞和铅，甚至必不可少的微量元素的量过多，如锌和铜等，都能破坏这种蛋白质和金属离子的平衡，因而削弱或者终止某些蛋白质的活性。例如汞和铅与中枢神经系统的某些酶类结合的趋势十分强烈，因而容易引起神经错乱，如疯病、精神呆滞、昏迷以至死亡。此外，汞和一种与遗传物质 DNA 一起发生作用的蛋白质形成专一性的结合，这就是汞中毒常引起严重的先天性缺陷的原因。

这些重金属与蛋白质结合不但可导致中毒，而且能引起生物累积。重金属原子结合到蛋白质上后，就不能被排泄掉，并逐渐从低剂量累积到较高浓度，从而造成危害。典型例子就是曾经提到过的日本的水俣病。经过调查发现，金属形式的汞并不很毒，大多数汞能通过消化道而不被吸收。然而水体沉积物中的细菌吸收了汞，使汞发生化学反应，反应中汞和甲基团结合产生了甲基汞（$Hg\text{-}CH_3$）的有机化合物，它和汞本身不同，甲基汞的吸收率几乎等于100%，其毒性几乎比金属汞大 100 倍，而且不易排泄掉。

有机氯（或称氯化烃）是一种有机化合物，其中一个或几个氢原子被氯原子取代，这种化合物广泛用于塑料、电绝缘体、农药、灭火剂、木材防腐剂等产品。有机氯具有 2 个特别容易产生生物累积的特点，即化学性质极端稳定和脂溶性高，而水溶性低。化学性质稳定说明既不易在环境中分解，也不能被有机体所代谢。脂溶性高说明易被有机体吸收，一旦进入就不能排泄出去，因为排泄要求水溶性，结果就产生生物累积，形成毒害。典型的有机氯杀虫剂如 DDT、六六六等，由于它们对生物和人体造成严重的危害已被许多国家所禁用。

3.热污染。许多工业生产过程中产生的废余热散发到环境中，会把环境温度提高到不理想或生物不适应的程度，称为热污染。例如发电厂燃料释放出的热有 2/3 在蒸气再凝结过程中散入周围环境，消散废热最常用的方法是由抽水机把江湖中的水抽上来，淋在冷却管上，然后把受热后的水返回天然水体中去。从冷却系统通过的水本身就热得能杀死大多数生物。而实验证明，水体温度的微小变化对生态系统有着深远的影响。

4.海洋污染随着人口激增和生产的发展，中国海洋环境已经受到不同程度的污染和损害。1980年调查表明，全国每年直接排入近海的工业和生活污水有66.5亿吨，每年随这些污水排入的有毒有害物质为石油、汞、镉、铅、砷、铝、氰化物等。全国沿海各县施用农药量每年约有四分之一流入近海，约5万多吨。这些污染物危害很广，长江口、杭州湾的污染日益严重，并开始危及中国最大渔场舟山群岛。

海洋污染使部分海域鱼群死亡、生物种类减少，水产品体内残留毒物增加，渔场外移、许多滩涂养殖场荒废。例如胶州湾，1963～1964年海湾潮间带的海洋生物有171种；1974～1975年降为30种；80年代初只有17种。莱州湾的白浪河口，银鱼最高年产量为30万千克，1963年约有10万千克，如今已基本绝产。

5.在工业生产过程中，需消耗大量的水。不同的工矿企业对水质均有一定的要求，若使用被污染的水就会造成产品质量下降、损坏设备、甚至停工停产；如果对污水进行处理，就需增加水处理费用，从而直接影响产品的成本。

污水灌溉可造成大范围的土壤污染，破坏农业生态系统。酸碱进入水体使水体的pH值发生变化，破坏其自然缓冲作用，消灭或抑制细菌及微生物的生长，阻碍水体自净，还可腐蚀船舶，大大增加水体中的一般无机盐类和水的硬度。水中无机盐的存在能增加水的渗透压，对淡水生物和植物生长有不良影响。

第二节　水利工程

水利工程是用于控制和调配自然界的地表水和地下水，达到除害兴利目的而修建的工程。也称为水工程。水是人类生产和生活必不可少的宝贵资源，但其自然存在的状态并不完全符合人类的需要。只有修建水利工程，才能控制水流，防止洪涝灾害，并进行水量的调节和分配，以满足人民生活和生产对水资源的需要。水利工程需要修建坝、堤、溢洪道、水闸、进水口、渠道、渡漕、筏道、鱼道等不同类型的水工建筑物，以实现其目标。

一、水利工程概念

《辞海》中对水利工程的解释为："为除害兴利，开发水利资源的各项工程的总称"。

《水利工程概论》中对水利工程解释为："为控制和调配自然界的地表水和地下水、达到除害兴利目的而修建的工程。"

而在其他相关辞典和水利工程专业书籍中，其定义也基本相同。综合以上释义，可以看出，除害兴利是水利工程的根本目的，水利工程是实现水资源综合利用以及水危害防治的重要途径之一。

随着水利事业的发展和研究广度的丰富，许多学者认为广义的水利工程范畴应得以拓展，甚至只要是与水有关的任何工程即为水利工程，但是这里研究的立足点并不具有广义性，只选取水利工程的狭义范畴，强调具有重要的实现水资源综合利用以及水安全治理的除害兴利目的，于社会安全与发展具有重要意义的水利工程，并且着眼于承担水利功能的水工建筑物。

二、水利工程分类与组成

（一）分类

按目的或服务对象可分为：防止洪水灾害的防洪工程；防止旱、涝、渍灾为农业生产服务的农田水利工程，或称灌溉和排水工程；将水能转化为电能的水力发电工程；改善和创建航运条件的航道和港口工程；为工业和生活用水服务，并处理和排除污水和雨水的城镇供水和排水工程；防止水土流失和水质污染，维护生态平衡的水土保持工程和环境水利工程；保护和增进渔业生产的渔业水利工程；围海造田，满足工农业生产或交通运输需要的海涂围垦工程等。一项水利工程同时为防洪、灌溉、发电、航运等多种目标服务的，称为综合利用水利工程。

蓄水工程指水库和塘坝（不包括专为引水、提水工程修建的调节水库），按大、中、小型水库和塘坝分别统计。

引水工程指从河道、湖泊等地表水体自流引水的工程（不包括从蓄水、提水工程中引水的工程），按大、中、小型规模分别统计。提水工程指利用扬水泵站从河道、湖泊等地表水体提水的工程（不包括从蓄水、引水工程中提水的工程），按大、中、小型规模分别统计。调水工程指水资源一级区或独立流域之间的跨流域调水工程，蓄、引、提工程中均不包括调水工程的配套工程。地下水源工程指利用地下水的水井工程，按浅层地下水和深层承压水分别统计。

（二）组成

无论是治理水害或开发水利，都需要通过一定数量的水工建筑物来实现。按照功用，水工建筑物大体分为三类：挡水建筑物、泄水建筑物以及专门水工建筑物。由若干座水工建筑物组成的集合体称水利枢纽。

1.挡水建筑物

阻挡或拦束水流、拥高或调节上游水位的建筑物，一般横跨河道者称为坝，沿水流方向在河道两侧修筑者称为堤。坝是形成水库的关键性工程。近代修建的坝，大多数采用当地土石料填筑的土石坝或用混凝土灌筑的重力坝，它依靠坝体自身的重量维持坝的稳定。当河谷狭窄时，可采用平面上呈弧线的拱坝。在缺乏足够筑坝材料时，可采用钢筋混凝土的轻型坝（俗称支墩坝），但它抵抗地震作用的能力和耐久性都较差。砌石坝是一种古老的坝，不易机械化施工，主要用于中小型工程。大坝设计中要解决的主要问题是坝体抵抗滑动或倾覆的稳定性、防止坝体自身的破裂和渗漏。土石坝或砂、土地基，防止渗流引起的土颗粒移动破坏（即所谓"管涌"和"流土"）占有更重要的地位。在地震区建坝时，还要注意坝体或地基中浸水饱和的无黏性砂料、在地震时发生强度突然消失而引起滑动的可能性，即所谓"液化现象"。

2. 泄水建筑物

能从水库安全可靠地放泄多余或需要水量的建筑物。历史上曾有不少土石坝，因洪水超过水库容量而漫顶造成溃坝。为保证土石坝的安全，必须在水利枢纽中设河岸溢洪道，一旦水库水位超过规定水位，多余水量将经由溢洪道泄出。混凝土坝有较强的抗冲刷能力，可利用坝体过水泄洪，称溢流坝。修建泄水建筑物，关键是要解决好消能和防蚀、抗磨问题。泄出的水流一般具有较大的动能和冲刷力，为保证下游安全，常利用水流内部的撞击和摩擦消除能量，如水跃或挑流消能等。当流速大于每秒 10 ~ 15 米时，泄水建筑物中行水部分的某些不规则地段可能出现所谓空蚀破坏，即由高速水流在临近边壁处出现的真空穴所造成的破坏。防止空蚀的主要方法是尽量采用流线形体形，提高压力或降低流速，采用高强材料以及向局部地区通气等。多泥沙河流或当水中夹带有石渣时，还必须解决抵抗磨损的问题。

3. 专门水工建筑物

除上述两类常见的一般性建筑物外，为某一专门目的或为完成某一特定任务所设的建筑物。渠道是输水建筑物，多数用于灌溉和引水工程。当遇高山挡路，可盘山绕行或开凿输水隧洞穿过；如与河、沟相交，则需设渡槽或倒虹吸，此外还有同桥梁、涵洞等交叉的建筑物。水力发电站枢纽按其厂房位置和引水方式有河床式、坝后式、引水道式和地下式等。水电站建筑物主要有集中水位落差的引水系统，防止突然停车时产生过大水击压力的调压系统，水电站厂房以及尾水系统等。通过水电站建筑物的流速一般较小，但这些建筑物往往承受着较大的水压力，因此，许多部位要用钢结构。水库建成后大坝阻拦了船只、木筏、竹筏以及鱼类回游等的原有通路，对航运和养殖的影响较大。为此，应专门修建过船、过筏、过鱼的船闸、筏道和鱼道。这些建筑物具有较强的地方性，修建前要作专门研究。

（三）特点

1. 有很强的系统性和综合性

单项水利工程是同一流域，同一地区内各项水利工程的有机组成部分，这些工程既相辅相成，又相互制约；单项水利工程自身往往是综合性的，各服务目标之间既紧密联系，又相互矛盾。水利工程和国民经济的其他部门也是紧密相关的。规划设计水利工程必须从全局出发，系统地、综合地进行分析研究，才能得到最为经济合理的优化方案。

2. 对环境有很大影响

水利工程不仅通过其建设任务对所在地区的经济和社会发生影响，而且对江河、湖泊以及附近地区的自然面貌、生态环境、自然景观，甚至对区域气候，都将产生不同程度的影响。这种影响有利有弊，规划设计时必须对这种影响进行充分估计，努力发挥水利工程的积极作用，消除其消极影响。

3. 工作条件复杂

水利工程中各种水工建筑物都是在难以确切把握的气象、水文、地质等自然条件下进行施工和运行的，它们又多承受水的推力、浮力、渗透力、冲刷力等的作用，工作条件较其他建筑物更为复杂。

4. 水利工程的效益具有随机性，根据每年水文状况不同而效益不同，农田水利工程还与气象条件的变化有密切联系。影响面广。

5. 水利工程一般规模大，技术复杂，工期较长，投资多，兴建时必须按照基本建设程序和有关标准进行。

三、水利工程可供水量

可供水量分为单项工程可供水量与区域可供水量。一般来说，区域内相互联系的工程之间，具有一定的补偿和调节作用，区域可供水量不是区域内各单项工程可供水量单相加之和。区域可供水量是由新增工程与原有工程所组成的供水系统，根据规划水平年的需水要求，经过调节计算后得出。

区域可供水量是由若干个单项工程、计算单元的可供水量组成。区域可供水量，一般通过建立区域可供水量预测模型进行。在每个计算区域内，将存在相互联系的各类水利工程组成一个供水系统，按一定的原则和运行方式联合调算。联合调算要注意避免重复计算供水量。对于区域内其他不存在相互联系的工程则按单项工程方法计算。可供水量计算主要采用典型年法，来水系列资料比较完整的区域，也有采用长系列调算法进行可供水量计算。

（一）蓄水工程

蓄水工程指水库和塘坝（不包括专为引水、提水工程修建的调节水库），按大、中、小型水库和塘坝分别统计。

（二）提水工程

提水工程指利用扬水泵站从河道、湖泊等地表水体提水的工程（不包括从蓄水、引水工程中提水的工程），按大、中、小型规模分别统计。

（三）调水工程

调水工程指水资源一级区或独立流域之间的跨流域调水工程，蓄、引、提工程中均不包括调水工程的配套工程。

（四）地下水源工程

地下水源工程指利用地下水的水井工程，按浅层地下水和深层承压水分别统计。

（五）地下水利用

研究地下水资源的开发和利用，使之更好地为国民经济各部门（如城市给水、工矿企业用水、农业用水等）服务。农业上的地下水利用，就是合理开发与有效地利用地下水进行灌溉或排灌结合改良土壤以及农牧业给水。必须根据地区的水文地质条件、水文气象条件和用水条件，进行全面规划。

在对地下水资源进行评价和摸清可开采量的基础上，制订开发计划与工程措施。在地下水利用规划中要遵循以下原则：

1. 充分利用地面水，合理开发地下水，做到地下水和地面水统筹安排。

2. 应根据各含水层的补水能力，确定各层水井数目和开采量，做到分层取水，浅、中、深结合，合理布局。

3. 必须与旱涝碱咸的治理结合，统一规划，做到既保障灌溉，又降低地下水位、防碱防渍；既开采了地下水，又腾空了地下库容；使汛期能存蓄降雨和地面径流，并为治涝治碱创造条件。在利用地下水的过程中，还须加强管理，避免盲目开采而引起不良后果。

（六）浅层地下水

浅层地下水指与当地降水、地表水体有直接补排关系的潜水和与潜水有紧密水力联系的弱承压水。

（七）其他水源工程

其他水源工程包括集雨工程、污水处理再利用和海水利用等供水工程。集雨工程指用人工收集储存屋顶。

第三节　水利工程规划建设

一、规划

水利工程规划的目的是全面考虑、合理安排地面和地下水资源的控制、开发和使用方式，最大限度地做到安全、经济、高效。水利工程规划要解决的问题大体有以下几个方面：根据需要和可能确定各种治理和开发目标，按照当地的自然、经济和社会条件选择合理的工程规模，制订安全、经济、运用管理方便的工程布置方案。因此，应首先做好被治理或开发河流流域的水文和水文地质方面的调查研究工作，掌握水资源的分布状况。

工程地质资料是水利工程规划中必须先行研究的又一重要内容，以判别修建工程的可能性和为水工建筑物选择有利的地基条件并研究必要的补强措施。水库是治理河流和开发水资源中普遍应用的工程形式。在深山狭谷或丘陵地带，可利用天然地形构成的盆地储存多余的或暂时不用的水，供需要时引用。因此，水库的作用主要是调节径流分配，提高水位，集中水面落差，以便为防洪、发电、灌溉、供水、养殖和改善下游通航创造条件。为此，在规划阶段，须沿河道选择适当的位置或盆地的喉部，修建挡水的拦河大坝以及向下游宣泄河水的水工建筑物。在多泥沙河流，常因泥沙淤积使水库容积逐年减少，因此还要估计水库寿命或配备专门的冲沙、排沙设施。

现代大型水利工程，很多具有综合开发治理的特点，故常称"综合利用水利枢纽工程"。它往往兼顾了所在流域的防洪、灌溉、发电、通航、河道治理和跨流域的引水或调水，有时甚至还包括养殖、给水或其他开发目标。然而，要制止水患开发水利，除建设大型骨干工程外，还要依靠大量的中小型水利工程，从面上控制水情并保证大型工程得以发挥骨干效用。防止对周围环境的污染，保持生态平衡，也是水利工程规划中必须研究的重要课题。由此可见，水利工程不仅是一门综合性很强的科学技术，而且还受到社会、经济甚至政治因素的制约。

二、水利建设的必要性

（一）中国的基本水情

由于我国特殊的地理位置及人口分布，与其他国家相比，我国的水情具有特殊性，大致有以下四个特点。

1. 水资源时空分布不均，我国水资源总量 2.84 亿立方米，居世界第六位。从水资源时间分布来看，降水年内和年际变化大，60% ~ 80% 集中在汛期，地表径流年际间干枯变化一般相差 2 ~ 6 倍。最大达 10 倍以上。与降水年内均匀分布的国家相比，我国水资源时间年内分布严重不均。导致我国水资源开发利用难度大，任务重。

2. 河流水系复杂，南北差异大。由于我国地势是呈三阶梯分布，地形复杂，水系更加复杂。按河流水系划分可以把我国的重要河流划分为长江、黄河、淮河、海河等几大水系。

3. 我国地处季风区，旱涝灾害频发，雨热同期。经常有短期的或长期的暴雨发生。我国主要的大城市，重要的基础设施和粮食生产区大都分布在江河两岸。随着人口的增加和财富的集聚，对防洪保安的要求也越来越高。

4. 我国水土流失严重，水生态环境脆弱。由于特殊的气候与地形，加之人口生产集中。我国水土流失面积占国土面积的三分之一以上，是世界上水土流失最为严重的国家。

综上所述，人多水少，水资源时空分布不均，水环境恶劣是我国的基本水情。而正是这些特点决定了我国治水任务的艰巨与冗杂。

（二）中国水利建设现状

建国以前，我国江河大都处于"自由奔腾"的无控制状态，水资源开发利用水平低下。水利工程残缺不全。建国以后，围绕防洪，供水，灌溉，除害兴利，开展了大规模的水利建设活动。初步形成了大中小结合的水利工程体系，其中修堤建库，抗洪减灾，保障人民的生命财产安全和社会稳定发挥了最大作用。随着国家经济的不断发展，水利建设的目的与作用也更加多元化。后来发展的农业水利工程，解决了广大人民的温饱问题。同期修建的大批输水工程，为城市生活及城市化建设提供了充足的水源。更重要的是，我国已建成的大中小型水电站以及各级水利枢纽提供了大量的水能资源，我国水利水电工程的迅猛发展，使水电成为了我国能源消耗的重要组成部分，而且比列还将会进一步增加。60年来，全国水电装机容量已达2.49亿千瓦。水电的大开发不仅提供了重要的能源，而且有助于缓解燃煤引起的空气污染问题。同时也促进了航运、旅游、水产的大发展。

（三）水利水电工程建设的影响

1. 全国许多大中型水电工程移民迁建工作从一开始就大大滞后于主体工程的建设进度，成为建设截流、下闸蓄水等阶段性目标完成的制约因素，同时造成大量移民过度搬迁的情况。建国以来，我国累计建设了各类水利水电工程8.6万余座，移民近2400万人次。移民问题的处理上具有被动型、时限性、区域性以及补偿性的特点。一旦处理不好，很有可能引发新的社会问题，从而导致水利工程建设的滞后。

2. 水利水电工程建设是一种对自然的改造。包括对河道、气候、水文、地质、土壤、水体、生物种群在内的各个方面，水利水电工程建设都会产生影响。

（1）当大型水利工程建成后，原先的陆地变成了水体或湿地，而在一般情况下，地区性气候状况主要是受大气环流所控制，这就导致局部地表空气变得较为湿润，对局部小气候会产生影响，其中对降雨量、降雨时间和空间的分布有显著的影响。其次水利建设对水文也有消极的影响，水库的修建改变了下游河道的流量过程，从而对周围的环境造成了影响。水库不仅存蓄汛期洪水，而且还截流非汛期的基流。引起周围地下水位下降。

（2）建成水库后，水库泥沙冲淤变化会对上下游环境与生态产生影响，从而造成水库周边及河流两岸的土地次生盐碱化。

（3）水坝与水库的建成容易改变地层的受力结构，从而引发地质灾害，如滑坡、泥石流等。甚至一些巨型水坝的建成还会触发地震。

（4）大坝建成会对洄游的鱼类造成的影响是人们极为关注的话题，水库淹没和永久性的工程建筑物对陆地植物和动物都会造成直接破坏。此外，水利设施的建成切断了洄游性鱼类的洄游通道，影响了鱼类的生长，繁殖和存活。

（5）坝库的安全性影响，水利建成的安全因素不得不考虑，尤其是堤坝的安全，当遇到地质灾害时，堤坝的牢固程度直接影响到下游人民的生产生活安全。

（四）我国水利建设的必要性

1. 能源结构调整后。"科学——绿色——低碳"的能源战略对水利水电建设有着巨大的驱动力。水电是一种清洁能源，我国水能资源蕴藏量为 6.89 亿千瓦，可开发量为 4.93 亿千瓦，占世界的 20.25%，年平均总发电量为 2.26 万亿千瓦时，居世界首位。西部可开发量占全国的 82%，但已开发的不足 10%，足以看出我国的水能资源还具有巨大的潜力，尤其是在当前面临的二氧化碳减排任务以及逐步取缔火电这一污染严重的能源形式。水电的开发无疑填补了这一空缺。

2. 多变的气候所造成的旱涝灾害频发有待解决。近年来，我国大部分地区洪涝、干旱灾害频发，给农业生产，人民生活的安全是一个极大的威胁。造成了农村庄稼大量减产，更是造成了人员的伤亡。充分说明了农田水利建设滞后仍是影响我国农业稳定发展和国家粮食安全的最大硬伤，基础水利设施的不健全也仍是我国城乡建设的主要瓶颈。

尽管水利水电工程建设存在诸多问题，但水利建设的目的正是促进人与自然更加和谐的相处，也是人类对自然友好的利用，但偏激片面的对水利水电工程建设持全盘否定的态度也是万万不可取的，应该正确认识到，当前的水利水电建设不可避免的在一定程度上改变了自然面貌和生态环境，使已经形成的平衡状态受到干扰和破坏。但我国目前的所面临的能源问题、灾害防治问题昭示着发展水电的必要性，只要我们把握因势利导、因地制宜的原则，合理规划，周全设计，精心施工。加强与生态学、气候学等学科的合作，努力使水利水电工程更加和谐融入大自然，把水利事业做成国人心中的造福事业。

三、水利改革发展 8 项重点任务

（一）加快完善水利基础设施网络

1. 完善江河综合防洪减灾体系，加强江河治理骨干工程建设：

（1）以东北三江治理、进一步治理太湖等为重点，进一步完善大江大河大湖防洪减灾体系，提高抵御洪涝灾害的能力。

（2）加强长江中下游河势控制和崩岸治理、上游干流治理、洞庭湖鄱阳湖综合整治和蓄滞洪区工程建设。

（3）继续实施黄河下游、宁蒙河段和上游河道治理，开工建设黄河古贤、陕西东庄等水利枢纽工程，深入开展黑山峡河段开发工程前期论证。

（4）加快淮河出山店水库、平原洼地排涝治理、行蓄洪区调整与建设等治淮骨干工程建设，推进淮河入海水道二期工程前期工作。

（5）推进海河流域蓄滞洪区建设与调整，加强重要河道治理。

（6）加快西江大藤峡水利枢纽、西江干流河道治理工程建设。

（7）全面完成黑龙江、松花江、嫩江干流防洪治理，整体提高东北地区防洪排涝能力。

（8）加快太湖流域水环境综合治理和防洪重点工程建设。

（9）加快新疆叶尔羌河防洪治理以及阿尔塔什、卡拉贝利等水利枢纽工程建设，推进大石峡水利枢纽等工程前期工作。

2.优化水资源配置格局

（1）加快重点水源工程建设

加快西藏拉洛、贵州马岭、重庆观景口、湖南莽山、黑龙江奋斗、云南德厚等在建水库的建设步伐，力争在"十三五"期间建成发挥效益，着力提高水资源调蓄能力。

新开工建设安徽江巷、四川李家岩、贵州黄家湾、云南阿岗、福建霍口、浙江朱溪等一批重点水源工程。

继续加强西南等工程性缺水地区中型水库工程建设，增强城乡供水保障和应急能力。

（2）实施一批重大引调水工程

加快陕西引汉济渭、甘肃引洮供水二期、贵州夹岩水利枢纽及黔西北供水、鄂北水资源配置等在建工程建设进度。

坚持"三先三后"（先节水后调水、先治污后通水、先环保后用水）原则，深入做好引调水工程前期论证工作，深化引江济淮、滇中引水、引绰济辽等工程前期工作，推进工程尽快开工建设。

加快南水北调东中线一期受水区配套工程建设，充分发挥工程效益。推进南水北调东中线后续工程建设。根据经济社会发展新形势、新理念、新要求和黄河流域水沙变化等情况，进一步深化南水北调西线工程前期论证。

（3）加快抗旱水源工程建设

以干旱易发区、永久基本农田集中区、粮食主产区等为重点，因地制宜建设一批蓄引提调抗旱水源工程。

鼓励非常规水源利用。加大雨洪资源、海水、再生水、矿井水、微咸水等开发利用力度，把非常规水源纳入区域水资源统一配置。

（二）提高城市防洪排涝和供水能力

1.保障城市排水出路通畅

保护山、水、林、田、湖等自然生态要素的完整性，结合自然生态空间格局，构建和完善城市泄洪排水通道。

2.加快城市排水防涝和防洪设施建设

结合城市未来发展规模，统筹市政建设、环境整治、生态保护与修复等需要，综合确定城市河道防洪排涝标准，完善城市防洪排涝体系。

通过城市规划引领，推进海绵城市建设，推广海绵型公园和绿地，推进海绵型建筑和相关基础设施建设。

推进城市排水防涝工程建设，完善地下综合管廊及排水管网、泵站等设施，着力解决城市内涝问题。

（三）进一步夯实农村水利基础

1. 大规模推进农田水利建设

完成 434 处大型灌区续建配套和节水改造任务，推进中型灌区节水改造，开展大中型灌区现代化改造试点，完善灌排设施体系，提高输配水效率。

加强中小型农田水利设施建设，打通农田水利"最后一千米"。

稳步推进牧区水利建设。

2. 实施农村饮水安全巩固提升工程

在距离城镇供水管网较近的农村，通过扩容改造和管网延伸，改善农村供水条件。对部分规模较小、设施简陋的单村供水工程进行配套改造，推进联村并网集中供水。对人口相对分散区域，进行小型和分散式供水工程标准化建设。

（四）优化流域区域水利发展布局

1. 强化"三大战略"实施的水利支撑

（1）"一带一路"

围绕丝绸之路经济带和 21 世纪海上丝绸之路建设总体战略部署，以改善提升水利基础设施、加强水生态环境保护与修复为重点，深化与周边国家跨界水合作，充分发挥我国在水利规划、勘测设计、施工、科技等方面的优势，实施水利"走出去"战略，加强水利双边多边合作。

在水资源开发利用方面，加快建设一批江河治理、重点水源等工程，保障区域防洪、供水安全。

在生态建设方面，加大西部地区水生态保护与修复，合理开发和有效保护地下水，构建生态安全屏障。

（2）京津冀协同发展

根据京津冀协同发展战略总体部署，强化水资源水环境承载能力刚性约束，推进水资源优化配置，加强河湖水系综合整治和水生态环境保护修复，构建现代水安全保障体系，在全国率先全面建成节水型社会。

（3）长江经济带

坚持生态优先、绿色发展，把保护和修复长江生态环境摆在首要位置，共抓大保护，不搞大开发。建设沿江河湖水资源保护带、生态隔离带等绿色生态廊道。

尽快完成长江干堤重点薄弱环节和连江支堤达标建设，推进三峡库区防洪护岸和重要蓄滞洪区建设，加强城市防洪排涝体系建设，强化中小河流治理和山洪灾害防治。

2. 着力推进水利扶贫攻坚

加强贫困地区水利基础设施建设，在集中连片特困地区规划实施一批重点水利骨干工程。

滇西边境山区、滇桂黔石漠化区、乌蒙山区、武陵山区等西南贫困区，重点加强水资源配置和水源工程建设，加强灌区和农村"五小水利"工程建设，加快中小河流治理和石漠化水土流失防治。

大别山、秦巴山、罗霄山等中部贫困区，重点开展防洪、供水工程建设。

加快推进南疆农业节水、山区水库、生态治理与保护等工程建设。

统筹推进西藏民生水利建设，着力实施一批重大水利工程。加强四省藏区重点水源和高效节水灌溉、牧区水利、农村水电等工程建设。

第四节　我国水利建设问题及对策

一、我国水利发展存在的主要问题

我国水利发展虽然取得了很大成效，但与经济社会可持续发展的要求相比，还存在不小差距，有些问题还十分突出，主要表现在以下六个方面：

（一）洪涝灾害频繁仍然是中华民族的心腹大患

洪涝灾害是我国发生最为频繁、灾害损失最重、死亡人数最多的自然灾害之一。据史料记载，公元前 206 ~ 公元 1949 年，2155 年间，平均每两年就发生一次较大水灾，一些大洪水造成死亡人数达到几万甚至几十万。新中国成立以来，仅长江、黄河等大江大河发生较大洪水 50 多次，造成严重经济损失和大量人员伤亡。据统计，近 20 年来，洪涝灾害导致的直接经济损失高达 2.58 万亿元，约占同期 GDP 的 1.5%，而美国仅占 0.22%。随着全球气候变化和极端天气事件的增多，局地暴雨洪水呈多发、频发、重发趋势，流域性大洪水发生概率也在增大，而我国防洪体系中还有许多薄弱环节，一旦发生大洪水，对经济社会发展将造成极大的冲击。

（二）水资源供需矛盾突出仍然是可持续发展的主要瓶颈

我国是一个水资源短缺国家，特别是随着工业化、城镇化和农业现代化的加快推进，水资源供需矛盾将日益突出。一是水资源需求量大。全国用水总量已近 6000 亿立方米，其中农业用水约占 62%。为保证十几亿人的吃饭问题，我国灌溉农业的特点，决定了以农业为主的用水结构将长期存在。根据对今后 20 年用水需求预测，在强化节水的前提下，水资源需求仍将在较长的一段时期内持续增长，特别是工业和城镇用水将增长较快。二是水资源供给能力不足。根据全国水资源综合规划成果，现状多年平均缺水量为 536 亿立方米，工程性、资源性、水质性缺水并存，特别是北方地区缺水严重。目前，我国人均用水量约为 440m³，仅为发达国家的 40% 左右，约为世界平均水平的 2/3，供水能力明显不足。

三是用水方式粗放。我国单方水粮食产量不足 1.2 公斤，而世界先进水平已达 2～2.4 公斤；万元工业增加值用水量约 116m³，为发达国家的 2～3 倍；农业灌溉用水有效利用系数只有 0.5，远低于 0.7～0.8 的世界先进水平。我国正处在快速发展期，用水需求呈刚性增长，加之用水效率还不高，水资源对经济社会发展的约束将更加凸显。

（三）农田水利建设滞后仍然是影响农业稳定发展和国家粮食安全的最大硬伤

我国的农业是灌溉农业，粮食生产对农田水利的依存度高。目前，农田水利建设严重滞后。

1. 老化失修严重。现有的灌溉排水设施大多建于 20 世纪 50 年代至 70 年代，由于管护经费短缺，长期缺乏维修养护，工程坏损率高，效益降低，大型灌区的骨干建筑物坏损率近 40%，因水利设施老化损坏年均减少有效灌溉面积约 300 万亩。

2. 配套不全、标准不高。大型灌区田间工程配套率仅约 50%，不少低洼易涝地区排涝标准不足 3 年一遇，灌溉面积中有 1/3 是中低产田，旱涝保收田面积仅占现有耕地面积的 23%。

3. 灌溉规模不足。我国现有耕地中，半数以上仍为没有灌溉设施的"望天田"，还有一些水土资源条件相对较好、适合发展灌溉的地区，由于投入不足，农业生产的潜力没有得到充分发挥。农田水利设施薄弱，导致我国农业生产抗御旱涝灾害的能力较低，近 10 年来，全国年均旱涝受灾面积 5.1 亿亩，约占耕地面积的 28%。加之受全球气候变化影响，发生更大范围、更长时间持续旱涝灾害的概率加大，农业稳定发展和国家粮食安全面临较大风险。

（四）水利设施薄弱仍然是国家基础设施的明显短板

党和国家历来十分重视水利建设，60 多年来，水利基础设施得到了明显改善，但与交通、电力、通信等其他基础设施相比，水利发展相对滞后，是国家基础设施的明显短板。在防洪工程体系方面，仍然存在诸多突出薄弱环节。中小河流防洪标准低，全国近万条中小河流未进行有效治理，目前大多只能防御 3～5 年一遇洪水，有的甚至没有设防，达不到国家规定的 10～20 年一遇以上防洪标准。小型水库病险率高，特别是小型水库病险率更高，病险水库数量高达 4.1 万多座。山洪灾害防御能力弱，我国山洪灾害重点防治区面积约 97 万平方千米，涉及人口 1.3 亿人，绝大多数灾害隐患点尚缺乏监测预警设施，也未进行治理。蓄滞洪区建设滞后，全国大江大河 98 处蓄滞洪区内居住着 1600 多万人，许多蓄滞洪区围堤标准低，缺少退洪工程和避洪安全设施，难以及时有效启用。在水资源配置工程体系方面，我国天然径流与用水过程不匹配的特点，决定了需要建设大量的水库工程来调蓄径流。但目前我国水库调蓄能力不足，且地区间不平衡，人均水库库容仅为世界平均水平的一半，特别是西南地区水资源开发利用率仅 11.2%，工程性缺水问题严重。我国人口、耕地与水资源不匹配的特点，决定了必须通过兴建必要的跨流域、跨区域水资源调配工程，解决资源性缺水地区水资源承载能力不足的问题，但目前全国和区域的水资源配置体系尚不完善，供水安全保障程度不高。许多城市供水水源单一，缺乏应急备用水源，应对特殊干旱或供水突发事件能力弱，存在潜在的供水安全风险。

（五）水资源缺乏有效保护仍然是国家生态安全的严重威胁

由于一些地方不合理的开发利用，缺乏对水资源的有效保护，导致水生态环境恶化，对国家生态安全造成威胁。

1. 水污染问题突出。据 2009 年全国水资源公报，监测评价的 16.1 万千米河长中，有 6.6 万千米水质劣于三类。

2. 河湖生态状况堪忧。据全国水资源调查评价，经济社会用水挤占河湖生态环境用水量年均达 130 多亿立方米，相当于河湖基本生态环境用水量的 20% ~ 40%，导致河湖水生态严重退化，特别是北方干旱缺水地区尤为突出。河道断流、湖泊萎缩现象比较严重，与 20 世纪 50 年代相比，全国湖泊面积减少了 1.49 万平方千米，约占总面积的 15%。

3. 地下水超采严重。目前，全国已形成地下水超采区 400 多个，总面积近 19 万平方千米，全国地下水年均超采量 215 亿立方米，相当于地下水开采量的 20%。长期地下水超采，导致一些地区发生地面沉降、海水入侵等严重的环境地质问题。

（六）水利发展体制机制不顺仍然是影响水利可持续发展的重要制约

目前制约水利可持续发展的体制机制障碍仍然不少，突出表现在水利投入机制、水资源管理等方面。

1. 水利投入稳定增长机制尚未建立。我国治水任务繁重，投资需求巨大，由于没有建立稳定增长的投入机制，长期存在较大投资缺口。一方面，水利在公共财政支出中的比重还不高，波动性较大，1998 年以来，中央预算内固定资产投资中，年均水利投资 367 亿元，所占比重在 14% ~ 24% 之间波动。另一方面，水利公益性强，又缺乏金融政策支持，融资能力弱，社会投入较少。此外，农村义务工和劳动积累工政策取消后，群众投工投劳锐减，新的投入机制还没有建立起来，对农田水利建设影响很大。

2. 水资源管理制度体系还不健全。目前我国的水资源管理制度体系与严峻的水资源形势还不适应，流域、城乡水资源统一管理的体制还不健全，水资源保护和水污染防治协调机制还不顺，水资源管理责任机制和考核制度还未建立，对水资源开发利用节约保护实行有效监管的难度较大。

3. 水利工程良性运行机制仍不完善。2002 年以来，国有大中型水利工程管理体制改革取得明显成效，良性运行机制初步建立，但一些地区特别是中西部地区公益性水利工程管理单位基本支出和维修养护经费还不能足额到位，许多农村集体所有的小型水利工程还存在没有管理人员、缺乏管护经费的问题，制约了水利工程的良性运行，影响了工程效益的充分发挥。

二、加快水利发展的对策措施

近年中央一号文件明确提出"把水利作为国家基础设施建设的优先领域，把农田水利作为农村基础设施建设的重点任务，把严格水资源管理作为加快转变经济发展方式的战略举措"，实现水利跨越式发展。今后一段时间，应按照科学发展的要求，推进传统水利向现代水利、可持续发展水利转变，大力发展民生水利，突出加强重点薄弱环节建设，强化水资源管理，深化水利改革，保障国家防洪安全、供水安全、粮食安全和生态安全，以水资源的可持续利用支撑经济社会可持续发展。

（一）突出防洪重点薄弱环节建设，保障防洪安全

在继续加强大江大河大湖治理的同时，加快推进防洪重点薄弱环节建设，不断完善我国防洪减灾体系。

1. 加快推进中小河流治理

我国中小河流治理任务繁重，应根据江河防洪规划，按照轻重缓急的原则，加快治理。流域面积 3000 平方千米以上的大江大河主要支流、独流入海河流和内陆河流，对流域和区域防洪影响较大，应进行系统治理，提高整体防洪能力。流域面积在 200 ~ 3000 平方千米的中小河流数量众多，系统治理投资巨大，近期应选择洪涝灾害易发、保护区人口密集、保护对象重要的河段进行重点治理，使治理河段达到国家规定的防洪标准。

2. 尽快消除水库安全隐患

水库大坝安全事关人民群众生命财产安全，必须尽快消除安全隐患。近年来，国家投入大量资金，基本完成了大中型病险水库除险加固。当前，应重点对面广量大的小型病险水库进行除险加固，力争用五年时间基本完成除险加固任务。同时，应特别重视水库的管护，明确责任，落实管护人员和经费，防止因管理不善、维修养护不到位再次成为病险水库。

3. 提高山洪灾害防御能力

山洪灾害易发区分布范围广，灾害突发性强、破坏性大。应按照以防为主、防治结合的原则，根据全国山洪灾害防治规划，尽快在山洪灾害易发地区建成监测预警系统和群测群防体系，提高预警预报能力，做到转移避让及时；对山洪灾害重点防治区中灾害发生风险较高、居民集中且有治理条件的山洪沟逐步开展治理，因地制宜地采取各种工程措施消除安全隐患；对于危害程度高、治理难度大的地区，应结合生态移民和新农村建设，实施搬迁避让。

4. 搞好重点蓄滞洪区建设

为确保蓄滞洪区及时、有效运用，应加快使用频繁、洪水风险较高、防洪作用突出的蓄滞洪区建设。近期重点是加快淮河行蓄洪区、长江和海河重要蓄滞洪区建设，通过围堤加固、进退洪工程和避洪安全设施建设，改善蓄滞洪区运用条件；同时，在有条件的地区，积极引导和鼓励居民外迁。逐步建成较为完备的防洪工程体系和生命财产安全保障体系，

实现洪水"分得进、蓄得住、退得出",为蓄滞洪区内群众致富奔小康创造条件。

在加快防洪工程建设的同时,应高度重视防洪非工程措施建设,完善水文监测体系和防汛指挥系统,提高洪水预警预报和指挥调度能力;加强河湖管理,防止侵占河湖、缩小洪水调蓄和渲泄空间,避免人为增加洪水风险;在确保防洪安全的前提下,科学调度,合理利用洪水资源,增加水资源可利用量,改善水生态环境。

(二)加强水资源配置工程建设,保障供水安全

当前,应针对我国水资源供需矛盾突出的问题,在强化节水的前提下,通过加强水资源配置工程建设,提高水资源在时间和空间上的调配能力,保障经济社会发展用水需求。

1. 尽快形成国家水资源配置格局

2010年10月,国务院批复的《全国水资源综合规划》,进一步确立了我国"四横三纵"的水资源配置总体格局。当前,应抓紧完成南水北调东、中线一期工程建设,争取早日发挥效益;同时,应积极推进南水北调东中线后续工程和西线工程前期论证工作,深入研究有关重大技术问题,为尽快形成国家水资源配置格局、提高北方地区水资源承载能力奠定基础。

2. 完善重点区域水资源调配体系

根据国家总体发展战略和区域经济发展布局,建设一批支撑重点区域发展的水资源调配工程。对于西南等工程性缺水地区,积极有序地推进水库建设,大中小微、蓄引提调相结合,提高水资源调配能力。对于资源性缺水地区,要在充分考虑当地水资源条件和大力节水的前提下,合理建设跨流域、跨区域调水工程,促进区域经济社会发展与水资源承载能力相协调。同时,应强化流域水量统一调度,实现水资源的科学管理、合理配置、高效利用和有效保护。

3. 加快抗旱应急备用水源建设

近年来,我国干旱呈多发、频发趋势,2010年西南地区发生特大干旱,近年我国北方冬麦区又发生大范围严重干旱,高峰时冬麦区作物受旱面积达到1.1亿亩,328万人因旱饮水困难,对经济社会发展造成了很大影响。面对严重干旱,水利部门加强了水源调度和技术服务与指导等措施,确保了群众饮水安全、扩大了抗旱浇灌面积,最大限度地减轻了灾害损失。为更好地应对干旱,应抓紧制订抗旱规划,统筹常规水源和抗旱水源建设,特别要加快干旱易发区、粮食主产区以及城镇密集区的抗旱应急备用水源建设,做好地下水涵养和储备,提高应对特大干旱、连续干旱和突发性供水安全事件的能力。同时,要加大再生水、海水等非常规水源的利用。

4. 继续推进农村饮水安全工程建设

近年来,国家对农村饮水安全问题高度关注,已累计解决了2.2亿农村居民的饮水安全问题。但我国农村饮水安全工程的覆盖范围还不全,加之现有工程许多是分散供水,工程标准低,以及水源条件变化等原因,农村饮水安全问题仍然很突出。2006年,全国人

大将解决宁夏中部干旱带农村饮水安全问题列为重点建议，水利部会同国家有关部门制定工作方案，积极落实资金，75.8 万农村居民的饮水安全问题可望在明年底前全部解决。应继续加快农村饮水安全工程建设，有条件的地方应积极推进集中式供水，能与城镇供水管网相连的，实行城乡一体化供水，提高供水保证率，尽快让广大农村居民喝上干净水、放心水。

（三）大兴农田水利建设，保障粮食安全

我国农田水利建设的重点是稳定现有灌溉面积，对灌排设施进行配套改造，提高工程标准，建设旱涝保收农田。同时，大力推进农业高效节水，在有条件的地方结合水源工程建设，扩大灌溉面积。

1. 巩固改善现有灌排设施条件

一方面应重点对大中型灌区进行续建配套与节水改造，恢复和改善灌区骨干渠系的输配水能力，提高灌溉保证率和排涝标准；另一方面应加大田间工程建设力度，对灌区末级渠系进行节水改造，完善田间灌排系统，解决灌区最后一千米的问题，逐步扩大旱涝保收高标准农田的面积。

2. 大力推进农业高效节水灌溉

我国农业用水量大、用水粗放，有很大的节水潜力，应把农业节水作为国家战略。农业高效节水灌溉经过 10 多年的试点，技术已相当成熟，应科学编制规划，加大高效节水技术的综合集成和推广，因地制宜发展管道输水、喷灌和微灌等先进的高效节水灌溉，优先在水资源短缺地区、生态脆弱地区和粮食主产区集中连片实施，提高用水效率和效益。同时，各级政府应加大农业高效节水的投入，建立一整套促进农业高效节水的产业支持、技术服务、财政补贴等政策措施，推进农业高效节水灌溉良性发展。

3. 科学合理发展农田灌溉面积

据有关研究成果，我国农田有效灌溉面积发展空间有限。应充分考虑水土资源条件，在国家千亿斤粮食产能规划确定的粮食生产核心区和后备产区，结合水源工程建设，因地制宜发展灌区，科学合理地扩大灌溉面积。同时在西南等山丘区，结合"五小"水利工程建设，发展和改善灌溉面积，提高农业供水保证率。

4. 加强牧区水利建设

大力发展畜牧业是保障国家粮食安全的重要补充，建设灌溉草场和高效节水饲草料地是解决过度放牧、保护草原生态的有效措施。据测算，1 亩高效节水灌溉饲草料地的产草能力相当于 20 ~ 50 亩天然草原的产草能力。应根据水资源条件，在内蒙古、新疆、青藏高原等牧区发展高效节水灌溉饲草料地，积极推进以灌溉草场建设为主的牧区水利工程建设，提高草场载畜能力，改善农牧民生活生产条件，保护草原生态环境。

（四）推进水土资源保护，保障生态安全

水土资源保护对维持良好的水生态系统具有十分重要的作用。针对我国经济社会发展

进程中出现的水生态环境问题，应重点从水土流失综合防治、生态脆弱河湖治理修复、地下水保护等方面，开展水生态保护和治理修复。

1. 加强水土流失防治

首先要立足于防，对重要的生态保护区、水源涵养区、江河源头和山洪地质灾害易发区，严格控制开发建设活动；在容易发生水土流失的其他区域开办生产建设项目，要全面落实水土保持"三同时"制度。其次是治理和修复，对已经形成严重水土流失的地区，以小流域为单元进行综合治理，重点开展坡耕地、侵蚀沟综合整治，从源头上控制水土流失。同时，应充分发挥大自然自我修复能力，在人口密度小、降雨条件适宜、水土流失比较轻微地区，采取封禁保护等措施，促进大范围生态恢复和改善。

2. 推进生态脆弱河湖修复

目前我国水资源过度开发、生态脆弱的河湖还较多，在治理中应充分借鉴塔里木河、黑河、石羊河等流域治理经验，以水资源承载能力为约束，防止无序开发水资源和盲目扩大灌溉面积，严格控制新增用水；对开发过度地区，要通过大力发展农业高效节水、调整种植结构、合理压缩灌溉面积等措施，提高用水效率和效益，合理调配水资源，逐步把挤占的生态环境用水退出来；在流域水资源统一调度和管理中，应充分考虑河流生态需求，保障基本生态环境用水。

3. 实施地下水超采区治理

地下水补给周期长、更新缓慢，一旦遭受破坏恢复困难，同时地下水也是重要的战略资源和抗旱应急水源，须特别加强涵养和保护。应尽快建立地下水监测网络，动态掌握地下水状况。划定限采区和禁采区范围，严格控制地下水开采，防止超采区的进一步扩大和出现新的地下水超采区。加大超采区治理力度，特别是对南水北调东中线受水区、地面沉降区、滨海海水入侵区等重点地区，应尽快制订地下水压采计划，通过节约用水和替代水源建设，压减地下水开采量；有条件的地区，应利用雨洪水、再生水等回灌地下水。

4. 高度重视水利工程建设对生态环境的影响

今后一个时期，水利建设规模大、类型多，不仅有重点骨干工程，也有面广量大的中小型工程。水利工程建设与生态环境关系密切，在规划编制、项目论证、工程建设以及运行调度等各个环节，都应高度重视对生态环境的保护。在水库建设中，要加强对工程建设方案的比选和优化，尽量减少水库移民和占用耕地，科学制订调度方案，合理配置河道生态基流，最大限度地降低工程对生态环境的不利影响；在河道治理中，应处理好防洪与生态的关系，尽量保持河流的自然形态，注重加强河湖水系的连通，促进水体流动，维护河流健康。

（五）实行以水权为基础的最严格水资源管理制度，保障水资源可持续利用

在全球气候变化和大规模经济开发双重因素的作用下，我国水资源短缺形势更趋严峻，水生态环境压力日益增大。为有效解决水资源过度开发、无序开发、用水浪费、水污染严

重等突出问题，必须实行最严格的水资源管理制度，确立水资源开发利用控制、用水效率控制、水功能区限制纳污"三条红线"，改变不合理的水资源开发利用方式，从供水管理向需水管理转变，建设节水型社会，保障水资源可持续利用。

1. 建立用水总量控制制度

目前，我国用水总量已近 6000 亿立方米，北方一些地区用水量已经超过了当地水资源承载能力。全国水资源综合规划提出，到 2030 年，我国用水高峰时总量力争控制在 7000 亿立方米以内。这一指标是按照可持续发展的要求，综合考虑了我国的水资源条件和经济社会发展、生态环境保护的用水需求确定的，是我国用水总量控制的红线。当前，应按照国家水权制度建设的要求，制定江河水量分配方案，将用水总量逐级分配到各个行政区，明晰初始水权。同时，也要发挥市场配置资源的作用，探索建立水市场，促进水权有序流转。

2. 建立用水效率控制制度

首先应分地区、分行业制定一整套科学合理的用水定额指标体系。目前，我国许多地区虽然制定了一些用水定额指标，但指标体系还不完整，有的定额过宽、过松，难以起到促进提高用水效率的作用。用水定额应根据当地的水资源条件和经济社会发展水平，按照节能减排的要求，综合研究确定。其次，应加强用水定额管理。把用水户定额执行情况作为节水考核的重要依据，建立奖惩制度。应实行严格的用水器具市场准入制度，逐步淘汰不满足用水定额要求的生活生产设施和工艺技术。同时，充分发挥价格杠杆作用，实行超定额用水累进加价制度，鼓励用水户通过技术改造等措施节约用水，提高用水效率。

3. 建立水功能区限制纳污制度

我国《水法》明确规定，要"按照水功能区对水质的要求和水体的自然净化能力，核定该水域的纳污能力"。目前，我国一些河湖的入河污染物总量已超出其纳污能力，水污染严重。全国 31 个省级行政区均已划定了水功能区，初步提出了水域纳污能力和限制排污总量意见。当前要按照《水法》规定，履行相关审批程序，明确水功能区限制纳污红线，建立一整套水功能区限制纳污的管理制度，严格监督管理。对于现状入河污染物总量已突破水功能区纳污能力的地区，要特别加强水污染治理，下大力气削减污染物排放量，严格限制审批新增取水和入河排污口。

4. 建立水资源管理责任和考核制度

落实最严格的水资源管理制度，关键在于明确责任主体，建立有效的考核评价办法。要把水资源管理责任落实到县级以上地方政府主要负责人，实行严格的问责制。将水资源开发利用、节约保护的主要控制性指标纳入各地经济社会发展综合评价体系，严格考核，考核结果作为地方政府相关领导干部综合考核评价的重要依据。应重视完善水量水质监测体系，提高监控能力，做到主要控制指标可监测、可评价、可考核，为实施最严格的水资源管理提供技术支撑。

（六）建立水利投入稳定增长机制，保障水利跨越式发展

根据水利建设的目标任务，初步测算，今后 10 年全国水利建设投资需求约为 4 万亿元，年均为 4000 亿元，而 2010 年全国水利实际投入约 2000 亿元，与需求相比，投资缺口较大。目前，水利投资来源主要有国家预算内固定资产投资、财政专项资金、水利建设基金以及银行贷款等，以财政性资金为主。

近年中央一号文件提出，要建立水利投入稳定增长机制，今后 10 年全社会水利年平均投入比 2010 年高出一倍。由于水利具有很强的公益性、基础性和战略性，因此，应抓紧建立以政府公共财政投入为主，社会投入为补充的水利投入稳定增长机制。

1. 稳定和提高水利在国家固定资产投资中的比重

目前，中央预算内固定资产投资中水利的比重约为 18%，要满足未来 10 年江河治理、水资源配置等重大工程建设需要，应进一步提高水利所占比重。

2. 大幅度增加财政专项水利资金规模

近年来，为支持中小型水利工程建设，中央财政专项水利资金规模逐年增加，2010 年达到 258 亿元。为加快农田水利等中小型水利工程建设，中央和省级财政用于水利的专项资金应在 2010 年基础上，至少翻一番。

3. 进一步充实和完善水利建设基金

国务院已同意将水利建设基金延长至 2020 年。但目前中央水利建设基金规模不到 40 亿元，地方水利建设基金征收地区间差异很大，最多的省份已超过 70 亿元，最少的省份尚不足 1000 万元。应进一步拓宽征收渠道，扩大征收规模。

4. 落实好从土地出让收益中提取 10% 用于农田水利建设的政策

据统计，2008 年土地出让收入中，东部地区占 66.7%，中西部地区仅占 33.3%，且主要集中在大中城市，而农田水利建设资金的需求东部占 30%，中西部占 70%，存在土地出让收益与农田水利建设资金需求不匹配的结构性矛盾。需要研究提出中央和省级统筹使用部分土地出让收益用于农田水利建设的具体办法，重点向粮食主产区、贫困地区和农田水利建设任务重的地区倾斜。同时，应按照中央一号文件的精神，细化水利建设金融支持、吸引社会资金的政策措施，拓宽水利投融资渠道。此外，针对今后十年水利投入大、项目数量多、分布范围广的特点，应特别加大对水利建设资金的监督管理，确保资金安全和使用效益。

依法治水是加快水利改革发展的重要保障。全国人大十分重视水法治建设，颁布实施了《水法》《防洪法》《水土保持法》《水污染防治法》等 4 部水法律，国务院也出台了一批水行政法规，构建了我国水法规的基本框架，为依法治水提供了法律依据。但目前节约用水、地下水管理、农田水利、流域综合管理等方面还没有专门的法律法规。建议进一步加强水法规建设，不断完善水法规体系。同时，应继续加快水利工程管理体制改革，建立工程良性运行机制；健全基层水利服务体系，适应日益繁重的农村水利建设和管理的需要；

积极推进水价改革，建立反映水资源稀缺程度、兼顾社会可承受能力和社会公平的水价形成机制，对农业水价，探索建立政府与农民共同负担农业供水成本的机制；推动水利科技创新，力求在水利重大学科理论、关键技术等方面取得新的突破，提高我国水利科技水平。

综上所述，我国人多水少、水资源时空分布不均的基本国情水情，在今后相当长的一段时期不会改变，随着经济社会的快速发展和全球气候变化的影响，水安全问题将更加突出。目前水利基础设施建设仍然滞后，不能满足经济社会又好又快发展的需要，是国家基础设施的明显短板。应该把水利发展作为一项重大而紧迫的任务，加大投入、加快建设、深化改革、强化管理，不断增强水旱灾害综合防御能力、水资源合理配置和高效利用能力、水土资源保护和河湖健康保障能力以及水利社会管理和公共服务能力，为经济社会可持续发展提供有力保障。

第二章　水资源开发基础

第一节　地球水量储存与水循环

一、地球水量储存与分布

（一）水在地理环境中的地位和作用

水是地球表面分布最广和最重要的物质，并作为最活跃的因素始终参与地球地理环境的形成和发展过程，在所有自然地理过程中都不可或缺。拥有由大量水体组成的水圈，使地球在太阳系九大行星中显得与众不同，得天独厚。正是因为有水，我们星球的地理环境才变得丰富多彩，充满生机。

（二）地球上水的分布

广义包括地球水圈内所有的天然水。狭义的指在当前经济技术条件下可为人类利用的天然水，主要包括河水、湖泊水和地下水等淡水资源。水资源是地球最宝贵的资源之一，是人类赖以生存和发展的必不可缺的条件。其中河川水的数量是水资源丰富程度的主要反映，称为径流资源。河川水的水源以降水为主，因此又可把降水量看成是水资源的总控制量。中国是以河川径流为主要水资源的国家，其水量约为 2638km³，列世界第 6 位，但人均水量只占第 86 位。中国水资源并不丰富，而且时空分布不均匀。为了解决水资源供需矛盾，必须采取节流与开源的办法。节流就是节约用水，合理用水，保护水源，防止污染；开源即充分利用各种水源，积极开展海水淡化，合理利用污水灌溉。水能以气态、固态和液态等三种基本形态存在于自然界之中，分布极其广泛。

地球上的水量是极其丰富的，其总储水量约为 13.86 亿立方千米，但水圈内水量的分布是不均匀的，大部分水储存在低洼的海洋中，占 96.54%，而且 97.47%（分布于海洋、地下水和湖泊水中）为咸水，淡水仅占总水量的 2.53%，主要分布在冰川与永久积雪（占68.70%）和地下（占 30.36%）之中。如果考虑现有的经济、技术能力，扣除无法取用的冰川和高山顶上的冰雪储量，理论上可以开发利用的淡水不到地球总水量 1%。实际上，人类可以利用的淡水量远低于此理论值，主要是因为在总降水量中，有些是落在无人居住的地区如南极洲，或者降水集中于很短的时间内，由于缺乏有效的水利工程措施，很快地流入海洋之中。由此可见，尽管地球上的水是取之不尽的，但适合饮用的淡水水源则是十分有限的。

二、地球上的水循环

水循环是指水由地球不同的地方透过吸收太阳带来的能量转变存在的模式到地球另一些地方，例如：地面的水份被太阳蒸发成为空气中的水蒸汽。而水在地球的存在模式包括有固态、液态和气态。而地球的水多数存在于大气层中、地面、地底、湖泊、河流及海洋中。水会透过一些物理作用，例如：蒸发、降水、渗透、表面的流动和表底下流动等，由一个地方移动至另一个地方。如水由河川流动至海洋。

水循环是多环节的自然过程，全球性的水循环涉及蒸发、大气水分输送、地表水和地下水循环以及多种形式的水量贮蓄。

降水、蒸发和径流是水循环过程的三个最主要环节，这三者构成的水循环途径决定着全球的水量平衡，也决定着一个地区的水资源总量。

蒸发是水循环中最重要的环节之一。由蒸发产生的水汽进入大气并随大气活动而运动。大气中的水汽主要来自海洋，一部分还来自大陆表面的蒸散发。大气层中水汽的循环是蒸发—凝结—降水—蒸发的周而复始的过程。海洋上空的水汽可被输送到陆地上空凝结降水，称为外来水汽降水；大陆上空的水汽直接凝结降水，称内部水汽降水。一地总降水量与外来水汽降水量的比值称该地的水分循环系数。全球的大气水分交换的周期为10天。在水循环中水汽输送是最活跃的环节之一。

径流是一个地区（流域）的降水量与蒸发量的差值。多年平均的大洋水量平衡方程为：蒸发量＝降水量＋径流量；多年平均的陆地水量平衡方程是：降水量＝径流量＋蒸发量。但是，无论是海洋还是陆地，降水量和蒸发量的地理分布都是不均匀的，这种差异最明显的就是不同纬度的差异。

中国的大气水分循环路径有太平洋、印度洋、南海、鄂霍茨克海及内陆等5个水分循环系统。它们是中国东南、误南、华南、东北及西北内陆的水汽来源。西北内陆地区还有盛行西风和气旋东移而来的少量大西洋水汽。

陆地上（或一个流域内）发生的水循环是降水—地表和地下径流—蒸发的复杂过程。陆地上的大气降水、地表径流及地下径流之间的交换又称三水转化。流域径流是陆地水循环中最重要的现象之一。

地下水的运动主要与分子力、热力、重力及空隙性质有关，其运动是多维的。通过土壤和植被的蒸发、蒸腾向上运动成为大气水分；通过入渗向下运动可补给地下水；通过水平方向运动又可成为河湖水的一部分。地下水储量虽然很大，但却是经过长年累月甚至上千年蓄集而成的，水量交换周期很长，循环极其缓慢。地下水和地表水的相互转换是研究水量关系的主要内容之一，也是现代水资源计算的重要问题。

据估计，全球总的循环水量约为 4961012 立方米 / 年，不到全球总储水量的万分之四。在这些循环水中，约有 22.4% 成为陆地降水，这其中的约三分之二又从陆地蒸发掉了。但总算蒸发量小于降水量，这才形成了地面径流。

水是一切生命机体的组成物质，也是生命代谢活动所必需的物质，又是人类进行生产活动的重要资源。地球上的水分布在海洋、湖泊、沼泽、河流、冰川、雪山，以及大气、生物体、土壤和地层。水的总量约为 $1.4 \times 1013m^3$，其中 96.5% 在海洋中，约覆盖地球总面积的 70%。陆地上、大气和生物体中的水只占很少一部分。

（一）水循环的主要作用

水循环的主要作用表现在三个方面：

1. 水是所有营养物质的介质，营养物质的循环和水循化不可分割地联系在一起。

2. 水对物质是很好的溶剂，在生态系统中起着能量传递和利用的作用。

3. 水是地质变化的动因之一，一个地方矿质元素的流失，而另一个地方矿质元素的沉积往往要通过水循环来完成。

（二）水循环的途径

地球上的水，是在不停地运动着的。它无处不在，通过蒸发、冷凝、降水等连续不断地循环。水的循环过程具体可以分为以下三个步骤：

1. 蒸发和蒸腾的水分子进入大气

吸收太阳辐射热后，水分子从海洋、河流、湖泊、潮湿土壤和其他潮湿表面蒸发到大气中去；生长在地表的植物，通过茎叶的蒸发将水扩散到大气中，植物的这种蒸发作用通常又称为蒸腾。据估计，在一个生长季中 0.4 公顷的谷物几乎就可以蒸腾 200 万升的水，等于同等面积内 43cm 深的水层。通过蒸发和蒸腾的水，水质都得到了纯化，是清洁水。

2. 以降水形式返回大地

水分子进入大气后，变为水汽随气流运动，在适当条件下，遇冷凝结形成降水，以雨或雪的形式降落到地面。降水不但给地球带来淡水，养育了千千万万的生命，同时，还能净化空气，把一些天然的和人为的污物从大气中洗去。

降水是陆地水资源的根本来源。我国多年来平均年降水量为 632mm，而全球陆地平均年降水量是 834mm。

3. 重新返回蒸发点

当降水到达地面时，一部分渗入地下，补给地下水；一部分从地表流掉，补给河流。地表的流水，即径流可以带走泥粒，导致侵蚀；也可以带走细菌、灰尘和化肥、农药等，因而径流常常是被污染的。最后千流归大海，水又回到海洋以及河流、湖泊等蒸发点。这就是地球上的水循环。

由于水分循环的存在，使得水成为地球上最活跃的物质，使全球的水量和热量得到均衡调节。正是由于这种年复一年、日复一日永不停息的水分循环，才使得大气圈气象万千，使得地球表面千姿百态，生机盎然。假如水分循环停止，将再也看不到电闪雷鸣、雨雪霜雹；再也没有晴、雨、阴、云的天气变化；再也看不到江、河、湖、沼；当然更不会有森林、草原；动物与人类也将不存在。地球上的水圈是一个永不停息的动态系统。在太阳辐射和地球引力的推动下，水在水圈内各组成部分之间不停的运动着，构成全球范围的海陆间循环（大循环），并把各种水体连接起来，使得各种水体能够长期存在。海洋和陆地之间的水交换是这个循环的主线，意义最重大。在太阳能的作用下，海洋表面的水蒸发到大气中形成水汽，水汽随大气环流运动，一部分进入陆地上空，在一定条件下形成雨雪等降水；大气降水到达地面后转化为地下水、土壤水和地表径流，地下径流和地表径流最终又回到海洋，由此形成淡水的动态循环。这部分水容易被人类社会所利用，具有经济价值，正是我们所说的水资源。

水循环是联系的球各圈和各种水体的"纽带"，是"调节器"，它调节了地球各圈层之间的能量，对冷暖气候变化起到了重要的因素。水循环是"雕塑家"，它通过侵蚀，搬运和堆积，塑造了丰富多彩的地表形象。水循环是"传输带"，它是地表物质迁移的强大动力，和主要载体。更重要的是，通过水循环，海洋不断向陆地输送淡水，补充和更新新陆地上的淡水资源，从而使水成为了可再生的资源。

三、地球上的水量平衡

水量平衡是水文学基本原理之一。指地球任一区域在一定时段内，收入的水量与支出的水量之差等于该区域内的蓄水变量。水量平衡的研究区域可以是某个海洋或某个地区，也可以是整个地球。水量平衡的研究时段可以是日、月，也可以是一年、数十年或更长的时间。蓄水变量指时段始末区域内蓄水量之差。水量平衡是水文循环的数量描述，是质量守恒定律在水文循环中的特定表现形式。

所谓水量平衡，是指任意选择的区域（或水体），在任意时段内，其收入的水量与支出的水量之间差额必等于该时段区域（或水体）内蓄水的变化量，即水在循环过程中，从总体上说收支平衡。

水量平衡概念是建立在现今的宇宙背景下。地球上的总水量接近于一个常数，自然界的水循环持续不断，并具有相对稳定性这一客观的现实基础之上的。

从本质上说，水量平衡是质量守恒原理在水循环过程中的具体体现，也是地球上水循环能够持续不断进行下去的基本前提。一旦水量平衡失控，水循环中某一环节就要发生断裂，整个水循环亦将不复存在。反之，如果自然界根本不存在水循环现象，亦就无所谓平衡了。因而，两者密切不可分。水循环是地球上客观存在的自然现象，水量平衡是水循环内在的规律。水量平衡方程式则是水循环的数学表达式，而且可以根据不同水循环类型，建立不同水量平衡方程。诸如通用水量平衡方程、全球水量平衡方程、海洋水量平衡方程、陆地水量平衡方程、流域水量平衡方程、水体水量平衡方程等。

公元前，人类就有了水循环的观念。17 世纪时，随着人们对降水量和河流流量的观测增多，促进和加深了人类对水量平衡的认识。当时法国的 E. 马略特确定了塞纳河的年径流少于年降水量的六分之一。此后，许多学者对全球水量平衡进行了多次计算。20 世纪 60 年代以来，由于开发利用水资源的需要，已逐渐转向对中小尺度区域，包括流域及国家范围内的水量平衡研究。中国各地区水文和水资源的研究中，均包含有水量平衡各要素如降水、蒸发、径流、地下水等和水量平衡的计算。

（一）水量平衡方程式

1. 计算基础

水量平衡通常用水量平衡方程式表示。方程式中各收入项、支出项和蓄水变量随研究的区域不同而有所不同。利用水量平衡方程式，可以确定各要素（也称水量平衡要素）的数量关系，估计地区数量，也用来鉴别各种水文学方法和研究成果。因此，水量平衡是水文学中最重要的基础理论和基本方法之一。

2. 各大洲

在现代气候条件下，全球水量的多年平均值基本是恒定的。通过全球水文循环，平均每年从海洋和陆地蒸发的水量为 577000 立方千米，等于平均每年的降水量。

3. 大气

一定地区（陆地或海洋）上空的大气中，在一定时段内收入的水分为：随水平气流输入的水分 (I)，来自下垫面蒸发的水分 (E)；支出的水分为：随水平气流输出的水分 (O)，降水量 (P)。收入与支出水量之差等于该地区上空大气在该时段始末所含水分的变量。就多年平均情况言，一个地区上空大气中所含水分的量基本不变。因此，一定地区上空大气多年平均水量平衡方程为

$$P - E = I - O$$

输入的水分 (I) 与输出的水分 (O) 之差称为水分净输送或水汽净输送。当某地区上空大气中的水汽净输送量为正值时，该地区降水量大于蒸发量，当某地区上空大气中的水汽净输送量为负值时，该地区蒸发量大于降水量。

4. 流域

闭合流域的水量平衡收入项为研究时段的总降水量 (P)；支出项为研究时段的流域总蒸发量 (E) 和流域出口断面处的总径流量 (R)；若研究时段内流域蓄水变量绝对值为 ΔS，则任一时段闭合流域水量平衡方程式为

$$P = E + R \pm \Delta S$$

对多年平均而言，$\Delta S = 0$，则得闭合流域多年平均水量平衡方程式为 = + 当不闭合时，应当计入所研究流域与相邻流域间的交换水量。

5. 湖泊

收入项为：湖面降水量，地表径流和地下径流入湖水量；支出项为：湖面蒸发量、地表径流和地下径流出湖水量；湖泊蓄水变量是研究时段始末湖水位的变幅与相应湖水面平均面积的乘积。湖泊水量平衡特点随所在地区气候条件和湖泊类型不同而异。中国外流湖主要分布在中国的东部、东北和西南地区；这里气候湿润、降水丰沛。这类湖泊水量平衡特点是：收入部分主要是入湖径流量，支出部分主要是出湖径流量，而湖面、和渗漏所占的比例较小；中国内陆湖主要分布在内蒙古、新疆、甘肃、青海和西藏内流地区；这里远离海洋，气候干燥，水量平衡的特点是：收入部分主要是入湖径流，支出部分主要是湖面蒸发，有许多闭口湖甚至没有出湖径流；湖水除渗漏外，几乎全部消耗于蒸发。

6. 沼泽

收入项为：沼泽范围内的直接降水，从上游和邻近地区汇入的地表和地下径流；支出项为：水面蒸发量和沼泽量，地表和地下水流出量。蓄水变量包括：沼泽地下水蓄水变量即研究时段始末沼泽地下水位变幅、相应的沼泽平均面积和沼泽的乘积；沼泽地表积水的变量。在支出项中，蒸发和散发所占比重大，而径流占比重小，这是沼泽水量平衡的重要特点。中国三江平原别拉洪河沼泽地，多年平均蒸发量占总支出水量的 79%，多年平均径流量仅占 21%。

7. 地下水

地下水水量平衡方程的普遍形式可写成为：地下水储量变化等于总补给量与总排泄量之差。地下水总补给量包括：降水入渗补给量、地表和地下径流补给量，土壤解冻补给的水量，人工回灌补给量和越流补给量；地下水总排泄量包括：地下水开采量、潜水蒸发量、向地表自然排出量、地下径流流出量和越流流出量。不同地区，地下水量平衡要素不尽相同，各项平衡要素所占比重也不一样。例如，雨量充沛的平原地区，降雨是主要补给量；地下水位埋藏较浅地区，是主要的排泄水量；山前冲积扇地区，地下径流占收入和支出项很大比重；内陆灌溉区，抽水灌溉和灌溉水入渗补给是主要水平衡要素。冰川水量平衡通常称为。

（二）全球水量平衡

由大洋和大陆的水量平衡组成的全球水量平衡，是全球水循环水量平衡的定量描述。这种描述从 1905 年开始以后，不同的学者提出的估算值都不相同。从资料的系列和数量看，近期的估算值比较接近实际。全球的水量平衡要素中，大洋与大陆不同，前者蒸发量大于降水量，其差值作为大陆水体的来源，参加降水过程；后者则是降水量大于蒸发量，其差值为径流量，成为大洋水量的收入项之一。在大洋多年平均的水量平衡中，出现了淡水平衡的概念，年平均大洋淡水平衡可用下式表示：

$$P + R - E = 0$$

式中 P 为年降水量；R 为大陆入海年径流量；E 为年蒸发量。在大洋的海冰中还包含着大量的淡水。大陆湖泊、水库、地下水及大陆冰川的蓄水变化，均会导致海平面的升降，对地球的生态环境有重要意义。

（三）中国水量平衡

与世界大陆相比，中国年降水量偏低，但年径流系数均高，这是中国多山地形和季风气候影响所致。中国内陆区域的降水和蒸发均比世界内陆区域的平均值低，其原因是中国内陆流域地处欧亚大陆的腹地，远离海洋之故。

中国水量平衡要素组成的重要界线，是 1200 mm 年等降水量。年降水量大于 1200 mm 的地区，径流量大于蒸散发量；反之，蒸散发量大于径流量，中国除东南部分地区外，绝大多数地区都是蒸散发量大于径流量。越向西北差异越大。水量平衡要素的相互关系还表明在径流量大于蒸发量的地区，径流与降水的相关性很高，蒸散发对水量平衡的组成影响甚小。在径流量小于蒸发量的地区，蒸散发量则依降水而变化。这些规律可作为年径流建立模型的依据。另外，中国平原区的水量平衡均为径流量小于蒸发量，说明水循环过程以垂直方向的水量交换为主。

（四）水量平衡的研究意义

水量平衡研究是水文、水资源学科的重大基础研究课题，同时又是研究和解决一系列实际问题的手段和方法。因而具有十分重要的理论意义和实际应用价值。

1. 通过水量平衡的研究，可以定量地揭示水循环过程与全球地理环境、自然生态系统之间的相互联系、相互制约的关系；揭示水循环过程对人类社会的深刻影响，以及人类活动对水循环过程的消极影响和积极控制的效果。

2. 水量平衡又是研究水循环系统内在结构和运行机制，分析系统内蒸发，降水及径流等各个环节相互之间的内在联系，揭示自然界水文过程基本规律的主要方法；是人们认识和掌握河流、湖泊、海洋、地下水等各种水体的基本特征、空间分布、时间变化，以及今后发展趋势的重要手段。通过水量平衡分析，还能对水文测验站网的布局，观测资料的代表性、精度及其系统误差等作出判断，并加以改进。

3. 水量平衡分析又是水资源现状评价与供需预测研究工作的核心。从降水、蒸发、径流等基本资料的代表性分析开始，到进行径流还原计算，到研究大气降水、地表水、土壤水、地下水等四水转换的关系，以及区域水资源总量评价，基本上都是根据水量平衡原理进行的。

水资源开发利用现状以及未来供需平衡计算，更是围绕着用水，需水与供水之间能否平衡的研究展开的，所以水量平衡分析是水资源研究的基础。

4. 在流域规划，水资源工程系统规划与设计工作中，同样离不开水量平衡工作，它不仅为工程规划提供基本设计参数，而且可以用来评价工程建成以后可能产生的实际效益。

此外，在水资源工程正式投入运行后，水量平衡方法又往往是合理处理各部门不同用水需要，进行合理调度，科学管理，充分发挥工程效益的重要手段。

第二节　地表水资源的形成

地表水资源指地表水中可以逐年更新的淡水量。是水资源的重要组成部分。包括冰雪水、河川水和湖沼水等。地表水由分布于地球表面的各种水体，如海洋、江河、湖泊、沼泽、冰川、积雪等组成。作为水资源的地表水，一般是指陆地上可实施人为控制、水量调度分配和科学管理的水。

从供水角度讲，地表水资源指那些赋存于江河、湖泊和冰川中的淡水；从航运和养殖角度来讲，地表水资源主要指河道和水域中所赋存的水；从能源利用角度来讲，地表水资源主要指具有一定落差的河川径流。

一、降水

降水是指空气中的水汽冷凝并降落到地表的现象，它包括两部分，一是大气中水汽直接在地面或地物表面及低空的凝结物，如霜、露、雾和雾凇，又称为水平降水；另一部分是由空中降落到地面上的水汽凝结物，如雨、雪、霰雹和雨凇等，又称为垂直降水。但是单纯的霜、露、雾和雾凇等，不作降水量处理。在中国，国家气象局地面观测规范规定，降水量仅指的是垂直降水，水平降水不作为降水量处理，发生降水不一定有降水量，只有有效降水才有降水量。一天之内 50mm 以上降水为暴雨（豪雨），25mm 以上为大雨，10 ~ 25mm 为中雨，10mm 以下为小雨，75mm 以上为大暴雨（大豪雨），200mm 以上为特大暴雨。

（一）形成原因

水汽在上升过程中，因周围气压逐渐降低，体积膨胀，温度降低而逐渐变为细小的水滴或冰晶漂浮在空中形成云。当云滴增大到能克服空气的阻力和上升气流的顶托，且在降落时不被蒸发掉才能形成降水。水汽分子在云滴表面上的凝聚，大小云滴在不断运动中的合并，使云滴不断凝结（或凝华）而增大。云滴增大为雨滴、雪花或其他降水物，最后降至地面。人工降雨是根据降水形成的原理，人为的向云中播撒催化剂促使云滴迅速凝结、合并增大，形成降水。

（二）形成过程

产生降水的主要过程有：

1. 天气系统的发展，暖而湿的空气与冷空气交汇，促使暖湿空气被冷空气强迫抬升，或由暖湿空气沿锋面斜坡爬升。

2. 夏日的地方性热力对流，使暖湿空气随强对流上升形成小型积雨云和雷阵雨。

3. 地形的起伏，使其迎风坡产生强迫抬升，但这是一个比较次要的因素。多数情况下，它和前两种过程结合影响降水量的地理分布。

（三）分类

1. 锋面雨

在锋面上空气缓慢上升（以每秒厘米的速度计算），在冷气团一侧形成层状降水。

2. 对流雨

如果下垫面高温潮湿，近地面空气强烈受热，引起空气的对流运动，湿热空气在上升过程中，随气温的下降，形成对流云而降水，比如积雨云和浓积云，条件一定时即可降水。特点是强度大，历时短，范围小，还常伴有暴风，雷电，故又称热雷雨。在热带雨林气候区和夏季的亚热带季风气候区多见。

3. 地形雨

暖湿气流在运行的过程中，遇到地形的阻挡，被迫沿着山坡爬行上升，从而引起水汽凝结而形成降水，称为地形雨。地形雨一般只发生在山地迎风坡，背风坡气流存在下沉或者下滑，温度不断增高，形成雨影区，不易形成地形雨。

4. 气旋雨

气旋中心附近气流上升，引起水汽凝结而形成降水，称为气旋雨。常见的有热带气旋和温带气旋带来的降水。

二、径流

径流是指降雨及冰雪融水或者在浇地的时候在重力作用下沿地表或地下流动的水流。径流有不同的类型，按水流来源可有降雨径流和融水径流以及浇水径流；按流动方式可分地表径流和地下径流，地表径流又分坡面流和河槽流。此外，还有水流中含有固体物质（泥沙）形成的固体径流，水流中含有化学溶解物质构成的离子径流等。

流域产流是径流形成的第一环节。同传统的概念相比，产流不只是一个产水的静态概念，而是一个具有时空变化的动态概念。包括产流面积在不同时刻的空间发展及产流强度随降雨过程的时程变化。同时，产流又不只是一个水量的概念，而是一个包括产水、产沙和溶质输移的多相流的形成过程。此外，产流主要发生在流域坡面上，对不同大小的流域而言，坡面面积所占的比重不同，坡面上各种影响产流的因素、包括植被、土壤、坡度、土地利用状况及坡面面积和位置等在不同大小的流域表现不同。

流域的降水，由地面与地下汇入河网，流出流域出口断面的水流，称为径流。液态降水形成降雨径流，固态降水则形成冰雪融水径流。由降水到达地面时起，到水流流经出口断面的整个物理过程，称为径流形成过程。降水的形式不同，径流的形成过程也各异。我国的河流以降雨径流为主，冰雪融水径流只是在西部高山及高纬地区河流的局部地段发生。根据形成过程及径流途径不同，河川径流又可由地面径流、地下径流及壤中流（表层流）

三种径流组成。

径流是大气降水形成的，并通过流域内不同路径进入河流、湖泊或海洋的水流。习惯上也表示一定时段内通过河流某一断面的水量，即径流量。按降水形态分为降雨径流和融雪径流。按形成及流经路径分为生成于地面、沿地面流动的地面径流；在土壤中形成并沿土壤表层相对不透水层界面流动的表层流，也称壤中流；形成地下水后从水头高处向水头低处流动的地下水流。广义上，径流还包括固体径流和化学径流。径流是引起河流、湖泊、地下水等水体水情变化的直接因素。其形成过程是一个从降水到水流汇集于流域出口断面的整个过程。降雨径流的形成过程包括降雨、截留、下渗、填洼、流域蒸散发、坡地汇流和河槽汇流等。融雪径流的形成需要有一定的热量，使雪转化为液体。在融雪期间发生降雨，就会形成雨雪混合径流。影响径流的因素有降水、气温、地形、地质、土壤、植被和人类活动等。

（一）类型

按水流来源有降雨径流和融水径流；按流动方式可分地表径流和地下径流，地表径流又分坡面流和河槽流；此外，还有水流中含有固体物质（泥沙）形成的固体径流，水流中含有化学溶解物质构成的离子径流等。

（二）径流的形成

降水是径流形成的首要环节。降在河槽水面上的雨水可以直接形成径流。流域中的降雨如遇植被，要被截留一部分。

降在流域地面上的雨水渗入土壤，当降雨强度超过土壤渗入强度时产生地表积水，并填蓄于大小坑洼，蓄于坑洼中的水渗入土壤或被蒸发。坑洼填满后即形成从高处向低处流动的坡面流。坡面流里许多大小不等、时分时合的细流（沟流）向坡脚流动，当降雨强度很大和坡面平整的条件下，可成片状流动。从坡面流开始至流入河槽的过程称为漫流过程。河槽汇集沿岸坡地的水流，使之纵向流动至控制断面的过程为河槽集流过程。自降雨开始至形成坡面流和河槽集流的过程中，渗入土壤中的水使土壤含水量增加并产生自由重力水，在遇到渗透率相对较小的土壤层或不透水的母岩时，便在此界面上蓄积并沿界面坡向流动，形成地下径流（表层流和深层地下流），最后汇入河槽或湖、海之中。在河槽中的水流称河槽流，通过流量过程线分割可以分出地表径流和地下径流。

1. 形成过程

从降雨到达地面至水流汇集、流经流域出口断面的整个过程，称为径流形成过程。径流的形成是一个极为复杂的过程，为了在概念上有一定的认识，可把它概化为两个阶段，即产流阶段和汇流阶段。

2. 产流阶段

当降雨满足了植物截留、洼地蓄水和表层土壤储存后，后续降雨强度又超过下渗强度，其超过下渗强度的雨量，降到地面以后，开始沿地表坡面流动，称为坡面漫流，是产流的开始。如果雨量继续增大，漫流的范围也就增大，形成全面漫流，这种超渗雨沿坡面流动注入河槽，称为坡面径流。地面漫流的过程，即为产流阶段。

3. 汇流阶段

降雨产生的径流，汇集到附近河网后，又从上游流向下游，最后全部流经流域出口断面，叫作河网汇流，这种河网汇流过程，即为汇流阶段。

（三）影响因素

径流是流域中气候和下垫面各种自然地理因素综合作用的产物。径流的分布特性首先取决于气候条件。在同一气候区，山区流域径流量一般大于平原；地质、土壤条件不同，流域的渗水性不同，渗水性强的流域产生的径流量少，反之则多。受高程的影响，径流有垂直差异的特点。流域面积的尺度决定着径流量的大小，植被、湖泊、沼泽则有调节径流的功能。径流的时空变化特性还深受人类活动的影响：砍伐森林会使水土流失加剧，洪峰径流剧增；水库等蓄水工程的兴建，会增加流域的持水能力，调节径流；工业、农田的大量用水会减少河川径流量；跨流域引水能减少被引水流域的径流量，增加引入流域的径流量等。径流是地球表面水循环过程中的重要环节，它的化学、物理特性对地理环境和生态系统有重要的作用。

1. 气候因素

它是影响河川径流最基本和最重要的因素。气候要素中的降水和蒸发直接影响河川径流的形成和变化。降水方面，降水形式、总量、强度、过程以及在空间上的分布，都会影响河川径流的变化。例如，降水量越大，河川径流就越大；降水强度越大，短时间内形成洪水的可能性就越大。蒸发方面，主要受制于空气饱和差和风速。饱和差越大，风速越大，则蒸发越强烈。气候的其他要素如温度、风、湿度等往往也通过降水和蒸发影响河川径流。

2. 流域的下垫面因素

下垫面因素主要包括地貌、地质、植被、湖泊和沼泽等。地貌中山地高程和坡向影响降水的多少，如迎风坡多雨，背风坡少雨。坡地影响流域内汇流和下渗，如山溪的水就容易陡涨陡落。流域内地质和土壤条件往往决定流域的下渗、蒸发和地下最大蓄水量，例如在断层、节理和裂缝发育的地区，地下水丰富，河川径流受地下水的影响较大。植被，特别是森林植被，可以起到蓄水、保水、保土作用，削减洪峰流量，增加枯水流量，使河川径流的年内分配趋于均匀。

3. 人类活动

例如，通过人工降雨、人工融化冰雪、跨流域调水增加河川径流量；通过植树造林、修筑梯田、筑沟开渠调节径流变化；通过修筑水库和蓄洪、分洪、泄洪等工程改变径流的时间和空间分布。

径流是地球表面水循环过程中的重要环节，它的化学、物理特性对地理环境和生态系统有重要的作用。

三、河流

河流是指由一定区域内地表水和地下水补给，经常或间歇地沿着狭长凹地流动的水流。

河流是地球上水文循环的重要路径，是泥沙、盐类和化学元素等进入湖泊、海洋的通道。中国对于河流的称谓很多，较大的河流常称江、河、水，如长江、黄河、汉水等。浙、闽、台地区的一些河流较短小，水流较急，常称溪，如台湾的蜀水溪、福建的沙溪、建溪等。

（一）河流形态特征

河流形态特征一般包括地貌特征和几何特征两方面。

1. 地貌特征

较大的河流上游和中游一般具有山区河流的地貌特征：河谷狭窄，横断面多呈 V 或 U 形，两岸山嘴突出，岸线犬牙交错很不规则；河道纵向坡度大，水流急，常形成许多深潭；河岸两侧形成数级阶地。平原河流在松散的冲积层上，地貌特征与山区河流很不相同。横断面宽浅，纵向坡度小，河床上浅滩深槽交替，河道蜿蜒曲折，多曲流与汊河。

2. 几何特征

河流几何特征用以下参数表示：自河口沿干流至支流最远点的长度称为河长。河长基本上反映出河流集水面积的大小。河源与河口的垂直高差称为河流的落差。落差大表明河水能资源丰富。落差与河长的比值称为河流的比降，比降越大河道汇流越快。河流实际长度与河流两端直线距离的比值称为弯曲系数，弯曲系数越大，对洪水宣泄越不利。

（二）河流水文动态

包括河流补给、径流变化、河流热状况、河流化学变化、河流泥沙运动和河水运动等。河流补给主要有雨水、冰雪融水、湖泊、沼泽水和地下水。雨水是热带、亚热带和温带地区河流主要补给源，北温带和寒带地区河流主要靠冰雪融水补给。中国雨水对河流的补给量一般由东南向西北减少。西北内陆地区的河流以高山冰雪融水为主要补给，雨水补给居次要地位。地下水在枯季是河流的主要补给。中国西南广大岩溶地区，地下水补给占有相当大的比重。

四、流域

流域，指由分水线所包围的河流集水区。分地面集水区和地下集水区两类。如果地面集水区和地下集水区相重合，称为闭合流域；如果不重合，则称为非闭合流域。平时所称的流域，一般都指地面集水区。

（一）流域概念

每条河流都有自己的流域，一个大流域可以按照水系等级分成数个小流域，小流域又可以分成更小的流域等。另外，也可以截取河道的一段，单独划分为一个流域。流域之间的分水地带称为分水岭，分水岭上最高点的连线为分水线，即集水区的边界线。处于分水岭最高处的大气降水，以分水线为界分别流向相邻的河系或水系。例如，中国秦岭以南的地面水流向长江水系，秦岭以北的地面水流向黄河水系。分水岭有的是山岭，有的是高原，也可能是平原或湖泊。山区或丘陵地区的分水岭明显，在地形图上容易勾绘出分水线。平原地区分水岭不显著，仅利用地形图勾绘分水线有困难，有时需要进行实地调查确定。

在水文地理研究中，流域面积是一个极为重要的数据。自然条件相似的两个或多个地区，一般是流域面积越大的地区，该地区河流的水量也越丰富。

（二）流域特征

流域特征包括流域面积、河网密度、流域形状、流域高度、流域方向以及干流方向。

1.流域面积：流域地面分水线和出口断面所包围的面积，在水文上又称集水面积，单位是平方千米。这是河流的重要特征之一，其大小直接影响河流和水量大小及径流的形成过程。

2.河网密度：流域中干支流总长度和流域面积之比。单位是km / 平方千米。其大小说明水系发育的疏密程度。受到气候、植被、地貌特征、岩石土壤等因素的控制。

3.流域形状：对河流水量变化有明显影响。

4.流域高度：主要影响降水形式和流域内的气温，进而影响流域的水量变化。

5.流域方向或干流方向对冰雪消融时间有一定的影响。

流域根据其中的河流最终是否入海可分为内流区（内流流域）和外流区（外流流域）。

五、河川径流

汇集陆地表面和地下而进入河道的水流。包含大气降水和高山冰川积雪融水产生的动态地表水及绝大部分动态地下水，是构成水分循环的重要环节，是水量平衡的基本要素。通常称某一时段（年或日）内流经河道上指定断面的全部水量为径流量，以 m³ 计。一条河流的径流量由水文站的实际观测资料计算求得。

河川径流，河床中流动的水流。主要来源于大气降水形成的地表径流，其丰枯变化往往与流经地区的气候变化有关。河川径流最大小与河流的环境容量密切相关。通常。河川径流量大，其环境容量大；反之，则小。因此，有目的地调节河川径流量，可提高环境容量。合理解决水环境污染问题。河川径流是重要的地表水资源，是城市居民饮水与工农业用水的重要水源，应该人为地调节径流使之满足人类生产和生活的需要。

（一）形成过程

1.降雨过程

降雨是形成地面径流的主要因素，降雨的多少决定径流最的大小，降雨是以降雨厚度

(mm) 表示。单位时间内的降雨量称为降雨强度 (mm/min 或 mm/h)。每次降雨。降雨量及其在空同和时间上的变化都各不相同。降雨可能笼罩全流域，也可能只降落在流域的局部地区；流域内的降雨强度也有时均匀，有时不均匀，有时还在局部地区形成暴雨中心，并向某一方向移动。降雨的变化过程直接决定径流过程的趋势，降雨过程是径流形成过程的重要环节。

2. 流域蓄渗过程

降雨开始时并不立即形成径流，首先，雨水被流域内的树木、杂草，以及农作物的茎叶截留一部分，不能落到地面上，称为植物截留然后，落到地面上的雨水部分渗入土壤，称为入渗。单位时间内的入渗量 (mm)，称为入渗强度 (mm/min 或 mm/h)。降雨开始时入渗较快，随着降雨量的不断增加，土壤中水分逐渐趋于饱和，入渗强度减缓，达到一个稳定值，称为稳定入渗，另外，还有一部分雨水被蓄留在坡面的坑洼里，称为填洼。植物截留、入渗和填洼的整个过程，称为流域的蓄渗过程这部分雨水不产生地而径流，对降雨径流而言，称为损失，扣除损失后剩余的雨量，称为净雨。

3. 坡面漫流过程

流域蓄渗过程完成以后，剩余雨水沿着坡面流动，称为坡面漫流。流域内各处坡面漫流开始的时间是不一致的，某些区域可能最先完成蓄渗过程而出现坡面漫流，也只是局部区域的坡而漫流然后。完成后渗过程的区域逐渐增多，出现坡面漫流的范围也随之扩大，最后才能形成全流域的坡面漫流。

4. 河槽集流过程

坡而漫流的雨水汇入河槽后、顺着河道由小沟到支流，由支流到下流，最后到达流域出口断面，这个过程称为河槽集流，汇入河槽的水流，方面继续沿河槽迅速向下游流动另一方面也使河槽内的水量增大，水位随之上升，河槽容蓄的这部分水量，在降雨结束后才缓慢地流向下游，最后通过流域出口，使流域出口断面的流量增长过程变得平缓。历时延长，从而起到河槽对洪水的调蓄作用。

总之，地面径流的形成过程，就其水体的运动性质来看，可分为产流过程和汇流过程，就其发生的区域来看，可分为流域面上进行的过程和河槽内进行的过程。

降雨、蓄渗、坡面漫流和河槽集流，是从降雨开始到出口断面产生径流所经历的全过程，它们在时间上并无截然的分界，而是同时交错进行的。

（二）特征

中国地表径流的形成、分布和变化，主要受气候和地形的影响，人类改造自然的活动影响也不可忽视。各地河川径流均具有一定的区域特性，彼此不尽相同。概括地说，中国河川径流的主要特征是径流资源地区分布很不均匀；径流的季节分配和年际变化深受东亚季风气候影响，变率较大地表水流侵蚀强烈，多数河川固体径流较多。

（三）影响因素

从径流形成过程来看，影响径流变化的自然因素，可分为气候因素和下垫面因素两类。

1. 气候因素

（1）降雨，空气中的水汽随气流上升时，因冷却而凝结成水滴降落到地面上，形成降雨。降雨是径流形成的主要因素，降雨强度、降雨历时和降雨面积对径流量及其变化过程都有很大影响。降雨强度大、雨水来不及入渗而流走，使径流量增大降雨强度小，则雨水大部分渗入土壤而使径流量减小。降雨历时长，降雨面积又大，产生的径流量必然也大，反之则小。大流域内的降雨，在地区上的分布是很不均匀的，流域内一次降雨强度最大的地方，称为暴雨中心。暴雨中心在流域下游时，出口断面的洪峰流量就大些暴雨中心在流域上游时，则洪峰流最就小些。次降雨的暴雨中心是不断移动的，当暴雨中心从流域上游向下游移动时，出口的洪峰流量就大些，反之则小些。

（2）蒸发。流域内的蒸发是指水面蒸发、陆面蒸发、植物散发等各种蒸发的总和。在一次降雨过程中蒸发对径流影响不大，但它对降雨前期的流域蓄水最却影响很大如蒸发强度大，则雨前土壤合水率就小，降雨的入渗损失量就增大，而径流量减小。因此，蒸发也是影响径流变化的重要因素。

降雨和蒸发在地区分布上呈现一定的规律性，因而径流变化也具有一定的地区性规律。

2. 下垫面因素

流域的地形、土壤、地质、植被、湖泊等自然地理因素，相对于气候因素而言、称为下垫面因素。流域的地理位置直接影响降雨量的多少，流域的地形对降雨、蒸发、蓄渗和汇流过程都有影响，流域面积的大小、形状又与径流量有直接关系。土壤和地质因素决定着入渗和地下径流的状况。植物茎叶截留部分降雨，植物根系又能贮藏大量水分，可改造土壤和气候，湖泊也有贮存水量、调节径流的作用。

3. 人类活动因素

人类活动对河川径流也有重要影响，封山育林和水土保持将增加降雨的截留和入渗。减少汛期水量和洪峰流量同时增大地下径流，能补充枯水期的水址。修建水库对河流起蓄洪调节作用，并使流域内的蒸发而积增大，从而加大蒸发量。

（四）河川径流的补给来源

1. 雨水

一般以夏秋季两季为主。雨水是大多数河流的补给源。热带、亚热带和温带的河流多由雨水补给。雨季到来，河流进入汛期。旱季则出现枯水期。雨水补给的河流的主要水情特点是，河水的涨落与流域上雨量大小和分布密切有关，河流径流的年内分配很不均匀，年际变化很大。在我国普遍分布，以东部季风区最为典型，我国东部季风区河流洪水期与夏秋多雨相一致，枯水期与冬春少雨相符合，河流年径流量，雨水补给占 70 ~ 90%。

2. 冰雪融水

主要存在于夏季。由冰雪融水补给的河流的水文情势主要取决于流域内冰川、积雪的储量及分布，也取决于流域内气温的变化。干旱年份冰雪消融多，多雨年份冰雪消融少，河流丰、枯水年径流得到良好调节，因此年际变化较小。中国发源于祁连山、天山、昆仑山、喀喇昆仑山和喜马拉雅山等地的河流，都不同程度地接纳了冰雪融水的补给。在我国分布于西北以及青藏高原地区。例如，我国东北松花江就有明显的春汛，流量有所增大。在高山永久积雪区，冰雪夏日消融，成为河流主要补给来源。例如，青藏高原上的某些河流冰雪融水补给量占60%以上；天山、祁连山等山区河流，以及塔里木、柴达木、河西走廊地区的河流主要靠高山冰雪融水补给。以高山冰雪消融补给的河流，水量比较稳定，这是因为冰雪消融与气温关系密切，而这些地区气温年际变化是很小的。

3. 湖泊和沼泽水

有些河流发源于湖泊和沼泽。有些湖泊一方面接纳若干河流来水，另一方面又注入更大的河流。中国鄱阳湖接纳赣江、信水、修水和抚水等水系来水，后注入长江。湖泊和沼泽对河流径流有明显的调节作用，因此由湖泊和沼泽补给的河流具有水量变化缓慢，变化幅度较小的特点。

4. 地下水

这是河流补给的普遍形式，中国西南岩溶发育地区，河水中地下水补给量比重尤其大。例如，西江水量丰富，除大气降水丰富外，还有丰富的地下水补给。地下水对河流的补给量的大小，取决于流域的水文地质条件和河流下切的深度。地下水有潜水和承压水；潜水埋藏较浅，与降水关系密切，承压水水量丰富，变化缓慢。河流下切越深，切穿含水层越多，获得的地下水补给也越多，以地下水补给为主的河流水量的年内分配和年际变化都十分均匀。不过，地下水与河流补给关系比较复杂，例如有的是地下水单向补给河流；有的是洪水期河流补给地下水，枯水期地下水补给河流；有的是河流与地下水相互补给。

5. 积雪融水

主要发生在春季。这类补给的特点具有连续性和时间性，比雨水补给河流的水量变化来得平缓。

不同地区的河流、同一地区的不同河流和同一河流在不同季节的主要补给形式和补给数量各不相同。在高山和高原地带，河流水源还具有明显的地带性。在我国主要分布于东北地区。

6. 混合补给

河水补给来源实际上是多方面的，大多数河流以雨水和地下水补给为主；有些大河，上游发源于高山高原，中下游流经温暖湿润地区，这样，雨水、冰雪融水、地下水都参与河流补给；有的河流除上述补给来源外，还有湖泊补给，例如白头山顶天池补给松花江；长江中游许多湖泊补给长江，对长江水量有巨大的调节作用。

第三节　地下水的储存与循环

　　地下水资源是指存在于地下可以为人类所利用的水资源，是全球水资源的一部分，并且与大气水资源和地表水资源密切联系、互相转化。既有一定的地下储存空间，又参加自然界水循环，具有流动性和可恢复性的特点。地下水资源的形成，主要来自现代和以前的地质年代的降水入渗和地表水的入渗，资源丰富程度与气候、地质条件等有关，利用地下水资源前，必须对其进行水质评价和水量评价。

一、地下水形成与循环

（一）地下水形成

　　地下水资源主要是由于大气降水的直接入渗和地表水渗透到地下形成的。因此，一个地区的地下水资源丰富与否，首先和地下水所能获得的补给量与可开采的储存量的多少有关。在雨量充沛的地方，在适宜的地质条件下，地下水能获得大量的入渗补给，则地下水资源丰富。在干旱地区，雨量稀少，地下水资源相对贫乏些。中国西北干旱区的地下水有许多是高山融雪水在山前地带入渗形成的。

　　地下水资源由大气降水和地表水转化而来，在地下运移，往往再排出地表成为地表水体的源泉。有时在一个地区发生多次的地表水和地下水的相互转化。故进行区域水资源评价时，应防止重复计算。

（二）地下水循环

　　地下水循环是指地下水的补给、径流和排泄过程。地下水补给径流—排泄的方向主要有垂直方向循环和水平方向循环两种。

　　1. 垂直方向循环。垂直方向循环即大气降水、地表水渗入地下，形成地下水，地下水又通过包气带蒸发向大气排泄，如潜水的补给与排泄。

　　2. 水平方向循环。水平方向循环是指含水层上游得到补给形成地下水，在含水层中长时间长距离地径流，而在下游的排泄区排出地表，如承压水的补给与排泄。

　　实际上，在陆地的大多数情况下，二者兼而有之，只不过不同地区以某种方向的运动为主而已。地下水的补给方式一般有天然补给和人工补给两种形式：天然补给量包括大气降水的渗入、地表水的渗入、地下水上游的侧向渗入；人工补给包括农田灌溉水的渗入、人工回灌地下水等。地下水的排泄方式有天然排泄和人工采水排泄两种。天然的地下水排泄方式有地下水潜水蒸发、泉水排出、地下水流向河渠、地下水向下游径流流出等；人工排泄方式主要是打井挖渠开采地下水。当过量开采地下水，使地下水排泄量远大于补给量时，地下水平衡就会遭到破坏，造成地下水长期下降。只有合理开发地下水，当开采量等于地下水总补给量与总排泄量差值时，才能保证地下水的动态平衡，使地下水处于良性循环状态。

二、地下水分布与类型

（一）地下水分布

我国地下水分布区域性差异显著。就区域水文地质条件而言，中部的秦岭山脉是我国地下水不同分布规律的南北界线。北方地区（15个省、区）总面积约占全国面积的60%，地下水资源量约占全国地下水资源总量的30%，但地下水开采资源约占全国地下水开采资源量的49%。

南北分布不同的地下水类型，在东西方向上也有明显的变化。

1. 我国南部和北部即昆仑山秦岭—淮河—线以北大型盆地，是松散沉积物孔隙水的主要分布区。在西部各内陆盆地中，由于盆地四周高山区年降水量大、终年积雪融化，使得盆地边缘山前地带巨厚的沙砾石层蓄水与径流条件良好，成为良好的地下水补给源；而盆地中部多为沙丘所覆盖，气候干旱，极为缺水；盆地东部分布着辽阔的黄淮海平原、松辽平原及长江三角洲平原为目前我国地下水资源开发利用程度较深的地区。该地区沉积层巨厚、地下水蕴藏丰富、富水程度相对均匀。在东部和西部之间的黄河中游地区分布着黄土高原黄土孔隙水。

2. 基岩裂隙水分布面积较广。在我国北方地区侵入岩裂隙水分布面积大，南方地区除在东南沿海丘陵地区分布外，其余呈零星分布。从东西方向上看，东部沿海及大、小兴安岭等广大地区。表层风化裂隙的风化壳厚度一般为10～30m，因此地下水主要贮存于浅部，其富水程度较弱，仅风化程度较强，构造破碎剧烈的地带蕴藏有丰富的地下水。在我国西北干旱地区的高山地带，山区降水量大，对基岩裂隙水的渗入补给量较大，这对山区供水和盆地周边山前地带地下水的补给具有重要意义。

3. 在阿尔泰山和大兴安岭北端的南纬度地区有多年冻土分布，并随着我国西部地区地势由东向西逐步增高，西部青藏高原出现世界罕见的中低纬度高原多年冻土区地下水。

（二）地下水分类

中国还没有统一的地下水资源分类方案。根据1979年颁布试行的《供水水文地质勘察规范TJ27-78(试行)》把地下水资源分成补给量、储存量和允许开采量。补给量指天然状态或开采条件下，通过各种途径在单位时间内进入所开采的含水层中的水量；储存量指储存于含水层内的重力水的体积；允许开采量指在经济、合理的条件下，从一个地下水盆地或一个水文地质单元中单位时间所能取得的水量。在供水中，补给量提供水源，因而起主导作用。储存量则起调节作用，把补给期间得到的水储存在含水层中，供干旱时期取用。

当补给量和储存量配合恰当时，有较大的允许开采量。反之，如只有补给量而无储存量，干旱时期就无水可供开采；只有储存量而无补给量，开采后水量不断消耗，导致水源枯竭。

也有些学者把地下水资源分为天然资源和开采资源，在天然条件下可供利用的可恢复的地下水资源称为天然资源，而实际能开采利用的地下水资源称为开采资源。

三、储存与补给

20 世纪 50 年代以来，中国的水文地质工作者评价地下水量时，用了 H.A. 普洛特尼科夫提出的四个储量：静储量（某一含水层中地下水的年最小体积）、动储量（通过含水层某一断面的流量）、调节储量（地下水位年变幅范围内的水体积）和开采储量（流量不会衰减，水质不会变坏的开采量）。由于这四个储量不能完善地反映地下水的数量，从 70 年代开始引用地下水资源的概念，但储量的概念也未完全放弃。因此，找出两者之间的关系，有利于搞好地下水资源评价。有学者将地下水资源分为补给资源与储存资源补给资源：指参与现代水循环、不断更新再生的水量。补给资源是地下含水系统能够不断供应的最大可能水量；补给资源愈大，供水能力愈强。含水系统的补给资源是其多年平均补给量。储存资源：指在地质历史时期中不断累积贮存于含水体系之中的，不参与现代水循环、（实际上）不能更新再生的水量。地下水资源是由地下水的储存量和补给量组成的，评价时还须考虑排泄量和开采量。

（一）储存量

当前储存在地下岩层中的水的总量（以体积计）。它是在长期的补给和排泄作用下，逐渐在地层中储积起来的。与其他流体矿藏不同，地下水的储存量经常处于流动中，但速度极为缓慢，甚至一年地下水流动不到一米远。当补给和排泄处于平衡时，储存量的数量保持不变；而当补给呈周期性变化时，储存量则相应地呈周期变化。储存量的大小，主要取决于含水层的分布面积与其充水和释水的体积百分比。还与地下水的排泄类型（垂直蒸发、水平溢出）和排泄基准面（地下水蒸发的极限深度，地下水溢出面的标高或抽水井、渠的开采水位，统称排泄基准面）的高低有关。在排泄基准面以下的储存量，即使断绝了补给源也能长期保存，故称之为最小储存量。

（二）补给量

通过多种途径（如降水入渗，地表水渗漏等），自外界进入含水层并转化为储存量的水量（以单位时间体积计）。补给量既随气象、水文条件的变化及人类生产活动的影响而改变，又随排泄条件的变化而改变。只是当补给和排泄条件相对稳定时，补给量才能保持常量。

（三）排泄量

通过溢出、蒸发等形式从含水层中排出的流量（以单位时间体积计），虽然这一部分水量已脱离含水层而不再归属于地下水的范畴，但它主要来源于地下水的补给量，故可用以反推补给量。当地下水动态稳定时，排泄量恰等于补给量，储存量不变。当地下水的动态呈周期性变化时，则每一周期的补给量应等于排泄量和储存量的增量（正或负）之和。

（四）开采量

通过井、渠从含水层中取出的流量。开采地下水可改变地下水的天然流向，使部分排泄量改从井、渠中排出。也可扩大地下水的消耗总量，有可能促使补给量增加。例如在下渗和蒸发的补给排泄类型中，因开发将地下水位降低到极限蒸发深度之下，可使原来蒸发损失的地下水转化为开采量，而为人们所用。又如在河水补给地下水的情况下，因开采而使原来的地下水位大幅度降低，促使河水更多地补给地下水。当存在着这种相互影响时，地下水资源评价必须和地下水开采设计一起进行。开采量又分稳定的和不稳定的两种，前者是指流量和水位均稳定不变，或仅作周期性的波动；后者是指流量或水位持续变小或下降情况下的开采量。不引起地面沉降、地下水水质恶化或其他不良现象的稳定开采量称允许开采量。

四、评价

地下水资源评价包括两方面内容，即水质评价和水量评价。

（一）水质评价

1. 用取样分析化验的方法查清地下水的水质，对照水质标准评价其适用性。

2. 若在水文地质勘察过程中发现水质已受污染或有受污染的可能，则应查清污染物质及其来源、污染途径与污染规律，在此基础上预测将来水质的变化趋势和对水源地的影响。

水质变化的预测，须通过由弥散方程、连续方程、运动方程和状态方程组成的数学模型，即弥散系统，用数值法解算出污染物质的浓度随时间和地点的变化，从而提出地下水资源的防护措施。

在岩土中赋存和运移的、质和量具有一定利用价值的水。是地球水资源的一部分，与大气降水资源和地表水资源密切联系，互相转化。

（二）水量评价

地下水资源评价和地下水资源计算（或地下水水量计算）是两个词义相近但在实质上又有区别的概念。地下水资源计算，实际上就是选用某种公式，计算出某种类型水资源的数量。而地下水资源评价，应该包括计算区水文地质模型的概化、水量计算模型的选取和水量计算、对计算结果可靠性的评价和允许开采资源级别的确定等一系列的内容。

地下水资源计算方法种类繁多，从简单的水文地质比拟法到复杂的地下水数值模拟；从理论计算到实际抽水方法。常用的地下水资源计算方法有经验方法（水文地质比拟法）、Q-S 曲线方程法、数值法、水均衡法、动态均衡法、解析法等。

20世纪50～70年代，中国许多水文地质工作者把地下水看作一种矿产资源，广泛地采用地下水储量这一概念来表示某一个地区的地下水量的丰富程度。按照这一概念，地下水储量分为静储量、调节储量、动储量和开采储量。静储量指储存于地下水最低水位以下的含水层中重力水的体积，即该含水层全部疏干后所能获得的地下水的数量。它不随水文、气象因素的变化而变化，只随地质年代发生变化，也称永久储量。静储量的数值等于多年最低的地下水位以下的含水层体积和给水度的乘积。调节储量指储存于潜水水位变动带（年变动带或多年变动带）中重力水的体积，亦即全部疏干该带后所能获得的地下水的数量。它与水文、气象因素密切相关，其数值等于潜水位变动带的含水层体积乘以给水度。动储量也称地下水的天然流量，是单位时间内通过垂直于流向的含水层断面的地下水体积。通过测定含水层的平均渗透系数、地下水流的水力坡度和过水断面面积，用达西公式进行计算。静储量、调节储量和动储量合称地下水的天然储量，它反映天然条件下地下水的水量状况。开采储量是指考虑到合理的技术经济条件，并且在集水建筑物远转的预定期限内不产生开采条件和水质恶化的情况下，从含水层中可能取得的水量。地下水的开采储量，一方面取决于水文地质条件特别是地下水的补给条件，另一方面取决于集水建筑物的类型、结构和布置方式。其含义是和允许开采量相当的。70年代以后，在中国对地下水储量一词较少使用。

五、开发与管理

（一）开发与利用

地下水开发利用力求费用低廉、方案优化、技术先进、效益显著而又不引起环境问题。这些要以查明水文地质条件和正确评价地下水资源为基础。要做到合理开发利用地下水，应注意以下几点：

1. 不过量开采。开采量要小于开采条件下的补给量，否则将造成地下水位持续下降，区域降落漏斗形成并不断扩大、加深，水井出水量减少甚至于水资源枯竭。

2. 远离污染源，否则将造成地下水污染，水质恶化以至于不能使用。

3. 不能造成海水或高矿化水入侵到淡水含水层。

4. 不能引起大量的地面沉降和坍陷，否则将造成建筑物的破坏，引起巨大的经济损失。

5. 按地下水流域进行地下水开发利用的全面规划，合理布井，防止争水。

6. 地表水资源和地下水资源统一考虑、联合调度。

7. 全面考虑供需数量、开源与节流、供水与排水、水资源重复利用、水源地保护等问题，使得有限的水资源获得最大的利用效益。

（二）管理

为了做到合理地开发利用地下水资源，必须进行有效的管理。地下水资源管理的方法和措施分为：

1.法律方面，由中央政府和地方政府制定和颁布实施有关水资源（包括地下水资源）的法律。这些法律和条例是地下水资源管理的依据。

2.行政方面，建立水资源（包括地下水资源）的统一管理机构。如中国北方各省市都已建立了水资源管理委员会，设有水资源管理办事机构。

3.科学技术措施方面，唐山平升电子技术开发有限公司并提出了"水资源实时监控与管理系统"主要是利用系统分析的方法进行水资源（包括地下水资源）的管理。建立最优化的数学模型，使得在一定的水力的、经济的、法律的、社会的约束条件下，目标函数达到最优，即开采的成本最低，或开采的水量最多，或开采地下水所获得的经济效益最大等，为决策提供依据。

4.经济方面，明确地下水资源有偿使用的原则，征收水资源费，对于超量开采和浪费水资源者处以罚款等。

水资源实时监控与管理系统水资源实时监控与管理系统 (DATA-9201) 适用于水务部门对地下水、地表水的水量、水位和水质进行监测，有助于水务局掌握本区域水资源现状、水资源使用情况、加强水资源费回收力度、实现对水资源正确评价、合理调度及有效控制的目的。

第四节　水资源开发度

随着可持续发展思想在各个领域的渗透和发展，水资源的合理开发也应是可持续的。但如何评价其是否可持续，目前大多通过构建指标体系用层次分析法、模糊评判法等进行评价，其指标的筛选和权重的分配带有很大的主观随意性，因此，很难客观地评价水资源的持续开发性。为此，本章节尝试从确保生态环境良性循环的角度，用定量的评价方法对其进行评价，为流域水资源可持续开发的评价提供理论和方法依据，对流域或区域的可持续起到促进作用。

一、水资源可持续开发

（一）水资源开发阶段

水资源的开发利用发展过程大致可分为三个阶段：

1.水资源开发利用的初级阶段

水资源开发利用初级阶段的主要特点是对水资源进行单目标开发，主要是灌溉、航运、防洪等。其决策依据常限于某一地区或局部的直接利益，很少进行以整条河流或整个流域为目标的开发利用规划。由于在初期阶段，水资源可利用量远远大于社会经济发展对水的需求量，因此给人们一种水是"取之不尽，用之不竭"的印象。这阶段大致可从大禹治水到新中国成立。

2. 水资源开发利用的第二阶段

水资源的开发利用目标由单一目标发展到多目标的综合利用，开始强调水资源的统一规划、兴利除害、综合利用。在技术发面，通过一定数量的方案比较，来确定流域或区域的开发方式、提出工程措施的实施程序。淡水资源开发的侧重点和规划目标及评价方法，大多以区域经济的需求为前提，以工程或方案的技术经济指标最优为依据，未涉及经济以外的其他方面，如节约用水、水资源保护、生态环境、合理配置等问题。在第二阶段中，由于大规模的水资源开发利用工程建设，可利用水资源量与社会经济发展的各项用水逐步趋于平衡，或天然水体环境容量与排水的污染负荷逐渐趋于平衡，个别地区在枯水年份，枯水期出现供需不平衡的缺水现象。这一阶段可从新中国成立到 70 年代末。

3. 水资源开发利用的第三阶段

在此阶段，期望水资源在开发时不引起生态环境的恶化和破坏，使开发强度小于水资源的承载能力，保证水资源的连续性和持续性，为社会经济的持续稳定发展提供保证。在水资源开发利用中开始强调要与水土资源规划和国民经济生产力布局及产业结构的调整等紧密结合，进行统一的管理和可持续开发利用。规划的目标从宏观上，统筹考虑社会、经济、环境等各个方面的因素，是水资源开发、保护和管理有机结合，使水资源与人口、经济、环境协调发展，通过合理开发、区域调配、节约利用、有效保护，实现水资源总供给与总需求的基本平衡。这一阶段从 20 世纪 80 年代初直到现在。

随着我国社会经济的发展和本世纪中叶人口的大量增加，人类对水资源需求会越来越多，如果仍然采取目前形式进行掠夺性的水资源开发，则后果会不堪设想，并且与当今世界可持续发展的思想背道而驰。要实现可持续发展就是实现人类生存和经济社会的可持续发展，自然资源的永续利用和良好的生态环境是最为基本的物质基础。而水资源的可持续利用是自然资源永续利用中最重要的问题之一。作为人类生存和发展必不可少的资源，水资源的开发利用，不仅保障了生活用水需求，而且有力地促进了社会的进步和发展。因此，水资源的合理开发利用是提供数量充足、质量优良水资源和良好生态环境的根本保障，是实现我国政府 21 世纪可持续发展战略的重要条件之一。根据可持续发展的思想，水资源的合理开发应是可持续的。那么水资源可持续开发的内涵是什么？如何评价它？

（二）水资源可持续开发的内涵

1. 对于开发的可持续性，世界气象组织布鲁斯 (J.R.Bruce) 曾在 1992 年结合气象和水文的特点给予如下阐述：

（1）无论进行何种活动，都不能损害地球上的生命支持系统，如空气、水、土壤及生态环境系统。

（2）开发活动必须是在经济上能持续提供从地球自然资源中获取的源源不断的物资流

和供应。

（3）需要又一个能保证持续发展的、具有从国际上到个人家庭的各种水平的社会系统，以保证物资的生产和供应等利益得到公平的分配，同时，保证持续的生命支持系统带来的利益也能得到公平的分配。

2. 而瑞典的弗肯马克在 1991 年曾提到在自然资源的开发中，更重要的是应当注意开发的平衡技术，即指通过人们的努力，期望开发引起的不利影响能与预期的社会效益相平衡。在水资源的开发中，为保持这种平衡就应当遵守以下三个方面不受损害的原则：

（1）供饮用的地下水源和土地生产力得到保护的原则。

（2）保护生物多样性不受干扰的原则。

（3）不可过度开发可更新的淡水资源的原则。

因此，要想客观地评价水资源是否是可持续开发，首先要弄清水资源可持续开发的内涵。根据 Gro Harlem Brundland 等提出的可持续发展思想"满足当代人的需求，又不损害后代人满足其需求能力的发展"。水资源可持续开发也应是既满足当代人对水资源的需求，又不危及后代人对水资源的需求，并能满足其需求能力的发展。也就是说水资源可持续开发要体现代际间的公平，由于人类赖以生存的水资源是有限的，当代人不能为自己的需求而损害后代人满足需求的条件，应给后代人公平利用水资源的权利。要想实现这种公平，就要在水资源的开发过程中，不要超过水资源生态系统的承受能力限度，保证水资源生态环境的稳定和改善及水循环可再生性的维持，使因水引起的自然灾害降到最低，最终保证人类生存发展的基本自然条件。这样才能实现水资源的可持续开发，保障人类社会的可持续发展。

3. 水资源可持续开发的主要内涵有：

（1）时空内涵

从水资源可持续开发的定义可以看出，水资源可持续开发具有时序性和空间性。首先水资源可持续开发具有时序内涵，因水资源可持续开发应既满足"当代人"，又要满足"后代人"，具有特定的时间尺度。空间内涵表现在不同流域或区域相同数量的水资源在不同的天然生态系统中，其满足天然生态系统稳定所需的生态需水量是不同的；同样，在不同流域或区域不同数量的水资源在相同或相似的天然生态系统中，其满足天然生态系统稳定所需的生态需水量是也不同的。

（2）社会经济内涵

水资源可持续开发的最终目的是为了人类的生存发展，人类属于社会系统，而人类的生存和发展又和生产、消费等经济活动分不开，因此其具有社会经济内涵。

（3）持续发展的内涵

实现水资源可持续开发的前提条件是"不对天然生态系统稳定构成危害"，对社会经济发展的支持方式是"持续提供"。因此具有持续发展的内涵。

所以，水资源可持续开发是一个动态的多维的大系统问题，只有水资源、社会、经济和生态环境之间互相支撑和约束，并使之协调健康发展，才能真正实现水资源可持续开发。

虽然，水资源可持续开发与整个社会、经济、文化和开发环境密切相关，是一项复杂的任务。但是，水资源可持续开发和生态环境有着密切的关系，生态环境质量应当通过水资源的开发受到保护和改善。为此，这里侧重从水文水力学、生态学的范畴，探讨水资源的可持续开发。

（三）水资源可持续开发的原则

1. 根据 Gro Harlem Brundland 对可持续发展内涵的界定，应包括三个重要原则，即：

（1）公平性原则

公平性原则包括三层含义：

①本代人的公平。可持续发展要满足全体人民的基本需求和满足他们要求能过较好生活的愿望。因此，要有公平的分配权和发展权，把消除贫困作为可持续发展中优先考虑的问题。

②代际间的公平。人类赖以生存的自然资源使有限的，当代人不能为自己的需求而损害后代人满足需求的条件，给后代人公平利用自然资源的权利。

③有限资源的分配的公平。

（2）持续性原则

持续性原则的核心是人类的经济和社会发展不能超越资源与环境的承载能力。

（3）共同性原则

共同性原则主张环境与发展在地球范围内的相互依存性和整体性。也就是可持续发展都应具有三大特征：可持续发展鼓励经济增长，因为它是国家或地区社会财富的体现；可持续发展要与资源和环境的承载能力相协调；可持续发展要以改善和提高生活质量为目的，与社会进步相适应。

2. 根据上述水资源可持续开发的内涵及可持续发展的原则，水资源可持续开发应遵循以下原则：

（1）公平性原则

水资源作为一种自然资源，不论是当代人还是后代人都有使用它的权利，这种权利是公平的，对等的。

（2）持续性原则

因为水资源是一种有限的部分可再生的自然资源，因此在开发利用它时不应超过水资源承载能力和环境承载能力。否则就会使生态环境遭到破坏。

（3）共同性原则

水资源的开发利用应以流域或区域来进行整体规划和评价，保证流域或区域的整体利益。

二、水资源开发度界定

（一）开发度的界定

为了更好的评价水资源是否可持续开发，提出用水资源开发度来评价水资源可持续开发。

开发度是指被开发的流域或区域在满足其天然生态需水，保证天然生态系统稳定时，天然水资源系统可最大提供的水资源量的程度。是从生态学的范畴，考虑天然生态需水量，从保证天然生态环境稳定上来定义开发度，这与水资源可持续开发的内涵一致，因此，可以用开发度来评价水资源可持续开发。

（二）开发度的内涵分析

1. 开发度是一个闭值

由于任何一个资源生态系统内部都具有一种自我调节的功能，以保持自己的稳定性，同时，这种自我调节能力是有限的。当外界干扰的程度在这个限度之内时，系统的平衡才能维持，否则，生态系统的平衡受到影响。因此，保证天然生态系统稳定所需水量，是受生态系统内部和外部因素的共同影响，也有一个有限的调节能力以保持自己的稳定性，即生态需水有一个阈值。所以，由定义而知开发度也有个阈值。

2. 开发度具有动态性

一方面生态需水有个阈值是动态的；另一方面天然水资源系统的供水能力也是动态的。由于它受气候、自然地理条件等下垫面因素影响，当气候湿润，降雨量多时，天然水资源系统的供水能力就强；当气候干燥，降雨量少时，天然水资源系统的供水能力就弱。因此，开发度是动态的。

3. 与技术等人为因素无关

开发度是从生态学范畴界定的，它受水资源生态系统自我调节能力和水资源系统的供水能力的制约，而不受技术能力、经济水平和社会发展对水资源需求的影响。

因此，根据上述开发度的定义及其内涵分析，要建立开发度模型必须先进行生态环境需水量的研究。

（三）开发度与开发程度的区别

水资源的开发程度是指某流域（或区域）现状年地表水（或地下水）供水量与地表水（或地下水）水资源总量的比值。

开发程度的大小取决于当代的技术能力、经济水平和对水资源的需求情况。如果随着技术能力、经济水平的提高，一味地满足对水资源的需求，则会造成水资源过度开发，造成对生态环境的破坏，而生态环境是关系到人类生存发展的基本自然条件。人类的生存环境得不到保护和改善，更难以保证人类的可持续发展。因此，它不能评价水资源是否是可持续开发，它只是以往在水资源评价中的一个指标。

开发度的大小取决于天然水资源系统水资源量和维持生态系统稳定所需水量。天然水资源系统水资源量主要取决于气候因素和自然地理条件等因素。生态系统稳定所需水量，一方面是受生态系统外部因素影响，当生态系统外界的干扰在其调节能力之内时，生态系统仍能保持其稳定；当其外界的干扰频率过大，每次的干扰强度过高时，就会使其内部调节能力降低，以至于使其失去调节能力，使生态系统遭到破坏。另外，不同的生态系统它受外界的干扰强度和自身内部调节能力是不同的。因此，不同流域或区域的开发度是不同的，并且它不受技术能力、经济水平等影响。

三、地表水体生态需求及开发度的确定

由于地表水体所处的地理位置不同，因此，它的水文、气象及下垫面等自然条件不同，并且河流生态系统所在的自然生态系统和所受外界干扰的情况也会不同。所以，分别根据干旱/半干旱地区和湿润区/半湿润地区的具体情况来研究地表水体生态需水及开发度。

（一）干旱/半干旱地区地表水体生态需水及开发度的确定

对地表水体来说其生态需水是维护地表水体特定的生态功能，所需要的一定水质标准下的水量，具有时间和空间上的变化。它一般是指维护河流系统正常的生态结构和功能，所需要的水量，即河流系统生态需水。保障生态需水，有助于流域水循环的可再生性维持，它是实现水资源可持续利用的重要基础。

根据其定义河流系统生态需水，又可分为防止河道断流、湖泊萎缩所需的生态需水量；防止河流泥沙淤积所需水量；水面蒸发需水等。

1.防止河道断流、湖泊萎缩所需的生态需水

当河道断流后，河槽或湖泊将逐渐退化，丧失其应有的功能。在闸控河流，当上游水闸长时间关闸后，河湖水位将逐渐下降，直至河床干枯，这将使河湖原有的生态环境受到严重破坏。因此为维持河湖自身的功能，应使河道保持一个较小基本流量，使湖泊维持一定的水位，这一较小的基本流量就是防止河道断流、湖泊萎缩所需的生态需水量。为了保证常年性河流不出现断流等可能导致河流生态环境功能破坏的现象。为此，以河流最小月平均实测径流量的多年平均值作为防止河道断流、湖泊萎缩所需的生态需水量。

2.防止河流泥沙淤积所需水量

由河流动力学知识知道，水流的携沙能力与水流速度的平方成比例；当泥沙不断在河流淤积时，河流将退化而失去其应有的功能。为维持水流和泥沙的生态平衡，河流需维持一定的水流流量，这一流量可用分析设计典型年河流中泥沙含量和输送量、河床泥沙淤积速度等确定，从而确定河流排沙需水量。在这里考虑到河流系统，汛期的输沙量约占全年输沙总量的80%以上，因此把汛期用于输沙的水量计算为河流生态环境需水量的一部分。

3. 水面蒸发生态需水量

为了维持河流系统正常生态功能，当水面蒸发高于降水时，必须从河流河道水面系统接纳的以外的水体来弥补，我们把这部分水量成为水面蒸发生态需水量。当降水量大于蒸发量时，就认为蒸发生态需水量为零。根据水面积、降水量、水面蒸发量，可求得相应蒸发生态需水量。

（二）湿润区 / 半湿润地区地表水体生态需水及开发度的确定

由于湿润区 / 半湿润地区，降雨量丰富，多年平均降雨量大于河流水面蒸发量，而且除了不当开发利用等人为因素外，在自然条件下一般不会出现河道断流、湖泊萎缩等现象，因此，该地区的生态需水主要是冲沙压咸所需最小水量与维持河流水生生物正常生存及生长所需最小水量之和，并减去两者重复水量。

四、地下水的合理开发及开发度的确定

（一）地下水开发对生态环境的影响

作为地球环境的一个重要组成部分的地下水，在天然情况下，其水量和溶质成分的状态，以及水、土间的应力状态一般都是均衡的。有时，它们可能随着某些自然因素（如降水量、蒸发量及地壳的升降运动等）的变化而变化，但其变化过程一般是非常缓慢的，并且这种在天然条件下的变化，一般不会给环境造成突发性的严重后果。但是如果我们不能正确认识地下水与环境之间的内在关系，任意破坏其均衡关系，则会导致与地下水有关的环境、生态的急剧恶化。地下水的不合理开采会引起区域地下水位持续大幅度的下降，导致含水层被疏干，取水工程处水量减少，抽水成本增加等一系列生态环境问题。

1. 由于地下水位大幅度下降，改变了地表水和地下水之间及含水层之间的天然补给关系，使原有水利工程规划的效益降低。区域地下水位的大幅度下降，导致一些在天然条件下接受地下水补给的河流，变成了地下水的补给源。

2. 由于区域地下水位的下降，导致环境、生态条件的恶化。区域地下水位下降，对干旱地区以吸收土壤和潜水而赖以生存的植被系统来说构成了极大的威胁。

3. 区域性的地下水水位下降对土地含水量、沙化程度、地表水体分布范围，以致局部气候都有影响。

4. 当开采区的地下水位低于与其有水力联系的劣质地表水体或相对劣质含水层的水位时，其地下水水动力条件也发生了变化，使劣质水体直接或间接进入开采含水层造成水质恶化。例如滨海地区，因开采区域的地下水位大幅度下降，使咸、淡水的天然均衡条件受到破坏，导致海水入侵，地下水质恶化。

5. 大量抽取地下水所导致的区域地下水位大幅度下降，不仅引起含水层水动力条件发生改变，同时也将促使含水层水文地球化学条件的变化。其中的变化也可能导致含水层地

下水水质的恶化。例如，在我国北方干旱和半干旱地区，潜水含水层一般处于弱还原环境，在大量抽取地下水后，随着地下水位的下降，大气进入被疏干的含水层，该层将变成强氧化环境。

6. 地下水是维持土体应力平衡的一个重要因素。大量开采地下水，使水体从含水层空隙中排出或使地下水水头压力降低，改变了土体原来的应力状态和平衡条件，从而使土体结构和稳定性遭到破坏，导致地面沉降、开裂及塌陷等有害地质作用的发生。

从上述地下水不合理开发引起的环境、地质问题及由其诱发导致的环境、生态等恶化，归根到底是由于地下水位大幅度下降造成。因此，合理地控制开采区域的地下水位对生态环境保护和区域社会、经济的可持续发展起着重要的作用。为此，对区域地下水的可持续开发，从保证地下水合理水位角度来探讨，从确定水位与水量的关系，来确定地下水的开发度。

（二）开发地下水时的合理水位的确定

在以往的地下水资源评价中，对地下水资源的开发是以确定地下水资源可开采量为合理的开采条件的，即地下水的开采量不超过地下水的补给量。这是从水文学的角度以开采量与补给量能够保持大体平衡的条件下，以保证地下水循环。如果按上述开采条件，对于地下水埋深较浅的西北干旱和半干旱地区来说，由于潜水埋深浅，并且蒸发量大，易使土地渍生盐碱化，生态环境并没有得到保护和改善；同样对地下水埋深较深的区域来说，如果对开采区的水文、地质等情况不能全面的了解和掌握，可开采量就不能科学合理的计算出来，这样对该区域进行地下水的开发，就会造成上面所讲生态环境问题。因此，在这里从生态学的角度，从保证生态系统稳定及其改善的角度来确定开发地下水的合理水位，从而确定区域地下水资源的开发度。

为了保证生态系统的稳定及其改善，必须保证其生态需水，对开发地下水的区域来说其生态需水是指在水资源开发时，不引起地面沉降、植被荒漠化，保证生态环境的稳定所需的水资源量。由于不同的区域生态系统不同，因此保证其生态系统稳定的生态需水也不同。从生态系统形成的角度来说又分为天然生态需水和人工生态需水。天然生态需水是指基本不受人工作用的生态所消耗水量，包括天然水域和天然植被需水；人工生态需水是指由人工直接或间接作用维持的生态所耗水量，包括由于放牧和防风的人工林草所需水量、维持城市景观所需水量、农业灌溉抬高水位支撑的生态需水量及水土保持造林种草所需水量等。从生态系统的水分来源来说，其包括降雨、地表径流、地下水潜水蒸发等。从补给来源说，生态需水分为降水性生态需水和径流性生态需水。地带性植被所在的天然生态系统完全消耗降水量，非地带性植被所在的天然生态系统消耗径流量为主、降水为补充，处于地带性和非地带性的交错过渡带以消耗降水为主、径流为补充。因此，在研究地下水开发的合理水位时，应首先研究被开发区域生态系统情况及其补给来源，才能确定该区域开采地下水的合理水位，从而确定该区域地下水的开发度。

1. 干旱、半干旱地区合理水位的确定

由于不同区域生态系统情况不同，其补给来源也不同，因此，确定趋于合理开采的地下合理水位也不同。像西北内陆地区属于干旱、半干旱地区，降雨量少、蒸发量大，植被属于非地带性植物，其保证生态系统稳定的生态需水主要是靠潜水。影响植被生长的主要因素是土壤水分和盐分，土壤中的水分和盐分都与地下水位有关，地下水位过高，在蒸发作用下，溶解于地下水中的盐分可在表层土中聚集，不利于植物的生长。地下水位过低，地下水不能通过毛管上升来补充损失的土壤水分，使土壤变干，导致植被的衰败和退化。由此可知，确定既不使土壤中的盐分聚集影响植物生长又不会使土壤变干导致植被衰退的地下水位是十分重要的。所以，在这里把维持天然植被生长所需水分的地下水埋深称为合理的地下水位。一个区域的合理的地下水位，应在一个范围内，即有一个合理的阈值。根据前人所做的研究：当地下水埋深在 4.0m 以下时，潜水位以上的土壤水分损失就不能由潜水供给，土壤发生干旱，植被生长受到影响，因此，可以把 4m 作为潜水蒸发的极限深度，即水位的合理闭值下限；当潜水埋深小于 4.0m 时，土壤水分蒸散发的损失量就能由潜水通过毛管上升不断补充，使土壤免于干旱。但是，当地下水埋深小于 2.0m 时，潜水蒸发强度随着地下水埋深的减小急剧增长。因此，把 2.0m 作为水位的合理阈值上限。这样根据区域保证典型植被生态系统稳定所需的合理水位情况，来确定地下水的开发度。

2. 湿润、半湿润地区合理水位的确定

对于湿润、半湿润地区来说，降雨充沛，生态系统的耗水主要是靠降雨，因此在这里就不能单纯得以保证该区域典型植被生态系统稳定来确定开发地下水的合理水位，而是以开采地下水时不引起环境、地质情况的破坏（像地面沉降、开裂及塌陷等有害地质作用的发生）而确定合理的地下水位。像苏锡常地区由于超采地下水使地下水位急剧下降，结果造成大区域的降落漏斗，引起地面沉降。为了不再引起生态环境进一步恶化，该地区政府部门强制性下令要关闭所有的地下开采井，使地下水位不再继续下降或随着该地区降雨量的增加，会使地下水位逐步上升使该地区的生态环境得到改善和恢复。例如上海也是由于超采地下水使得地下水位大幅度下降，结果造成大幅度的地面沉降，为了解决这种矛盾上海地区采取地下回灌的方式，使地下水位能够有所上升或维持，不再使地面沉降的幅度和范围扩大。通过对这些地区地下水位的降幅与引起地面沉降的降幅关系研究，来确定与上述地区相同或近似水文、地质等条件下，其他区域地下水开采时的合理的地下水位。

第三章　水资源开发利用

第一节　城市水资源开发利用

一、城市水资源的新内涵

水资源是一种动态的可更新资源，具有可恢复性和有限性的特点。全球水资源通过蒸发、降雨、径流等形式不断处于消耗与补充的循环中，陆地水量与海洋水量基本是稳定的，但，在一定的时间和空间范围内，大气降水对水资源的补给却是有限的，当人类对水资源消耗大于其正常补给时，就会出现河流断流、地下水枯竭、水污染加剧、生态环境恶化等问题。水资源的可恢复性与有限性特点使人类能够、也必须通过可持续开发利用水资源，使水资源能被永续利用，实现经济、环境、社会的协调发展。

水资源的定义和内涵随着社会经济的发展与技术的发展而变化。传统意义上的城市水资源指城市地区的地下水与地表水，然而城市固有的特点：人口集中、工业集中，必然造成城市需求大量的水资源，往往传统意义上的城市水资源无法满足城市的需求，由于固守于利用传统意义上的水资源，有些城市过度开采地表水与地下水，引起了地面沉降、河流断流等生态环境问题，严重破坏了自然水系统的良性循环，加重了城市水资源短缺与生态环境恶化问题，这不符合可持续发展与循环经济理念。因此，从可持续发展观与循环经济理念出发，根据城市特殊的水文循环、用水特点，拓展与明确城市水资源内涵，对于引导城市水资源的可持续利用，促进水资源良性循环具有重要的意义。事实上人们在生产实践中已在拓宽水资源的范围，如沿海缺水地区海水的利用、缺水城市污水、雨水的利用。

（一）雨水

降雨是流域水资源不断得以更新、补充和恢复的重要保障，天然流域中，降雨一部分通过径流补给河流等地表水，一部分通过土壤入渗补给地下水，使水资源保持不断的循环过程。在城市地区，由于不透水地面的增多，一方面，降雨补给城市地下水的水量变少，另一方面，由于不透水地面缺乏土壤与植被对雨水的滞留与涵蓄作用，降雨很快在地表形成积水，增加了城市的水害风险，城市雨水携带着城市地表的大量污染物通过排水管道排入河流或污水厂，污染了城市下游河流，增加了城市污水处理量。城市的特点不但减少了雨水补给地下水的水量，而且降低了补给地表水的水质，水质较好的雨水既没有效补给城市地表水与地下水，又未被利用就变为污水排走，从循环经济的资源观来看，是资源的极大浪费。城市雨洪水一直以来未被作为城市水资源的一部分，而是作为废水被排走，是造成雨水资源浪费、影响城市水资源良性循环的原因之一，因此，将城市雨水明确列为城市水资源的一部分，对于促进城市雨水的利用、增加城市水资源量和城市防洪能力、促进水资源良性循环是非常必要的。

（二）城市污水

城市消耗大量水资源的同时，也排出大量的污水，约城市用水的 70% 将变为污水，2002 年我国城市污水排放总量为 631 亿吨，如此巨大数量的污水排入自然水体是造成河流污染、水环境恶化的主要原因；另一方面，城市污水不但数量巨大而且水量稳定，能够满足城市工业与生活用水连续性与稳定性的要求，具有很大的开发利用潜力，而且目前的技术完全有能力把污水处理为符合回用目的的水，从循环经济理念看，污水资源化是实现水资源持续利用的方式。目前，我国城市污水的回用量非常少，提倡把污水作为城市水资源的一部分加以利用，对节约珍贵的淡水资源、保护自然水环境和缓解城市水资源短缺，具有重要的意义。

（三）海水

全球 96.54% 的水量是海水，由于海水含盐量高，不适宜作为生活和工业用水，随着科学技术的发展，人类已能把海水处理为能为人利用的水质，甚至达到饮用水的标准。沿海缺水城市首先对海水进行了开发，在部分沿海城市，海水已成为重要供水水源，目前全国的海水利用量约为 100 亿立方米，主要用于电力、化工、冶金等工业行业，以及海水冲厕、饮用等生活用水。虽然海水的淡化还存在着经济费用高、技术难度大的问题，但把海水纳入沿海城市可利用水资源的一部分，积极鼓励开发利用海水资源，是促进海水利用技术的发展，解决沿海城市水资源问题很有发展潜力的途径。

（四）客水

随着城市水资源供需矛盾的尖锐，城市水源有向区外延伸的趋势，如天津的引滦水、青岛的引黄水等。跨流域调水存在着工程投资大、技术复杂、生态破坏等诸多问题，并不属于城市鼓励开发利用的范畴，但对水资源极度缺乏的城市，跨流域调来的客水已成为城市水源的重要组成部分，例如天津的引滦水，对于支持城市的发展起着重要的作用。

污水、雨水、苦咸水和海水、客水，在一些缺水城市已有小规模的应用，但尚未得到广泛的重视。把污水、雨水、苦咸水和海水、客水明确纳入城市水资源，进行综合的分析评价，对于促进城市水资源的优化利用、良性循环，实现水资源可持续利用具有重要的意义。对于具体的城市，由于自然地理条件不同，城市水资源的组成也有所不同，如沿海城市的水资源中可包括海水，而内陆城市则不一定包括海水。

二、城市水资源可持续开发利用原则

（一）城市水资源可持续开发利用内涵

城市水资源可持续开发利用的内涵应包含三个方面的内容：一方面是要满足城市持续健康发展的需要，即城市人群清洁生活用水的需求、经济发展的需求和城市生态用水的需求；二要保障水资源的良性循环。由于水资源是可再生资源，所以只要不破坏水资源的可再生能力，维持水资源的良性循环，就能保证水资源永续利用，不会影响下一代人对水资源的持续利用。三、城市水资源的开发利用不能剥夺其他地区发展用水的机会、不能破坏其他地区生态环境。所以，城市水资源的可持续开发利用是在天然水资源再生极限内，合理地开发利用常规水源、非常规水源，慎重开发客地水源，满足城市人群清洁的生活用水需求和经济发展需求、城市生态系统良性发展需求，保证城市水资源系统良性循环，同时不造成对城市周边和其他地区生态系统和水环境的破坏，既要满足城市自身的需求，又不能剥夺其他地区的需求，是社会效益、经济效益、环境效益与资源效益的统一。

（二）城市水资源可持续开发利用原则

城市水资源的开发利用既可促进生态的良性发展、水资源的可持续利用、经济的增长与社会发展，也可能导致生态系统的恶化、影响社会、经济的健康发展，循环经济理念提出了可持续的资源利用观念与方式，以及人与环境资源的关系，我们从循环经济理念出发，阐述城市水资源开发利用应遵循的原则，作为城市水资源可持续开发利用方针政策、工程技术措施的指导思想。

1. 协调性原则

协调是生命系统、非生命系统和社会经济系统发展与演化的总趋势，是系统和谐和高效的必要条件。循环经济理念强调人与自然的和谐，在资源的开发利用中人不能置身于人、自然环境这一大系统之外，人与自然资源、环境是休戚相关的，人在开发利用自然资源时必需考虑到自然资源的有限性，必需与自然资源、环境的承载力相协调，不能超过自然资源与环境的承载力。城市水资源的开发利用必需与当地的自然水资源承载力相协调，不能超过自然水资源的承载力，否则会造成水环境恶化、生态系统蜕化、水资源的恶性循环；城市水资源开发利用工程要与城市的经济、水文、地理条件相协调，这样才能使水资源开发利用工程实现最大的经济、社会、环境效益。

2. 整体性原则

城市水资源开发利用不能只考虑城市自身的需要，要考虑到周边地区的需要，要服从流域的整体利益。上游城市大量截留河水，又向下游河流排入大量未经处理的污水，这种缺乏整体观念的方式导致了下游城市水资源匮乏和水源的污染，最终导致了整个流域水资源开发利用的混乱和低效益。整体性原则还体现在城市与自然的关系上，城市是"社会—经济—自然"复合系统，城市不能脱离自然生态系统而单独存在，城市赖以存在、发展的水资源即来自于自然生态系统，所以，不能把城市地区以外的自然环境作为城市无限索取，却去藏污纳垢的地方，城市开发利用水资源的同时也必需保护自然环境，保护自然环境涵养水资源的能力。保护生态系统，就是保护了城市赖以生存发展的资源，也就保障了城市的可持续发展。

3. 良性循环原则

水资源是可再生资源，水资源的良性循环是人类永续利用水资源的重要保障。城市是人类强烈改造自然的"社会—经济—自然"复合系统，城市的特点使得城市地区的水文循环发生了很大的变化。如：城市不透水地面减少了降雨入渗补给地下水的量，城市通过下水管道排走雨水以及对河道的整治，增加了降雨时河流的流量、流速，使得洪水的频率增加。城市排放大量废污水，对天然水体的物理化学性质、自净能力产生了影响。一些城市的水质性缺水，就是因为把河流当作了纳污的场地，破坏了天然水系统的良性循环，造成了许多城市靠着河流却缺水的怪现象。城市水资源开发利用过程中，应充分认识到城市对自然水文循环的影响，尽量减少城市对自然水文循环的破坏性干扰，形成城市水文的良性循环，如从自然界取适量的水，城市污水处理达标后再排入天然水体，对污染的水体进行修复，雨洪水的利用等，这样才能保证城市对水资源的持续利用，城市才能健康持续发展。

4. 资源消耗最小原则

3R（减量化、再利用、资源化）原则是循环经济理念的核心内容，它们的重要性并非是并列的，因为废物的资源化过程同样要消耗资源和物质，如果废物中资源含量低会导致成本很高，所以 3R 原则的优先顺序应该是：首先从源头上减少资源的消耗量，避免和减少废物，其次是多次使用资源，提高资源利用效率，最后才是废物的资源化。3R 原则的根本目标是要求在经济流程中系统地避免和减少废物，从根本上减少自然资源的耗竭，减少由线性经济引起的环境退化。

城市水资源的可持续开发利用首先要重点强调减少城市用水的消耗量，即通过采用新技术和管理，减少跑、漏、滴的现象，调整经济结构，减少单位产品耗水量，使人均生活用水量控制在合理需求的范围内，从源头上控制水的消耗与污水的产生；其次是重复利用水资源；最后是污水的资源化利用，污水资源化过程需要耗费其他的资源与大量的投资，是一种末端治理的方式。前两项是一般所说的节水的内容。

虽然水资源是可再生资源，水资源的开发只要控制在其承载力之内，就不会影响水资源水量的再生能力，但大量消耗水资源，必然导致大量污水的产生，而处理污水需要大量的资金和能耗，是社会与环境的承重负担，所以，即便是一些不缺水的发达国家，也采取节水的方法。资源消耗最小原则不仅指城市水资源开发利用首先要从节约用水开始，最大限度地减少水资源的消耗，而且指水资源开发利用过程中要注意节约其他的资源，在满足水资源需求的条件下，要优先考虑综合资源消耗最小或稀缺资源消耗最小的方案，避免加速其他不可再生资源的耗竭速度。

5. 优化原则

城市水资源构成的多样性，以及开发利用过程对环境影响程度、所需成本的不同，造就了城市水资源的开发利用存在着多方案、复杂性的特点，所以必需综合考虑城市的社会、经济、环境生态与资源效益，利用优化技术和辅助的决策系统手段，使城市水资源开发利用实现环境、资源、社会经济的综合效益。

6. 基本需求优先原则

城市人群生活用水的清洁、安全是城市人群卫生健康的基本保障，生态系统是保障城市发展的基础支持系统，生态系统的基本用水需求是生态系统维持良性发展的保障，这两个基本需求应该优先满足。

7. 公平原则

公平原则是持续发展的一个重要内容，包括代内公平和代际公平。城市开发利用水资源不能影响其他地区对水资源的利用，上下游城市之间、城市与农村之间应公平合理共享水资源，调水城市的调水量应在调出水地区满足社会经济发展需求、生态用水需求后的盈余之内；城市内各利益群体之间应合理公平分配水资源；公平原则还应保障每一个人都享有清洁饮用水的权利；代际公平指城市开发利用水资源时，保持水资源的再生能力和生态环境的良性发展，使下一代人具有平等的开发利用水资源的机会。

三、新时期城市水资源开发利用和管理的措施

（一）新时期城市水资源开发利用战略

1. 提高水资源的利用效率

充分挖掘水资源潜力，并采取先进的工艺流程，提高工业用水的重复利用率和降低工业用水定额，是缓解城市供水紧张的一项重要措施，也是建立节水型社会生产体系的重要组成部分。中国工业用水 20 世纪 60% ~ 70% 是冷却用水，对水质影响不大，完全具备重复利用的条件。近年来中国不少开采地下水的城市采取空调冷却用水回灌再利用措施，取得良好效果。

2. 废水净化再利用，实行废水资源化

严格控制污水排放，加强污水净化处理能力。如果 60% 的废污水能够得到处理转化为再生水，用来弥补全国的缺水量还绰绰有余。所以，废水净化再利用，实行废水资源化，既能缓解城市用水的供需矛盾，又可防止污染，保护生态环境，具有明显的社会、经济与生态环境效益。

3. 充分利用矿坑排水，实行排供结合

目前已知沿太行山麓就有不少煤田，由于大水矿床疏干问题得不到解决而未能开发。如果矿山排水能与当地城市供水结合起来，就能一举两得。现在有些城市，如河南的平顶

山市和焦作市，在实行矿山排供结合方面都已取得较好效果。由此可见，如果处理得当，采取超前疏干等措施，不仅有利于解决城市或工业供水水源，也有利于解决矿坑水患。所以，大水矿床实行排供结合是解决某些城市水资源紧缺的重要措施之一。

4. 开发利用雨洪水、咸水与海水

开发利用雨水已成为当今世界水资源开发的潮流之一。城市大面积建筑群形成的不透水面使雨水收集具备最有利的条件。城市面积越大，降水越多，可望收集的雨水也越多。城市雨水收集不仅使城市供水得到大量补充，同时还可缓解城市下游的雨洪威胁。

中国沿海地区和内陆地区，地下咸水（包括微咸水）分布较广，如华北平原。如果采取淡化措施，仍有一定的利用价值。国外许多滨海城市，还利用海水作为工业用水。例如日本利用海水量占整个工业用水的 25%，其中电力工业冷却用水全部用海水，化学工业用水海水占 1/3。由此可见，海水的开发利用潜力很大，是缓解滨海地区水资源供需矛盾的一项重要对策。

5. 开展地下水资源的人工补给

根据国外经验，采取地表水、地下水联合开发，相互调剂，利用多余洪水对地下水进行人工调蓄措施，是扩大水资源和解决地下水过量开采的有效途径。发达国家在城市取水过程中，20% ~ 40% 的地下水依靠人工调蓄补给。如荷兰阿姆斯特丹的滨海沙丘人工补给措施解决了枯水季节的供水不足，成为该市主要供水水源之一。

人工补给不能解决地下水过量开采问题，而且还有改良水质、排水回收利用、废水处理、阻止海水入侵、防止地面沉降、控制地震等重大技术用途。开发地下水库具有占用土地少、蒸发消耗小、调蓄能力强、引灌工程简便、工程周期短、耗资小、效益高等优点。根据华北降水年际变化的特点，拦蓄降水和地表弃水，建立地下水库，实行以丰补歉，能最大限度地对水资源进行多年调节，增大当地径流利用系数，提高城市供水的保证率。

（二）新时期城市水资源管理措施

1. 节水优先，支撑社会经济可持续发展

根据区域水环境条件和水资源承载能力，制定城市产业结构、布局调整方案，调整与水资源条件和水资源供应不相适应的经济结构，使国民经济各产业发展和产业布局与水资源配置相协调，逐步建立与区域水资源和水环境承载力相适应的经济结构体系。确定水资源的"宏观控制指标"和"微观定额指标"，明确城市总体及各地区、各行业、各部门乃至各单位的水资源使用权指标，确定产品生产或服务的科学用水定额，以促进城市产业结构调整，逐步淘汰高耗水、高污染行业。对非工业行业和居民生活用水也开展定额用水管理。

可持续发展思想研究城市水资源问题，首先认为水资源是战略性经济资源，是国家综合国力的有机组成部分其次认为水资源是有限的自然资源，不能取用无偿。随着城市人口增加、经济发展，供需矛盾加剧，人类认识到对自然资源必须计价。长期以来水资源市场化程度不高，水价过低，不能以水养水，不利于资源节约，水利工程被当作成福利性事业，投资难以回收，缺乏自我发展能力。因此，必须充分发挥市场在水资源配置中的基础性作用，建立合理的水价形成机制和水利投资机制。同时，转变经济增长方式，由传统工业文明的增长方式转向现代文明的可持续发展经济增长方式，提高用水效率，建立规范的水务市场、制定合理的水价机制可以有效促进水资源优化配置、激励提高用水效率、减少浪费。

为了适应社会主义市场和规则，按照我国水法规则和结合国际上城市水务管理经验，目前我国城市迫切需要建设以水权、排污权分配与交易为主导的水务市场，实现城市水务市场化。激活城市水务市场需要政府的角色从水务的提供者转向水务法规的制订者、水务市场监管者，引入市场机制，更多地依靠市场力量来建立合理的水权分配和市场交易经济管理模式日同时，允许水务资产结构、投资结构多样化、多元化，才能建立有效的利益激励机制和激励动力，才能实现"一龙管水，多龙治水"的目标。

技术性措施具体用于工业节水和市政节水领域。工业节水包括应用冷却系统节水、热力系统节水、工艺系统节水等各种节水工艺与设备等多方面。其中，工序间水的重复使用和套用以及冷却水的循环使用是工业节水的重要技术对策。企业与工厂通过清洁生产审计，推广清洁工艺、节水技术、节水设备以大幅消减水耗改进废水处理工艺，使经过处理的废水再用于生产，逐步达到零排放，形成闭路系统。冷却水循环利用的关键是冷却塔的效率、水质稳定技术、提高循环水的浓缩倍数减少补给水用量，以及冷却塔中填料的形式和种类。同时采用低水耗和零水耗工艺，进一步提高节水效率。目前我国许多城市管网漏损率较高，加强城市供水管网的维护管理，改进测漏技术，采取有效措施进行治漏，减少网管漏失量是城市节水的重要方面。为此，实施供水管网更新改造，努力减少自来水在管网输送过程中的漏失和浪费。同时提高居民节水器具安装率，推广公共建筑节水技术、市政环境节水技术等，公园、大型绿地等用水采用节水型灌溉设施市政道路冲洗采用高压低流量设备等对节约居民生活用水和公共场所用水起到很大的作用。

2. 控制污染，维护良好的水环境和生态系统

由于城市人口增加，城市规模的不断扩大，城市污水排放量急剧增加，严重威胁城市水环境。提高城市污水处理厂的效率，采取集中式污水处理模式，借鉴国外先进的污水集中处理工艺，不断提高污水处理设施规模和污水处理率，削减污染物排放总量。

城市污染河流的治理应进行分类，对于不同程度的河流或河段采用不同的治理方法和手段。轻度污染河流的治理对策主要有沿河污染源控制面源控制、人工湿地等河流水质改善对策河水增氧、生态砾石床、富营养化防治等；河流生态修复对策生态堤岸、生物多样性建设等河道防洪对策文化景观与景观保护对策水文化、文化古迹、生态景观。城市黑臭水体或重度污染河流的治理手段则包括河滨污水净化系河道曝气增氧、河道陆生浮床网状生物膜生态修复与净化。其中生态修复是城市污染河流控制必不可少的措施，包括恢复河流水体生态系统和河流沿岸上生态系统。城市河流的主要生态修复技术有增氧曝气技术、生态浮床技术、生态复合填料技术等等。

按照"科学回灌，高效回灌、清洁回灌"的原则，合理利用经济、法律、行政等调控手段，提高回灌能力，确保地下水水体不受污染。同时制订计划分阶段逐步停止取用地下水，实现采灌平衡。

3. 完善水安全管理信息系统，加速"人水和谐"信息化建设

面临城市水危机，实现人水和谐相处，水资源可持续利用，需要建立以信息系统为基础的、与社会经济和生态环境协调发展的水安全管理信息系统，完善城市水的供、用、耗、排全过程全要素监控系统。如城市水文水质监测系统，城市供排水监控系统，城市用水与耗水监控系统，废污水排放监测系统，以及相关的预警预报系统等，实行水资源、水生态、水环境三位一体的综合管理。对城市水资源利用系统实时监控，确保供给不能超过水资源的可持续供应量，水质不应随时间下降，有效保护、合理配置、高效利用水资源，确保城市人类系统、社会经济系统和环境系统的可持续发展。

4. 加强水危机管理，提高应急应变能力

水危机管理包括洪水危机管理、枯水危机管理、水环境危机管理和水生态危机管理。在水危机管理中首先要防止人为造成的水危机，从维护河流健康、水资源安全、饮水安全，生态环境安全、粮食安全、人民生命安全出发建立水安全保障体系和应急应变机制。水危机管理不仅是水行政主管部门的职责，也是全社会的活动，城市整体居民都需要有水危机预防的意识，避免城市遭受水危机、水土流失、水环境污染和破坏等影响，促进城市可持续发展。

5. 完善有关法律法规，严格依法行政

水资源管理必须通过政策法规这一措施来实施，一要认真执行现有的水利、环保等法规政策，如《水法》《防洪法》《水污染防治法》《取水许可和水资源费征收管理条例》等法律、法规；二要针对城市水资源管理的特点，制定相应的政策法规，；三要依法行政，不断加大执法力度，规范城市水事活动，在可持续水管理健康诊断、风险评估、预警制度等方面做出尝试，形成完善的生态型城市可持续水管理系统。

6. 信息公开，多方参与管理

城市水资源保护与可持续管理必须达到社会共识后才能顺利展开，管理部门和社会团体的通力合作是城市实现人水和谐的保障。逐步提高居民的环境保护意识，通过各种渠道阐述城市蔓延及其他污染行为对社会造成的危害，建立方便的公众参与及公众环境教育体系，满足群众的知情权。社会各界的积极参与和关注可使项目本身获得社会各个阶层和团体的广泛支持和配合，取得自身需求的信息，同时置身于一个相对完善的监督体系之中，能够及时纠错。

第二节　农业水资源开发

当我国城市因为人们生活和工业用水增加而面临缺水的时候，农村也正面临着水荒。随着农村城镇化建设步伐的加快，我国农村水资源短缺、水质污染、用水效率低等问题日益突出，严重制约着农村社会的可持续发展。如何加强农村水资源的有效利用，保持水资源可持续发展，满足人们日常生活和农业生产的需求，成了我们现阶段迫切需要解决的问题。

一、农村水资源利用中存在的主要问题

（一）水资源供需矛盾突出

我国是世界公认的贫水国家，人均水资源占有量仅占世界人均占有量的1/4，农村的缺水状况更加严峻。据统计，全国平均每年因水资源短缺而造成农村8000万人口饮水困难，农业平均每年缺水300多亿立方米，60%耕地无水灌溉，因缺水而导致粮食减产达350～400亿吨。据《中国21世纪议程》估计，2010年全国人口为14亿，2030年为16亿，全国水资源将短缺1400亿立方米，人均占有水资源量将减少1/5。随着农村城镇化程的加快和人口的持续增加，有限的水资源将大量由农村向城镇或工业等非农产业转移，农村水资源的缺口将更大。

（二）农村生活、生产用水缺乏节水意识

目前多数农村人们普遍认为，水资源是取之不尽、用之不竭的。所以在农村，无论是生活还是生产采取的都是粗放型的用水方式，缺乏节约用水的意识。

（三）农业生产用水效率低、水利设施陈旧

我国农业用水效率低下，农业水资源浪费极为严重。目前，在我国仍存在"土渠输水、大水漫灌"的农业灌溉方式，导致水资源浪费现象十分严重。在全国总用水量中，农业用水占73%，由于灌溉技术水平低，有效利用率仅为其用量的40%。农业水资源的合理利用已经成为我国农业稳定发展和粮食供给的主要制约因素。

我国农村现有灌溉设施建造得比较早，灌溉河道完好率低，工程配套差，缺乏更新改造，供水基础设施长期以来处于有人使用没人维护的状态，设施装备老化严重，处于低效高耗状态。据统计，灌溉区已有10%的工程丧失其功能，60%的工程设施受到不同程度的损坏。

农村生活用水浪费现象严重，生活供水管道的跑、冒、滴、漏现象随处可见。

（四）地下水开采过度

在我国广大农村，由于地表水资源无法满足农村生产、生活的需求，越来越多的地方把目光投到了地下从而导致地下水的过度开采。目前，农村已有区域性漏斗 60 多处，涉及面积达 10 万平方千米，很多地方原有水利设施因地下水位下降或因之产生地面下沉而被迫报废，农业成本成倍上升，农村用水安全受到极大威胁。另外，过度开采地下水将导致地下水位下降、水质恶化、水量枯竭、耕地渍化等诸多环境问题。

（五）污水随意排放、水资源污染加剧

生产、生活污水随意排放，尤其是一些养殖业及村办的企业，产生的污水不经过处理就排放到附近的河道，造成河流污染，如果将污水灌溉庄稼，农作物就会受到污染。而当污水渗入地下时，地下水也面临着污染，这将严重危害到农村居民的健康。农村生活、生产污水处理应该引起人们的广泛关注，不应该走城市污水先污染再治理的旧路。

种植业生产中，大量的施用化肥、农药，在目前中国化肥利用率平均只有 30% ~ 35%，其余 60% ~ 70% 的化肥进入环境，污染水体和土壤。也就是说，每年有将近 3000 万顿的化肥流入水体，其中氮肥损失率更高。施氮肥地区氮流失比不施地区高 3 ~ 10 倍。我国每年使用的杀虫剂有效成分的使用量超过 30 万顿，其中仅有 1% 作用于靶标，30% 残留于植物，其余的分别进入土壤或包括地下水在内的江河湖海等水系。

水资源污染加剧了水资源的供需矛盾，进而威胁到农村的生产、生活用水安全。资料显示，全国 50% 以上的水体不符合渔业水标准，25% 的水体不符合农业生产用水标准。

二、农村水利现代化

随着我国建设社会主义新农村步伐的日益加快，农村的水利建设也随之发展和壮大起来，并且新农村的建设对农村水利建设提出了进一步的全新要求，也就是尽可能的实现从以往较为传统的水利逐渐向可持续发展水利建设以及现代化水利建设的不断转变，充分的坚持自然和人的和谐以及协调，以农村水资源的可持续利用来不断推动经济社会的迅速发展。

（一）农村水利现代化的内在涵义

为了能够实现水利的可持续发展以及可持续利用水资源，从根本上实现自然与人类之间的和谐共处的目标，我国国内已经有了非常多的水利现代化研究成果。

结合充分的思考和大量的调查研究，再通过实践的总结，要想初步对农村现代化加以理解则需考虑这些方面：

1. 应当合理科学的利用水资源，普遍地运用节水灌溉技术，提高水分生产率和用水效率。

2. 应当建立起防涝防洪的安全保障体系，及时解决水资源供给问题。

3. 应当有保证率较高的灌溉水和先进的灌排水设施。

4. 应当将农村自来水加以普及，并且及时地处理农村排放的污水，创建优美的用水环境，提高饮用水供应标准。

5. 应当建立科学的良性运行机制和水资源管理体。

6. 应当有一支综合素质高的管理水利工程的队伍，充分地实现依法管水以及依法治水。

7. 建立完善的水利服务体系和水利技术推广体系。

（二）农村水利现代化

水利是国民经济和社会发展的命脉，更是农业的命脉。水是一切农作物生长的基本条件，农作物在整个生长期中都离不开水，没有水就没有农业，中国能以占世界 8% 的耕地养活占全球 22% 的人口，其根本条件之一就是有 40% 的耕地是灌溉农田以及建立在灌溉条件下的作物多熟制与高产栽培综合技术。联合国粮农组织在 1984 年出版的《发展中国家土地潜在供给能力》估计在无水利投入的情况下，中国的土地仅能养活 4.12 亿人口。新中国成立以后，粮食产量有了大幅增长，而这个增长是和灌溉面积的增长同步的，所以说要达到 2000 年时粮食产量达 5000 亿千克的目标及 21 世纪农业的持续稳定发展，必须扩大灌溉面积。据专家预测，要解决中国的粮食问题，灌溉面积必须达到 667 万公顷左右。要扩大灌溉面积，必须有足够的农业水资源，然而现实是农业不可能长期维持用水第一大户的地位，未来的农业用水只能是零增长或负增长，用水量是不能增加的。因此，唯一的选择只能是提高水的利用效率，减少水的浪费，从农业节水上挖潜，从而达到扩大灌溉面积、提高粮食产量的目的。

由于中国对农业水资源管理不善，先进的农业节水技术和现代化的管理措施没有得到大面积的应用和推广，水资源的浪费是非常严重的。中国主要灌区的渠系水利用系数只有 0.4 ~ 0.6，也就是说大约有一半的水白白浪费掉了，在田间灌水中，习惯了大畦漫灌，每次的灌水量过大，总的灌溉定额也偏大，北方灌区的灌溉定额高出作物实际需要的 2 ~ 5 倍，浪费是惊人的。有人估计，每年农业浪费的水量达 1000 亿立方米。所以说发展高效用水的农业不仅是必须的，因为农业水资源的零增长或负增长，同时也是可能的，因为农业用水还存在着很大的浪费。提高水的利用率，发展节水农业是解决未来农业水资源短缺的根本出路，也是现代农业的基本要求。

（三）发展高效用水的现代化农业是长期的战略任务

若按中国未来人口 15 亿人计算，中国的人均水资源量每人每年仅为 1875m³。据估计 2000 年中国工农业及生活需水量达 6500 ~ 7000 亿立方米，而可供水量仅有 6000 亿立方米。水资源短缺已成定局，作为用水量占 80% 的农业用水必须提高水的利用率，让有限的农业水资源满足农业生产的需要，农业节水是长期的战略任务。

农业灌溉将水自水源输送到农田，满足作物需要可以划分为三个环节：第一个环节是通过灌溉输配水系统，将水自水源引至田间；第二个是在田间地表水入渗到土壤中，在土壤中再分配转化为土壤水，而后被作物吸收；第三个是作物吸收水分后通过光合作用将辐射能转化为化学能，最后形成有机物质——碳水化合物。

高效用水的目标是极大地提高上述三个环节水的转化和产出效率，既节水又高产。在第一个环节上，要提高输水的效率，其措施是通过工程的投入，实行输水渠道的配套、防渗，将来实行输配水管道化，从而大大减少渗漏损失和蒸发损失。在第二个环节上，要合理地调控农田水分状况，使引进田间的水最大限度地为农作物所利用。在第三环节上就是要调控土壤和地表面附近的大气环境，使农作物的生长有一个良好的外在环境。对于第二、三环节要逐步推广喷灌、滴灌等先进灌水技术、田间覆盖保墒技术，并加强田间用水管理。

中国高效用水农业的形成必须以农业灌溉技术变革为前提，而农业灌溉技术的变革又是以现代农田灌溉理论为先导。其理论框架和技术体系是：以高效用水为节水高产的灌溉目标；以土壤水分转化和消耗规律为中心的农田土壤 - 植物 - 大气（SPAC）理论；以作物水分生产函数为中心的作物需水规律；以水分调控指标和手段为中心的技术体系。

目前，先进灌水技术的推广步伐正在加快，但受经济实力的制约，在相当长的时间中国仍将以地面灌水为主要灌溉方式，因此，地面节水灌溉技术应是目前推广先进灌水技术的重点。其主要方法有：

1. 加大田间流速以减少渗流。

2. 实行输配水的管道化以减少用土渠输配水的沿程损失。

3. 对现有渠道进行防渗改造以减少渗漏损失。

4. 发展间歇灌溉，以增加灌水流速，减少深层渗漏损失。

在采用技术措施的同时，还要重视非技术措施，如完善管理体制和技术服务体系，农业供水水价的合理调整等，从而提高田间作物水的生产率。

三、农村水资源管理的可持续发展对策

造成我国农村水资源上述问题的原因是多方面的，如水资源自然分布不均、全球气候条件变化以及人口激增等。但笔者认为，其根本原因在于我国农村现行的水资源管理体制——管水部门重复设置、协调难度大、制度建设缺少人性化等。为实现农村水资源可持续发展，提出以下对策：

（一）树立水资源可持续发展的观念

相对于城市，农村对于节约用水的宣传非常少。所以针对农村水资源存在的问题，相关部门在进行城市、工业节约用水宣传的同时也应该注重农村生活、生产节约用水的宣传，广泛开展农村水资源知识的教育，提高农村居民的认识，增强农村居民的节约用水意识。

（二）建立统一的农村水资源管理体制、节水激励体制

现行农村水资源管理中，条块分割现象严重，各管水部门缺乏有效监督和协调，这对

水资源的合理开发、利用，水环境的保护和治理极为不利，也是造成农村水资源利用低效、污染严重和开采过度等问题的体制性根源。因此，必须彻底打破"多龙管水"的格局，将现有水资源管理部门统筹起来，建立统一的农村水资源管理机构，把农村水资源开发、利用、治理、配置、节约、保护有效结合起来，实现水资源管理在空间与时间的统一、质与量的统一、开发与治理的统一、节约与保护的统一，并实行从供水、用水、排水到节约用水、污水处理再利用、水资源保护的全过程管理体制。唯有如此，才能实现农村水资源的可持续利用。

面对水资源短缺的严峻形势，节水将是缓解我国农村水资源压力的唯一出路：节水可以提高水资源利用效率、降低供水成本、减少污水排放等。但是，由于现有的管理体制中普遍缺乏对节水的激励机制，大多数农民的节水意识和观念不强，水资源污染治理低效，节水投入不足，因而，必须建立包括农业用水总量动态控制监测、水权转让、水资源有偿使用和取水许可等制度方面的一整套的节水激励运作机制，充分调动农村水资源的使用者和管理者的积极性，实现水资源的高效利用和科学管理。

（三）健全农村水资源管理的法律制度、推进水资源管理的民主进程

通过法律途径加强农村水资源管理是依法治国的应有之意，同时为农村水资源管理的有效实施提供坚强的制度保障，也是水资源调配、节约、保护等得以顺利开展的前提和方向。建国以来，我国先后制定了多部于水资源利用、保护和管理，防治水质污染和水害等方面的法律和法规，如1985年颁布的《地面水质量标准》、1988年颁布的《中华人民共和国水法》（该法2002年重新修订）等，对水资源管理起到了积极作用。但是，随着社会的发展，水法的滞后性也逐渐凸显出来，无法适应社会发展的新要求，如地下水的保护，公众参与农村水资源管理的资格获取，节水农业建设等内容的缺失。因此，必须健全农村水资源管理的法律制度，加大水资源管理执法监督力度，提高水行政管理者的综合素质以保证"依法治水"，并最终实现农村水资源的可持续利用战略。

现有的农村水资源管理主要通过水行政管理部门单方面的管理行为来实现，监督乏力、水资源信息不对等、公众参与度不高等问题长期存在，这也是水事纠纷不断、水行政管理成本居高不下的重要原因。因此，必须广开言路、积极推进水资源管理的民主进程，这不仅能增强公众的水资源忧患意识，及时化解各类水事纠纷，而且能够对水行政行为进行有效监督，促进水行政管理决策的科学化、民主化。

（四）改善传统的农业灌溉设施、因地制宜发展节水型农作物

国家应加强农业灌溉设施基础建设的投入。从灌溉源头上更新陈旧的水利设施，在水流过程中对水渠进行防渗处理或采用以管代渠方式，在灌溉作物时采用喷灌、微灌、滴灌等节水技术，发展各项节水技术的综合集成，最大限度地减少农田灌溉各环节水的损失，提高水资源的总体利用效率。实现从传统的粗放型灌溉农业向高效节水的现代集约型灌溉农业的转变。

调整农业种植结构和水资源的优化配置是农业合理用水、提高水资源利用效率、保证农业持续发展的宏观措施。不同作物具有不同的需水量和需水规律，要针对各地区的水资源条件，利用优化技术，把不同作物进行合理搭配，优化配水使水资源利用达到最佳。目前一般品种每立方米水只能生产 1kg 粮食，而节水品种可达 1.8～2kg。品种既是节水高产的内涵，又是节水技术的重要载体，不仅科技含量高，而且投入少、见效快。在农村干旱地区要加大抗旱品种的应用推广力度。

（五）保护好现有水资源、充分利用自然降水资源

保护好农村的现有水资源，要采取水资源保护与水污染处理相结合的方式。第一，严格控制农村周边地区对河道的挖砂行为以及村属企业对水资源的过度利用，防止地下水位下降；第二，要控制污染物的排放，防止水资源污染。要改变农村的生活就地排放的方式，采取一定的处理措施后再排放；科学合理施用化肥、农药，杜绝使用国家禁用的农药；对一些大型养殖场的畜禽粪便及时处理，防止其在长期堆放过程中随雨水径流污染水源，为了使农村的畜牧养殖粪便得以处理，降其对水资源的污染，可以在农村推广"沼气工程"。这样既减少污染，又产生了供居民做饭、照明新能源沼气，同时也生产了比普通堆沤肥肥效更高的沼液、沼渣。

在水资源一定的情况下，自然界的雨水是水资源的唯一补给。对自然降水径流进行干预，通过一定的工程措施增加拦蓄入渗（如梯田）或减少蒸发（如覆盖）来利用雨水或通过一定的汇流面将雨水汇集蓄存，到作物需水关键期进行补灌的主动利用。在干旱缺水的丘陵山区，选择有一定产流能力的坡面、路面、屋顶，或经过夯实防渗处理的地方，作为雨水汇集区，将雨水引入位置较低的水窖或水窖内储存，经过净化处理，供农村人畜饮水和农作物灌溉用水。

第三节　海水资源开发

众所周知，水笼盖了地球轮廓的 2/3，可是淡水只有 3%，这其中还有 2% 被极地冰川所封存，高达 97% 是不能饮用的海水。在唯独 1% 的淡水中，可以用来饮用和作其他生活用途的淡水所占比重较小，在用水上，农业领域为七成，工业领域为两成。全世界的淡水危机越来越严重，水资源的跨区域分布不均衡，导致世界各地缺水情况非常常见。长此以往，严重缺水的范围将会逐年扩大，缺水人口数量亦是如此。川由此可见，淡水资源的珍贵程度不可小视，淡水资源缺乏是全球面临的严重问题之一。

我们国家的水资源十分缺乏，人均 1785 扩的水资源拥有量，只有全球平均水平四分之一，与联合国规定的用水紧张线 1750m³ 所差无几。近几年来我国的极端气候发生的频率呈现增高趋势，区域之间水资源分布不平衡的问题加重，水资源短缺的事态愈发严峻，

在部分地区居民的正常生产生活已遭受不良影响。我国淡水资源问题不容忽视，当下在正常的情况下，每年的缺水量高达 400 亿立方米，其中灌溉地区缺水将近 300 亿立方米。在我们国家 660 多座城市，将近 400 座城市的水资源缺乏，108 座城市缺水状况颇为堪忧。在全国范围，16 个省（自治区、市）人均水资源拥有量小于严重缺水线，有 6 个省（自治区）人均水资源拥有量小于 500m³。水资源的缺乏成为了我们国家的经济社会持续发展的关键障碍物。沿海区域多为我国经济层面相对比较发达的地方，同时又属于我国缺水的地区，水资源供需矛盾极为尖锐。2003 年的时候，沿海有 11 个省、区、市在我们国家土地占有率仅为 15%，人口数却占 40%，国内生产总值的占有比例高达 67%，在经济增长方面对我国贡献巨大，然而水资源的拥有量只有我国的 1/4，人均水资源拥有量只有 1266 扩，连我国人均水资源占有量的 60% 都达不到，总供水量在全国的比例占 42.9%，达到 2282 亿立方米。i91mo 由此可见，其实沿海地区的缺水状况不容小视。

而且，在我们国家拥有将近 6500 个面积超过 500m，的岛屿，由于缺乏淡水水源的原因，大部分的岛屿不能开发和居住，接近 400 个岛屿上面有居民常住于此，但是也存在着或多或少的缺水状况。众所周知，海岛关系到国家安全和国家权益，有着十分重要的军事和经济战略地位，因此为了让海岛维持人类活动，海岛开发首先必须要解决的问题便是水资源的供应。我们的国家是名副其实的海洋大国，所统领的海域面积有三百万平方千米，海岸线总长度大概有 3.2 万千米，其中大约 1.4 万千米的岛屿海岸线，1.8 万千米的大陆海岸线。在这种条件下，向海取水，处理水资源短缺难题的关键方法之一便是充分利用好海水资源，这也是我国实现节能减排、建设环境友好型和资源节约型社会、推进我国循环经济顺利进行的必由之路。

一、海水资源开发利用的必要性

深圳是全国 7 个严重缺水的城市之一。在深圳，人均淡水资源拥有量是广东省的百分之十五，全国的百分之二十，世界的百分之五，缺水状况可见一斑。主要是由于深圳市储水供水能力差，空间调节水资源能力不足，以及全市的水资源利用率不高，存在滥用、浪费水资源的现象。当下，深圳市 70% 的用水量都是通过东江水源工程、东深供水工程等市外引水工程提供。引水工程的投资花费特别大，此外要想保证工程能够顺利开展，还得和引水沿线各地方做许多的协调工作。有报道称，深圳将会花大力气把河源东江的水引到深圳来。深圳的用水量缺口比较大，2010 年的时候，从广东省东部引水工程等中落实的水资源有 12.59 亿立方米，而深圳却本需要高达 19.43 亿立方米的总量。从长远来看，深圳的用水不能一直依靠市外引水，必须要寻求其他方法。根据数据统计，深圳市居民人均每日的生活用水和公共设施用水共 427 升，远远高于南方其他大城市居民人均每日综合用水量 261 升。针对有代表性的近 60 家企业，深圳市水务局做了一项水平衡测试，结果显示深圳有着大约 14% 的节水潜能。2004 年下半年，《深圳市节约用水条例》的通过，开始施行了计划定额用水制度。对于居民和单位超出计划用水的部分收取加价水费，居民最高按基本水价的 2 倍收取费用，单位则按基本水价的 4 倍收取费用。目前深圳的自来水的价格还是比较偏低的，显现不出水资源的实际匮乏状态。用价格机制来调节居民用水紧张的困境，确实是一个行之有效的节约用水的好办法，但从长远来看，它不能作为解决深圳市水资源短缺的主要办法，因为居民和单位出于对水价的考虑可能会影响他们的生活质量以及增加企业单位的生产成本等。

为了缓解水资源缺乏的难题，深圳主要采取了鼓励节约用水和市外引水的办法，但是都无法从根源上化解深圳市长期的水资源紧张的问题。深圳市水务局局长也指出，考虑到引水区域的经济发展，其用水量必定会逐渐增长，那样的话，也就必然将削弱对深圳市的供水量。再加上深圳市对水资源的需求量只增不减，供需矛盾必然会被激化，所以深圳的远期用水不能再依赖市外引水工程来解决，我们必须另谋出路。其实所谓的"另谋出路"就是学习国外城市解决水资源紧张的方法，加大对非传统水源的开发利用规模。

二、海水资源开发利用的主要形式及预期目标

海水资源开发和利用的类型大致有三类：一是海水淡化——属于水资源开源增量产业；二是海水直接利用——作为替代淡水开源节流产业，比如海水冲厕；三是海水化学资源的综合利用——作为新兴海洋化工产业，比如从海洋中提取溴素、海盐和镁化物等。

（一）海水资源开发利用的主要形式

1. 海水淡化

作为新起的比较有前景的海水淡化产业，出现至今已经有 50 多年了，正迅速发展。海水淡化是处理淡水资源缺乏问题的关键路径，指的是从海水中获得淡水。截止到 2005 年 1 月，有将近 130 个国家通过某种形式进行海水淡化，全球目前发展了海水淡化产业的国家和地区已经有 40 多个，美国、新加坡、日本、西班牙、以色列等地水资源来源的主要途径便是海水淡化。根据 2005 年的统计数据，拥有超过 190 的全球海水淡化能力的国家有 18 个。综合海水淡化技术方法来看，三个最重要的影响海水淡化成本的因素是能源成本、给水盐度水平、工厂规模。由于给水中含盐度的增加，导致海水淡化需要适用更多的设备或者需要更长的时间，所以也将导致成本的增加。一般来说，海水淡化的成本是淡盐水脱盐的 3 ~ 4 倍。总体上来讲，尽管海水淡化的成本是比较昂贵的，但是随着规模效益、竞争的影响、海水淡化技术的改进、可再生能源的使用，相信海水淡化成本在不久的将来应该还会下降。海水淡化厂的建设首先要考虑厂址的选择对于沿海生态系统的影响，海水淡化厂会产生独特的环境影响问题，主要是微咸水或者海水的摄取对海洋生态环境产生影响，例如对于鱼类及其他生物的夹带以及冲击影响，或者对于静岸水流的改变。其次，还需要考虑到海水淡化产生的较高浓度的盐水该如何处理。对于浓盐水的排放问题，国外的海水淡化厂通过自然融合的方法，让浓海水流入大海中央，以此来防止浓盐水问题形成片

区的污染。

2005 年，我们国家运营中的海水淡化水制造量大概在 3.1 万立方米／日，未建成的工程规模将近 38.1 万立方米／日。这几年来，我国的海水淡化产业规模逐渐增大，产业逐步发展，并且成本呈现出减少趋势。然而，从当前看来，与发达国家相比，我国海水淡化产业仍然差距较大，体现在海水淡化水日产量相对于全球来说所占比例偏低，仅约占世界的千分之一；海水淡化吨水成本虽说已经降至约五元，但是跟多数沿海城市自来水价格相比还是很高。

2. 海水直接利用

海水直接利用对于沿海城市用水紧张的缓解方面具有重要意义，就是用海水直接作为淡水的替代物，用于生活及工业领域。其中，利用最为广泛的就是工业用水和大生活用水。将海水用于冷却用水，是拥有海水资源国家的常见做法，工业用量能达到总用水量的 4596 左右，全球海水冷却用水量在海水取用量中比例超过 90%。20 世纪 30 年代开始日本就把海水当成工业直接冷却水，现在沿海所有的电力、化工、钢铁企业差不多都用了海水直接冷却技术，有着 3000 亿吨的年利用海水量。在美国这个国家，一年有将近 1000 亿立方米的海水用于冷却用水。

我们国家现在充分运用了海水直接冷却技术，并且海水循环冷却技术如今已经达到了 170 万 m^3/h 的水平，其中的有关指标（比如钢碳在海水利用中的腐蚀控制指标）已经位于世界领先水准；沿海的一些火力发电厂逐渐开始应用海水脱硫；核电厂及火电厂使用海水当成工业冷却水已经形成了相当的规模。值得一提的是，在全球海水作冷却水用量的比例当中，我国只占了大约 6%，可见还有着巨大的发展潜力。如果直接用海水解决深圳的通常用水的话，那么能够节余淡水 6.8 亿立方米，这样的话深圳一方面目前的淡水资源短缺问题得到有效解决，另一方面也能解决以后的一个长远阶段的发展所需求的淡水资源。

另外，在用海水淡化过程中的废液来造"人工死海"、海水冲厕、利用海水资源浇灌蔬菜等领域，我国获得了很多有益经验和成就。自从 20 世纪中期，海水的冲厕技术在香港地区开始后，如今已拥有了一系列健全的管理及处置流程。内地沿海一带，海水冲厕技术处于成长阶段，不过到现在为止取得了一系列不小的成就，海水资源直接利用的前景还是相当乐观的。

3. 海水化学资源综合利用

众所周知，丰厚的化学资源蕴藏在海水当中，对于人类发现的化学元素，海水中含有八十多种。把海水称作是是巨大的液体矿物资源丝毫不夸张，每 1000 立方米海水就含有固体物质 3500 万吨，而大部分是有用元素，约有一亿美元的总价值。所谓的海水化学资源的综合利用，就是把海水里面的化学品、化学元素从海水中提取出来以及深度加工等。海水中的四大主体要素是铿盐、镁盐、海盐、澳素，在 21 世纪，它们也是重要的战略物资。全球已经有超过 80 个国家生产海盐，在全世界也已经有超过 5000 万吨的海盐年总产量。法国、西班牙、日本、英国、以色列、美国等国家走在了海水提澳的前列，均已达到万吨级的生产量。我国现在已成为第三大溴生产国，仅次于以色列和美国，已经实现了工业化生产溴系列产品。海水中化学资源的综合利用技术在我国取得了积极的进展，已经达到了1800万吨的海盐产量。但是总的来说，我国海水化学资源综合利用和国外相比的话，规模、种类和附加值等都还有很多不足。

（二）我国海水开发利用预期目标

为了缓和我国沿海区域和海岛水资源欠缺的窘境，大规模开发利用海水资源是必由之路。21世纪初颁布的《海水利用专项规划》，展望了到2020年我国海水资源开发利用的目标。根据该规划，我国在2010年结束时能够拥有将近90万立方米/日的海水淡化能力以及550亿立方米/年的海水直接利用能力，在海水化学资源的综合利用方面取得有效的成果。在应对沿海区域缺水难题方面，海水利用争取达到将近20%的贡献率；LB7海水利用产业超过60%的国产化率，让海水淡化水能达到和自来水相媲美的程度。到了2020年的时候，我国拥有大约280万立方米/日的海水淡化能力以及1000亿立方米/年的海水直接利用能力，使得海水化学资源的综合利用的程度得到极大的提升。

从目前的情况来看，《海水利用专项规划》所确立的到2010年海水利用目标未能完全实现，某些领域的实践情况距离规划所定的目标还有较大差距。这种现象的产生，与我国海水资源利用法律的不成熟不无关系。综合西方发达国家的优秀经验来说，"科技＋法律"在推动海水资源开发方面起着举足轻重的作用，而海水利用科技的发展也需要法律来促进与保障。当下，全球只有寥寥几个国家掌握了海水淡化先进技术，尽管我国也在其中之一，可是对于海水资源的利用方面始终存在着没有直接相关的法律法规可运用的窘境。如果不能有效处理这个问题的话，我国海水资源利用产业要想快速、健康、持续发展肯定会受到极大阻碍，也难以确保我国海水资源开发目标的顺利实现。

第四节 水能开发

一、水能

水能是一种能源，是清洁能源，是绿色能源，是指水体的动能、势能和压力能等能量资源。

水能是一种可再生能源，水能主要用于水力发电。水力发电将水的势能和动能转换成电能。以水力发电的工厂称为水力发电厂，简称水电厂，又称水电站。水力发电的优点是成本低、可连续再生、无污染。缺点是分布受水文、气候、地貌等自然条件的限制大。容易被地形、气候等多方面的因素所影响，国家还在研究如何更好的利用水能。

（一）原理

水的落差在重力作用下形成动能，从河流或水库等高位水源处向低位处引水，利用水的压力或者流速冲击水轮机，使之旋转，从而将水能转化为机械能，然后再由水轮机带动发电机旋转，切割磁力线产生交流电。而低处的水通过阳光照射，形成水蒸气，循环到地球各处，从而恢复高位水源的水分布。

水不仅可以直接被人类利用，它还是能量的载体。太阳能驱动地球上水循环，使之持续进行。地表水的流动是重要的一环，在落差大、流量大的地区，水能资源丰富。随着矿物燃料的日渐减少，水能是非常重要且前景广阔的替代资源。世界上水力发电还处于起步阶段。河流、潮汐、波浪以及涌浪等水运动均可以用来发电。也有部分水能用于灌溉。

（二）特点

水能资源最显著的特点是可再生、无污染。开发水能对江河的综合治理和综合利用具有积极作用，对促进国民经济发展，改善能源消费结构，缓解由于消耗煤炭、石油资源所带来的环境污染有重要意义，因此世界各国都把开发水能放在能源发展战略的优先地位。

（三）缺点

不利方面有：水能分布受水文、气候、地貌等自然条件的限制大。水容易受到污染，也容易被地形，气候等多方面的因素所影响。

1. 生态破坏：大坝以下水流侵蚀加剧，河流的变化及对动植物的影响等。不过，这些负面影响是可预见并减小的。如水库效应。

2. 需筑坝移民等，基础建设投资大，搬迁任务重。

3. 降水季节变化大的地区，少雨季节发电量少甚至停发电。

4. 下游肥沃的冲积土减少。

（四）优点

其优点是成本低、可连续再生、无污染。

1. 水力是可以再生的能源，能年复一年地循环使用，而煤炭。石油、天然气都是消耗性的能源，逐年开采，剩余的越来越少，甚至完全枯竭。

2. 水能用的是不花钱的燃料，发电成本低，积累多，投资回收快，大中型水电站一般3~5年就可收回全部投资。

3. 水能没有污染，是一种干净的能源。

4. 水电站一般都有防洪启溉、航运、养殖、美化环境、旅游等综合经济效益。

5. 水电投资跟火电投资差不多，施工工期也并不长，属于短期近利工程。

6. 操作、管理人员少，一般不到火电的三分之一人员就足够了。

7. 运营成本低，效率高。

8. 可按需供电。

9. 控制洪水泛滥。

10. 提供灌溉用水。

11. 改善河流航动。

12. 有关工程同时改善该地区的交通、电力供供应和经济，特别可以发展旅游业及水产养殖。美国田纳西河的综合发展计划，是首个大型的水利工程，带动着整体的经济发展。

世界上水能分布也很不均。据统计，已查明可开发的水能，我国占第一位，以下为俄罗斯、巴西、美国、加拿大、扎伊尔。世界上工业发达的国家，普遍重视水电的开发利用。有些发展中国家也大力开发水电，以加快经济发展的速度。

世界上水能比较丰富，而煤、石油资源少的国家，如瑞士、瑞典，水电占全国电力工业的 60% 以上。水、煤、石油资源都比较丰富的国家，如美国、俄罗斯、加拿大等国，一般也大力开发水电。美国、加拿大开发的水电已占可开发水能的 40% 以上。水能少而煤炭资源丰富的国家，如德国、英国，对仅有的水能资源也尽量加以利用，开发程度很高，已开发的约占可开发的 80%。

水、煤、石油资源都很贫乏的国家，如法国、意大利等，开发利用程度更高，已超过90%。委内瑞拉盛产石油，水电比重也占 50%。由此可见，许多国家发展电力工业，都优先发展水电。

二、水能资源

以位能、压能和动能等形式存在于水体中的能量资源，又称水力资源。广义的水能资源包括河流水能、潮汐水能、波浪能和海洋热能资源；狭义的水能资源指河流水能资源。在自然状态下，水能资源的能量消耗于克服水流的阻力，冲刷河床、海岸、运送泥沙与漂浮物等。采取一定的工程技术措施后，可将水能转变为机械能或电能，为人类服务。

（一）狭义水能资源

水能资源指水体的动能、势能和压力能等能量资源。是自由流动的天然河流的出力和能量，称河流潜在的水能资源，或称水力资源。

广义的水能资源包括河流水能、潮汐水能、波浪能、海流能等能量资源；狭义的水能资源指河流的水能资源。水能是一种可再生能源（见新能源与可再生能源）。到 20 世纪 90 年代初，河流水能是人类大规模利用的水能资源；潮汐水能也得到了较成功的利用；波浪能和海流能资源则正在进行开发研究。

人类利用水能的历史悠久，但早期仅将水能转化为机械能，直到高压输电技术发展、水力交流发电机发明后，水能才被大规模开发利用。目前水力发电几乎为水能利用的唯一方式，故通常把水电作为水能的代名词。

构成水能资源的最基本条件是水流和落差（水从高处降落到低处时的水位差），流量大，落差大，所包含的能量就大，即蕴藏的水能资源大。全世界江河的理论水能资源为

48.2 万亿度 / 年，技术上可开发的水能资源为 19.3 万亿度。中国的江河水能理论蕴藏量为 6.91 亿千瓦，每年可发电 6 万多亿度，可开发的水能资源约 3.82 亿千瓦，年发电量 1.9 万亿度。水能是清洁的可再生能源，但和全世界能源需要量相比，水能资源仍很有限，即使把全世界的水能资源全部利用，在 20 世纪末也不能满足其需求量的 10%。

（二）广义水能资源

人类开发利用水能资源的历史源远流长。根据《中华人民共和国可再生能源法释义》（全国人大常委会法工委编）对水能的定义是：风和太阳的热引起水的蒸发，水蒸气形成了雨和雪，雨和雪的降落形成了河流和小溪，水的流动产生了能量，称为水能。

当代水能资源开发利用的主要内容是水电能资源的开发利用，以致人们通常把水能资源、水力资源、水电资源作为同义词，而实际上，水能资源包含着水热能资源、水力能资源、水电能资源、海水能资源等广泛的内容。

1. 水热能资源

水热能资源也就是人们通常所知道的天然温泉。在古代，人们已经开始直接利用天然温泉的水热能资源，建造浴池，沐浴治病健身。现代人们也利用水热能资源进行发电、取暖。如冰岛，该国 2003 年水电发电量为 70.8 亿千瓦时，其中利用地热（即水热能资源）发电就达 14.1 亿千瓦时，全国 86% 的居民已利用地热（水热能资源）取暖。我国西藏地区已建成装机 2.5 万千瓦的羊八井电站，也是利用地热（水热能资源）发电，据专家预测，我国近百米内土壤每年可采集的低温能量（以地下水为介质）可达 15000 亿千瓦。目前我国地热发电装机 3.53 万千瓦。

2. 水力能资源

水力能包括水的动能和势能，中国古代已广泛利用湍急的河流、跌水、瀑布的水力能资源，建造水车、水磨和水碓等机械，进行提水灌溉、粮食加工、舂稻去壳。18 世纪 30 年代，欧洲出现了集中开发利用水力资源的水力站，为面粉厂、棉纺厂和矿山开采等大型工业提供动力。现代出现的用水轮机直接驱动离心水泵，产生离心力提水，进行灌溉的水轮泵站，以及用水流产生水锤压力，形成高水压直接进行提水灌溉的水锤泵站等，都是直接开发利用水的力能资源。

3. 水电能资源

19 世纪 80 年代，当电被发现后，根据电磁理论制造出发电机，建成把水力站的水力能转化为电能的水力发电站，并输送电能到用户，使水电能资源开发利用进入了蓬勃发展时期。

现在我们所说的水电能资源通常称为水能资源。在水能资源中，除河川水能资源外，海洋中还蕴藏着巨大的潮汐、波浪、盐差和温差能量。据估计，全球海洋水能资源为 760 亿千瓦，是陆地河川水能理论蕴藏量的 15 倍多，其中潮汐能为 30 亿千瓦，波浪能为 30 亿千瓦，温差能为 400 亿千瓦，盐差能为 300 亿千瓦。当前人类对海洋水能资源的利用只有对潮汐能的开发利用技术达到了可以大规模开发的实用性阶段，其他的能源的开发利用，都还需进一步研究，在技术经济的可行性上取得突破性成果，达到实用的开发利用程度。我们通常所提到的开发利用海洋能，最主要是开发利用潮汐能。月球和太阳对地球海水面吸引力引起海水水位周期性的涨落现象，称为海洋潮汐。海水涨落就形成了潮汐能。从原理上讲，潮汐能是一种利用潮位涨落产生的机械能。

公元 11 世纪出现了潮汐磨坊，20 世纪初，德国和法国开始建造小型潮汐电站。据估算，全世界可开发利用的潮汐能为 10 ～ 11 亿千瓦，年发电量约 12400 亿千瓦时。我国潮汐能可开发资源装机容量为 2158 万千瓦，年发电量为 300 亿千瓦时。

目前世界上最大的潮汐电站是法国的朗斯潮汐电站，装机容量为 24 万千瓦。我国第一个潮汐电站量 1958 年建成的广东鸡州潮汐电站，装机 40 千瓦。1985 年建成的浙江江厦潮汐电站，总装机容量 3200 千瓦，居世界第三位。

此外，在我国海洋中，波浪能蕴藏量约 1285 万千瓦，潮流能蕴藏量约 1394 万千瓦，盐差能蕴藏量约 1.25 亿千瓦，温差能约 13.21 亿千瓦。综上，我国海洋能总计约 15 亿千瓦，超过陆地河川水能理论蕴藏量 6.94 亿千瓦 2 倍多，具有广阔的开发利用前景。现在，世界各国都大量投入，竞相研究如何开发利用蕴藏在海洋中的巨大能源的技术途径。

中国在 20 世纪 70 年代末做了普查，统计了单河理论蕴藏量 0.876 亿千瓦·时／年以上的河流 3019 条，总理论蕴藏量为 5.7 万亿千瓦·时／年；加上部分较小河流后，合计为 5.92 万亿千瓦·时／年（未统计台湾省水能资源），居世界第一位。经统计，单站装机 500 千瓦及以上的可开发水电站共 11000 余座，总装机容量 37853 万千瓦，多年平均年发电量 19233 亿千瓦·时。全国各大区和各水系的理论蕴藏量和技术可开发资源的分布。据 1993 年的初步估算，经济可开发资源为：装机容量 29000 万千瓦，多年平均年发电量 12600 亿千瓦·时。

4. 中国河川水能资源的特点

（1）资源量大，占世界首位。

（2）分布很不均匀，大部分集中在西南地区，其次在中南地区，经济发达的东部沿海地区的水能资源较少。而中国煤炭资源多分布在北部，形成北煤南水的格局。

（3）大型水电站的比重很大，单站规模大于 200 万千瓦的水电站资源量占 50%。

已于 1994 年 12 月开工的长江三峡工程的装机容量为 1820 万千瓦，多年平均年发电量 840 亿千瓦·时。位于雅鲁藏布江的墨脱水电站，经查勘研究，其装机容量可达 4380 万千瓦，多年平均年发电量 2630 亿千瓦·时。

三、水能开发方式

开发利用水体蕴藏的能量的生产技术。天然河道或海洋内的水体，具有位能、压能和动能三种机械能。水能利用主要是指对水体中位能部分的利用。水能开发利用的历史也相当悠久。

早在 2000 多年前，在埃及、中国和印度已出现水车、水磨和水碓等利用水能于农业生产。18 世纪 30 年代开始有新型水力站。随着工业发展，18 世纪末这种水力站发展成为大型工业的动力，用于面粉厂、棉纺厂和矿石开采。但从水力站发展到水电站，是在 19 世纪末远距离输电技术发明后才蓬勃兴起。

水能利用的另一种方式是通过水轮泵或水锤泵扬水。其原理是将较大流量和较低水头形成的能量直接转换成与之相当的较小流量和较高水头的能量。虽然在转换过程中会损失一部分能量，但在交通不便和缺少电力的偏远山区进行农田灌溉、村镇给水等，仍不失其应用价值。20 世纪 60 年代起水轮泵在中国得到发展，也被一些发展中国家所采用。

水能利用是水资源综合利用的一个重要组成部分。近代大规模的水能利用，往往涉及整条河流的综合开发，或涉及全流域甚至几个国家的能源结构及规划等。它与国家的工农业生产和人民的生活水平提高息息相关。因此，需要在对地区的自然和社会经济综合研究基础上，进行微观和宏观决策。前者包括电站的基本参数选择和运行、调度设计等。后者包括河流综合利用和梯级方案选择、地区水能规划、电力系统能源结构和电源选择规划等。实施水能利用需要应用到水文、测量、地质勘探，水能计算、水力机械和电气工程、水工建筑物和水利工程施工以及运行管理和环境保护等范围广泛的各种专业技术。

第四章　水资源开发利用工程

第一节　地表水资源开发利用工程

一、引水工程

引水工程是借重力作用把水资源从源地输送到用户的措施。近年来，人类社会为了满足经济发展和社会进步的需求，许多国家积极发展水利事业，通过引水工程解决水资源匮乏以及水资源分配不均的问题。引水工程是为了满足缺水地区的用水需求，对水资源进行重新分配，从水量丰富的区域转移到水资源匮乏区域。能够有效地解决水资源地区分布不均和供需矛盾等问题，对水资源匮乏地区的发展和水资源综合开发利用具有重要的意义。引水工程不仅能够缓解水资源匮乏地区的用水矛盾，而且改善了人们的生产以及生活条件，同时促进了当地经济社会的快速发展。然而，在引水工程带来可观的经济效益和社会效益的同时，其建设期和项目实施后也引起了不同程度的生态环境负面影响。

任何事物都是有利有弊的。在对水资源进行人工干预后，不仅会使河流水量发生变化，也会对河流的水位、泥沙等水文情势产生巨大的影响。如果工程范围内存在污染源，或者输水沿线外界污染源进入输水管道，就有可能对受水区的水质造成污染。在取水口下游，减水河段可能呈现断流状态，水生生物的栖息地受到破坏，局部生态系统会由水生转变为陆生，极大得削弱了河流自净能力，从而加重河流污染等。

（一）国内外引水工程概况

引水工程始建于 20 世纪 50 年代，主要用于城市生活、农业灌溉、改善环境以及航运。据不完全统计，世界已建、在建和拟建的引水工程已达 340 多项，分布在 39 个国家。

美国著名的引水工程主要有：加利福尼亚州水送工程、中央河谷工程、伊力诺伊调水工程、赫特奇水道等，年引水量约为 200 多亿立方米。前苏联有近百个引水工程已建成，著名的有：莫斯科运河、北克里木工程等，年引水量约为 861.51 亿立方米。加拿大的引水工程主要用于发电和灌溉。据资料统计，加拿大的总引水量居世界第一位。

印度引水工程引水量排名世界世界第二位，工程主要目的为灌溉土地，引水干线总长度为世界第一位，长达 8000，灌溉面积也居于世界第一位，约为 31500 亩左右。澳大利亚的著名引水工程是将雪山山脉东坡的水引向西破以解决内陆缺水问题。

我国水利工程历史悠久，据记载，最早的水利工程建于公元前 5000 年前。我国历史上著名的引水工程有灵渠工程、都江堰工程、郑国渠工程、京杭大运河工程等。新中国成立后，又有一大批引水工程先后建成，例如红旗渠、引滦入津、引黄济青、黄河万家寨、南水北调工程等。

（二）长距离引水工程

长距离引水是一项引水距离相对较远、供水流量相对较大、供水历时相对较长的引水工程。长距离引水工程中主要会遇到的问题有：水源的取水口的选择，引水管线路径的选择，引水管材的选择，整体工程经济效益的考察，沿途生态环境的影响，引水水质、水量的变化等。

1. 水源污染

长距离引水工程中，水源水质是引水工程的基础。我国幅员辽阔，各地根据自身情况决定用水水源。水源按其存在形式一般可分为地表水源和地下水源两大类；而饮用水水源主要采用地表水源。

江河水是地表水的主要水源。由于江河水主要来源于雨雪，受地理位置，季节的影响很大。水质方面与地下水有截然不同的特点，水中杂质含量较高，浊度高于地下水。河水的卫生条件受环境的影响很大。一般来讲，河流上游水质较好，下游水质较差，流量大时，污染物得到稀释，水质稍好，流量越小，水质越差。水的温度季节性变化很大。用地表水做水源，一般都需经过混凝、沉淀、过滤等处理，污染严重的还要进行深度处理。但地表水的矿化度、硬度以及铁锰的含量一般较低。

湖泊和水库水体大，水量充足，流动性小，停留时间长，水中营养成分高，浮游生物和藻类多，不利于水质处理，蒸发量大，使水体浓缩，因而含盐量高于江河水。沉淀作用明显，浊度较江河水低，水质、水量稳定。

2. 季节性水质威胁

自 20 世纪 70 年代以来，包括中国在内的许多国家都发生过湖泊水质在短短几天内严重恶化，水体发黑发臭，大量鱼类死亡的现象。中国北京、贵州、广东和湖北等地都先后有这种现象发生。这种现象的实质是沉积物生物氧化作用对水质变化的影响，这种突发性水质恶化现象称为湖泊黑潮。科学家研究表明，湖泊黑潮现象往往发生在秋季。入秋后，沉降于湖底的有机质在微生物作用下发生分解，湖底处于缺氧状态，出现 pH 值降低、亚硝酸根浓度增高的状态。恶性循环进一步导致水体缺氧加剧，硫化物的扩散使水体变黑发臭。当气温骤然下降，湖泊上层水温低于湖底水温，导致沉积物微粒再悬浮作用，加剧水质恶化。随着水体耗氧与复氧过程的平衡和水流输送，水质可望在一段时期（如 2 ～ 3 个月）内得到好转。在湖泊水质变化的自然过程中，人类对水体的干扰，如工业污染物和生活污染物的排放促成了湖泊黑潮的产生。

3. 现有水源水量保障能力不足

水资源是城市基础性自然资源，也是支撑城市发展的战略性资源。对于城市来讲，附近流域内水源和地下水是保障城市供水的主要水资源，是保障城市建设和发展战略的重要组成部分。我国南方降雨频繁，河水水量充沛，北方雨水少，河水流量冬夏相差很大，旱季许多河流断流，严寒地带，冬季河流封冻，引水和取水困难。部分城市由于连续干旱少雨，使流域内水源出现断流和地下水长期处于超采状态，应急水源地超限运行，供水能力持续下降，地下水资源的战略储备明显不足，无论是在水资源安全保障性、还是水资源开发保护程度方面，与水量充沛的城市相比，还存在较大差距；同时流域河流断流和地下水位持续下降还带来一系列生态环境问题。因此，根据城市水资源的现实状况，应给予高度重视，有针对性地开展长距离引水的水资源储备研究工作，提高水资源的支撑能力和改善生态环境。

二、蓄水工程

（一）蓄水工程

1. 拦河引水工程。按一定的设计标准，选择有利的河势，利用有效的汇水条件，在河道软基上修建低水头拦河溢流坝，通过拦河坝将天然降水产生的径流汇集并抬高水位，为农业灌溉和居民生活用水提供保障的集水工程。

2. 塘坝工程。按一定的设计标准，利用有利的地形条件、汇水区域，通过挡水坝将自然降水产生的径流存起来的集水工程。拦水坝可采用均质坝，并进行必要的防渗处理和迎水坡的防浪处理，为受水地区和村屯供水。

3. 方塘工程。按一定的设计标准，在地表下与地下水转换关系密切地区截集天然降水的集水工程。为增强方塘的集水能力，必要时要附设天然或人工的集雨场，加大方塘集水的富集程度。

4. 大口井工程。建设在地下水与天然降水转换关系密切地区的取水工程，也是集水工程的一个组成部分。

（二）蓄水灌溉工程

调蓄河水及地面径流以灌溉农田的水利工程设施。包括水库和塘堰。当河川径流与灌溉用水在时间和水量分配上不相适应时，需要选择适宜的地点修筑水库、塘堰和水坝等蓄水工程。

蓄水工程分水库和塘堰两种。中国规定蓄水库容积标准：库容大于 1 亿立方米的为大型水库；0.1 亿～1 亿立方米的为中型水库；小于 0.1 亿立方米的为小型水库。大型水库又分为两类：库容大于 10 亿立方米的为大 I 型水库，库容在 1 亿～10 亿立方米为大 II 型水库。小型水库也分成两类：库容在 100 ~ 1000 万立方米的为小Ⅰ型水库；10 ~ 100 万立方米的为小Ⅱ型水库；小于 10 万立方米的为塘堰。

1. 水库

有单用途的，如灌溉水库、防洪水库；有多用途的，即兼有灌溉、发电、防洪、航运、渔业、城市及工业供水、环境保护等（或其中几种）综合利用的水库。

水利枢纽工程一般由水坝、泄水建筑物和取水建筑物等组成。水坝是挡水建筑物，用于拦截河流、调蓄洪水、抬高水位以形成蓄水库。泄水建筑物是把多余水量下泄，以保证水坝安全的建筑物。有河岸溢洪道、泄水孔、溢流坝等形式。取水建筑物是从水库取水，供灌区灌溉、发电及其他用水需要，有时还用来放空水库和施工导流。放水管一般设在水坝底部，装有闸门以控制放水流量。

库址选择要考虑地形条件、水文地质条件和经济效益等。坝址谷口尽量狭窄、库区平坦开阔、集水面积大，则可以较小的工程量获得较大的库容。此外还要综合考虑枢纽布置及施工条件，如土石坝的坝址附近要有高程适当的鞍形哑口，以便布设河岸溢洪道。坝基和大坝两端山坡的地质条件要好，岩基要有足够的强度、抗水性（不溶解、不软化）和整体性不能有大的裂隙、溶洞、风化破碎带、断层及沿层面滑动等不良地质条件。非岩基也要求有足够的承载能力、土层均匀、压缩性小、没有软弱的或易被水流冲刷的夹层存在。坝址附近要有足够可供开采的土、砂、石料等建筑材料和较开阔的堆放场地等。水库的集水面积和灌溉面积的比例应适当，并接近灌区，以节省渠系工程量和减少渠道输水损失。此外还尽可能考虑水库的多种功能，取得较高的综合效益。

从山谷水库引水灌溉的方式有 3 种：

（1）坝上游引水。通过输水洞将库水直接引入灌溉干渠，或在水库适宜地点修建引水渠首枢纽。

（2）坝下游引水。将库水先放入河道，再在靠近灌区的适当位置修筑渠首工程，将水引入灌区。适用于灌区距水库较远的地方。

（3）坝上游提水灌溉，在蓄水后再由提水设备将水输入灌溉干渠。

平原水库，即在平原洼地筑堤建闸，拦蓄河道及地表径流，以蓄水灌溉或蓄滞洪水。有的并可用于生活供水和养殖。

2. 塘堰

主要拦蓄当地地表径流。对地形和地质条件的要求较低，修建和管理均较方便，可直接放水入地。塘堰广泛分布在南方丘陵山区。如湖北省梅川水库灌区，有塘堰 6000 多处，总蓄水量达 1300 万立方米，基本上可满足灌区早稻用水。

三、输水工程

（一）输水管道

从水库、调压室、前池向水轮机或由水泵向高处送水，以及埋设在土石坝坝体底部、地面下或露天设置的过水管道。可用于灌溉、水力发电、城镇供水、排水、排放泥沙、放空水库、施工导流配合溢洪道宣泄洪水等。其中，向水轮机或向高处送水的管道，因其承受较大的内水压力，故称压力水管；埋设在土石坝底部的管道，称为坝下埋管；埋在地下的管道，称为暗管或暗渠。

坝下埋管由进口段（进水口）、管身和出口段三部分组成。管内水流可以是具有自由水面的无压流，也可是充满水管的有压流。进口段可采用塔式或斜坡式，内设闸门等控制设备。无压埋管常用圆拱直墙式，由混凝土或浆砌石建造；有压埋管多为圆形钢筋混凝土管。进口高程根据运用要求确定。除用于引水发电的埋管，管后接压力水管外，其他用途的坝下埋管出口均需设置消能防冲设施。埋管的断面尺寸取决于运用要求和水流形态：对有压管，可根据设计流量和上下游水位，按管流计算，并保证洞顶有一定的压力余幅；对无压管，可根据进口压力段前后的水位，按孔口出流计算过流能力，洞内水面线由明渠恒定非均匀流公式计算。管壁厚度按埋置方式（沟埋式、上埋式或廊道式），经计算并参考类似工程确定。

长距离输水工程，管材的选择至关重要，它既是保证供水系统安全的关键，又是决定工程造价和运行经费所在。目前国内用于输水的管道，主要有钢管、球墨铸铁管、预应力钢筒混凝土管(PCCP) 和夹砂玻璃钢管。具体表现在：

1.预应力钢筒混凝土管（PCCP 管）

PCCP 管兼有钢管和钢筋混凝土管的优点，造价比钢管低，可以承受较高的工作压力和外部荷载，接口采用钢板冷加工成型，加工精度高。采用双橡胶圈，密封性能好，接口较为简单，在每根管插口的密封圈之间留有试压接口，调试方便. 使用寿命长。

缺点：

（1）重量大、质地脆、切凿困难、施工难度相对较大。

（2）最大偏转角为 1.5 度，因此 PCCP 管对地形适应能力差。

（3)PCCP 管壁厚远大于钢管，其采用柔性接口连接，对基础及回填土要求较高。

（4)PCCP 管由于单节重量大，安装时对吊装设备要求高，工作面宽度要求比钢管宽，且受周边环境影响较大，不如钢管安装灵活。

（5）承插口钢圈比较容易产生腐蚀，因此，使用前必须做好防腐处理。

2.球墨铸铁管

球墨铸铁管是 20 世纪 50 年代发展起来的新型管材，它具有较高的强度和延伸率，其机械性能可以和钢管媲美，抗腐性能又大大超过钢管，采用"T"型滑入式连接，也可做法兰连接，施工安装方便。

缺点：

（1）球磨铸铁管比钢管壁厚约 1.5～2 倍，单位长度造价比较高，连接方式比较复杂，笨重。

（2）对地形的适应能力相对钢管差一些。需要做牢砂垫层的铺设等基础工作。

（3）球磨铸铁管在 DN500～1200 区间价格比 TPEP 防腐钢管价格高。

3. 夹砂玻璃钢管

优点是材料强度高，密封性好。重量轻，管道内壁光滑，相应水头损失小，具有良好的防腐性，管道维修方便快捷。特别是由于管道轻，安装时不需要大型起吊设备，在现场建厂时间短且费用低。

缺点是管道为柔性管道，抗外压能力相对较差，对沟槽回填要求高，回填料应是粗粒土，回填料的压实度应达到 95% 该管材多用于压力较低的给排水领域。由于耐压低，用量及用途有限。另外，压力大于 1.0MPa 价格相对较高。

4.TPEP 防腐钢管

优点是：

（1）结合钢管的机械强度和塑料的耐蚀性于一体，外壁 3PE 涂层厚度 2.5～4mm 耐腐蚀耐磕碰。

（2）内壁摩阻系数小，0.0081～0.091，输送同等流量可以降低一个口径级别。

（3）内壁达到国家卫生标准，光滑不易结垢，具有自清洁功能。

（4)TPEP 防腐钢管是涂塑钢管的第四代防腐产品，防腐性能强，自动化程度高，综合成本低。

缺点：施工比较慢，焊接要求较高。

任何一种产品没有十全十美，各有利弊，因此在对输水管道进行选材时必须考虑，地质条件、土壤及其周边环境、防腐要求以及投资成本和运行成本等四方面原则。

坝下埋管在中小型灌溉工程中应用较多。引水发电的坝下埋管，多用廊道式，压力管道位于廊道内，廊道只承受填土和外水压力。这种布置方式可避免内水外渗，影响坝体安全，并便于检查和维修。廊道在施工期还可用来导流。中国河北省岳城水库采用坝下埋管泄洪和灌溉，总泄量达 4200m³/s。

埋设在地面下的输水管道可以是由混凝土、钢筋混凝土（包括预应力钢筋混凝土）、钢材、石棉、水泥、塑料等材料做成的圆管，也可以是由浆砌石、混凝土或钢筋混凝土做成的断面为矩形、圆拱直墙形或箱形的管道。圆管多用于有压管道。矩形和圆拱直墙形用于无压管道。箱形可用于无压或低压管道。

埋没在地下用于灌溉或供水的暗渠与开敞式的明渠相比，具有占地少，渗漏、蒸发损失小，减少污染，管理养护工作量小等优点，但所用建筑材料多，施工技术复杂，造价高，适用于人多地少，水源不足，渠线通过城市或地面不宜为明渠占用的地区。为便于管理，对较长的暗渠可以分段控制，沿线设通气孔和检查孔。在南水北调中大口径 2m 以上才有的是 PCCP 管，发挥了 PCCP 的大口径管造价及性能高的优势，低于 1.2m 的采用的是 TPEP 防腐钢管（外 3PE 内熔结环氧防腐钢管），主要是针对地形复杂，压力较高的路段，发挥了钢管的机械强度和防腐材料的耐蚀性，在 500 ~ 1200 区别的口径，性价比高。

（二）输水建筑物

输水建筑物是指连接上下游引输水设置的水工建筑物的总称。当引输水至下游河渠，引水建筑物即输水建筑物。当引输水至水电厂发电，则输水建筑物包括引水建筑物和尾水建筑物。

输水建筑物是把水从取水处送到用水处的建筑物，它和取水建筑物是不可分割的。

输水建筑物可以按结构型式分为开敞式和封闭式两类，也可按水流形态分为无压输水和有压输水两种。最常用的开敞式输水建筑物是渠道，自然它只能是无压明流。封闭式输水建筑物有隧洞及各种管道（埋于坝内的或者露天的），既可以是有压的，也可以是无压的。

输水建筑物除应满足安全、可靠、经济等一般要求外，还应保证足够大的输水能力和尽可能小的水头损失。

输水建筑物在运用前、运用中和运用后均可能因设计、施工和管理中的失误、或因混凝土结构缺陷、基础地质缺陷以及随时间的推移，导致其引水隧洞、输水涵管和渠道等产生不同程度的劣化，故及时检查、养护和修理以防患于未然就成为水工程病害处理的重要内容。

输水建筑物分明流输水建筑物和压力输水建筑物两大类。

1. 明流输水建筑物

明流输水建筑物有多种用途，包括供水、灌溉、发电、通航、排水、过鱼、综合等，按其水流流态有稳定与不稳定之分；按其结构形式有渠道、隧洞、高架水槽、坡道水槽、坡道上无压水管、渡槽、倒虹吸管等多种形式。

渠道是明流输水建筑物中最常用的一种，渠侧边坡是否稳定是关注的重点之一。控制渠道漏水也是渠道修建中的重要问题，水槽用于山区陡坡、地质条件不良的情况，或因修建渠道造价很高而用之。放在地面上的称座槽，架在栈桥上的为高架水槽。

隧洞是另一种应用广泛的明流输出建筑物。隧洞的断面形式与所经地区的工程地质条件密切相关。坚固稳定岩体中的明流输水隧洞可不用衬砌，必要时采用锚杆加固或喷混凝土护面。有的为减少糙率和防渗对洞壁作衬砌；有的为支承拱顶山岩压力，只对拱顶衬砌；有的则全部衬砌。

明流水管也可作为明流输水道的组成部分，一般用钢筋混凝土制成。

渡槽是一种用于跨越河流或深山谷所用的输水建筑物。一般布置在地质条件良好，地形条件有利的地段。大型渡槽的支承桥常采用拱桥。

倒虹吸管是另一种跨越式输水建筑物，也布置在地质条件良好、河谷岸坡稳定、地形有利的地段。

明流输水道上还设置有调节流量的一些建筑物，如节水闸和分水闸、溢水堰和泄水闸、排水闸等。

2. 压力输水建筑物

压力输出建筑物用于水力发电、供水、灌溉工程。其运行特点是满流、承压，其水力坡线高于无压输水建筑物。

压力输水建筑物有管道和隧洞两种形式。管道按其材料有钢管、钢筋混凝土管、木管等。安放在地面上的管道叫明管，埋入地下的称埋管。压力隧洞一般为深埋，上有足够的覆盖岩层厚度，并选在地质条件应比较好，山岩压力较小的地区。

压力输水建筑物承受的基本荷载有建筑物自重、水重、管内式洞内的静水压力、动水压力、水击压力、调压室内水位波动产生的水压力、转弯处的动水压力、隧洞衬砌上的山岩压力及温度荷载。特殊荷载有水库或前池最高蓄水位时的静水压力、地震荷载等。

压力隧洞从结构形式上分为无衬砌（包括采用喷锚加固的）、混凝土衬砌、钢筋混凝土衬砌、钢板衬砌等几种；从承受的内水压力水头来分，可分为低压隧洞和高压隧洞。

坝内埋钢管在坝后式电站中经常采用。一般有三种布置方式：管轴线与坝下游面近于平行、平式或平斜式、坝后背管。钢管一般外围混凝土。

四、扬水工程

（一）水泵

水泵是输送液体或使液体增压的机械。它将原动机的机械能或其他外部能量传送给液体，使液体能量增加，主要用来输送液体包括水、油、酸碱液、乳化液、悬乳液和液态金属等。

也可输送液体、气体混合物以及含悬浮固体物的液体。水泵性能的技术参数有流量、吸程、扬程、轴功率、水功率、效率等；根据不同的工作原理可分为容积水泵、叶片泵等类型。容积泵是利用其工作室容积的变化来传递能量；叶片泵是利用回转叶片与水的相互作用来传递能量，有离心泵、轴流泵和混流泵等类型。

1. 离心泵

水泵开动前，先将泵和进水管灌满水，水泵运转后，在叶轮高速旋转而产生的离心力的作用下，叶轮流道里的水被甩向四周，压入蜗壳，叶轮入口形成真空，水池的水在外界大气压力下沿吸水管被吸入补充了这个空间。继而吸入的水又被叶轮甩出经蜗壳而进入出水管。由此可见，若离心泵叶轮不断旋转，则可连续吸水、压水，水便可源源不断地从低处扬到高处或远方。综上所述，离心泵是由于在叶轮的高速旋转所产生的离心力的作用下，将水提向高处的，故称离心泵。

离心泵的一般特点为：

（1）水沿离心泵的流经方向是沿叶轮的轴向吸入，垂直于轴向流出，即进出水流方向互成90°。

（2）由于离心泵靠叶轮进口形成真空吸水，因此在起动前必须向泵内和吸水管内灌注引水，或用真空泵抽气，以排出空气形成真空，而且泵壳和吸水管路必须严格密封，不得漏气，否则形不成真空，也就吸不上水来。

（3）由于叶轮进口不可能形成绝对真空，因此离心泵吸水高度不能超过10米，加上水流经吸水管路带来的沿程损失，实际允许安装高度（水泵轴线距吸入水面的高度）远小于10米。如安装过高，则不吸水；此外，由于山区比平原大气压力低，因此同一台水泵在山区，特别是在高山区安装时，其安装高度应降低，否则也不能吸上水来。

2. 轴流泵

轴流泵与离心泵的工作原理不同，它主要是利用叶轮的高速旋转所产生的推力提水。轴流泵叶片旋转时对水所产生的升力，可把水从下方推到上方。

轴流泵的叶片一般浸没在被吸水源的水池中。由于叶轮高速旋转，在叶片产生的升力作用下，连续不断的将水向上推压，使水沿出水管流出。叶轮不断的旋转，水也就被连续压送到高处。

轴流泵的一般特点：

（1）水在轴流泵的流经方向是沿叶轮的轴向吸入、轴向流出，因此称轴流泵。

（2）扬程低（1～13米）、流量大、效益高，适于平原、湖区、河区排灌。

（3）起动前不需灌水，操作简单。

3. 混流泵

由于混流泵的叶轮形状介于离心泵叶轮和轴流泵叶轮之间，因此，混流泵的工作原理既有离心力又有升力，靠两者的综合作用，水则以与轴组成一定角度流出叶轮，通过蜗壳室和管路把水提向高处。

混流泵的一般特点：

（1）混流泵与离心泵相比，扬程较低，流量较大，与轴流泵相比，扬程较高，流量较低。适用于平原、湖区排灌。

（2）水沿混流泵的流经方向与叶轮轴成一定角度而吸入和流出的，故又称斜流泵。

（二）泵站

泵站是能提供有一定压力和流量的液压动力和气压动力的装置和工程称泵和泵站工程。排灌泵站的进水、出水、泵房等建筑物的总称。

1. 污水泵站

污水泵站是污水系统的重要组成部分，特点是水流连续，水流较小，但变化幅度大，水中污染物含量多。因此，设计时集水池要有足够的调蓄容积，并应考虑备用泵，此外设计时尽量减少对环境的污染，站内要提供较好的管理、检修条件。污水泵站分为两种：

（1）就是设置于污水管道系统中，用以抽升城市污水的泵站。作用就是提升污水的高程，因为污水管不像给水管（自来水），是没有压力的，靠污水自身的重力自流的，由于城市截污网管收集的污水面积较广，离污水处理厂距离较远。不可能将管道埋地很深，所以需要设置泵站，提升污水的高程。

（2）就是设置于污水处理厂内用来提升污水的泵站，作用是为后续的工艺提供水流动力。一般来说，污水提升的高度是从污水处理后排放的尾水的高程，减去水头损失，倒推计算出来的。

2.雨水泵站

雨水泵站是指设置于雨水管道系统中或城市低洼地带，用以排除城区雨水的泵站。雨水泵站不仅可以防积水，还可供水。

第二节　地下水资源开发利用工程

一、管井

井径较小，井深较大，汲取深层或浅层地下水的取水建筑物。打入承压含水层的管井，如水头高出地面时，又称自流井。

管井是垂直安置在地下的取水或保护地下水的管状构筑物。是工农业生产、城市、交通、国防建设的一种给排水设施。

（一）管井种类

用途分为供水井、排水井、回灌井。按地下水的类型分为压力水井（承压水井）和无压力水井（潜水井）。地下水能自动喷出地表的压力水井称为自流井。按井是否穿透含水层分为完整井和非完整井。

（二）管井结构

管井由井口、井壁管、滤水管和沉沙管等部分组成（如概述图所示）。管井的井口外围，用不透水材料封闭，自流井井口周围铺压碎石并浇灌混凝土。井壁可用钢管、铸铁管、钢筋混凝土管或塑料管等。钢管适用的井深范围较大；铸铁管一般适于井深不超过250米；钢筋混凝土管一般用于井深200～300米；塑料管可用于井深200米以上。井壁管与过滤器连成管柱，垂直安装在井孔当中。井壁管安装在非含水层处，过滤器安装在含水层的采水段。在管柱与孔壁间环状间隙中的含水层段填入经过筛选的砾石，在砾石上部非含水层段或计划封闭的含水层段，填入黏土、黏土球或水泥等止水物。

（三）管井设计

包括井深、开孔和终孔直径、井管及过滤器的种类、规格、安装的位置及止水、封井等。井深决定于开采含水层的埋藏深度和所用抽水设备的要求。开孔和终孔直径，根据安装抽水设备部位的井管直径、设计安装过滤器的直径及人工填料的厚度而定。井管和过滤器的种类、规格、安装的位置，沉淀管的长度和井底类型，主要根据当地水文地质条件，并按照设计的出水量、水质等要求决定。井管直径须根据选用的抽水设备类型、规格而定。常用的井管有无缝钢管，钢板卷焊管，铸铁管，石棉水泥管，聚氯乙烯、聚丙烯塑料管，水泥管，玻璃钢管等。止水、封井取决于对水质的要求，不良水源的位置和渗透、污染的可能性。设计中须规定止水、封井的位置和方法及其所用材料的质量。

第四纪松散层取水管井设计在高压含水层、粗砂以上的取水层，以及某些极破碎的基岩层水井中，可采用缠丝过滤器或包网过滤器。中砂、细砂、粉砂层，可采用由金属或非金属的管状骨架缠金属丝或非金属丝，外填砾石组成的缠丝填砾过滤器，以防止含水层中的细小颗粒涌进井内，保证井的使用寿命，还可增大过滤器周围的孔隙率和透水性，从而减少进水时的水头损失，增加单井出水量。填砾厚度，根据含水层的颗粒大小决定，一般为 75 ~ 150mm。沉淀管长度，一般为 2 ~ 10 米，其下端要安装在井底。

基岩中取水管井设计如全部岩层为坚硬的稳定性岩石时，不需要安装井管，以孔壁当井管使用。当上部为覆盖层或破碎不稳定岩石，下部也有破碎不稳定岩石时，应自孔口起安装井管，直到稳定岩石为止。其中含水层处如有破碎带、裂隙、溶洞等，应根据含水岩层破碎情况安装缠丝、包网过滤器或圆孔或条孔过滤器。

（四）管井施工

包括钻井、井管安装、填砾、止水封井、洗井等工作。

1. 钻井方法

常用的钻井方法有冲击钻进法、回转钻进法、冲击回转钻进法（见水文地质钻探）。

2. 井管安装

根据不同井管、钻井设备而采用不同的安装方法。主要有：①钢丝绳悬吊下管法。适用于带丝扣的钢管、铸铁管，以及有特别接头的玻璃钢管、聚丙烯管及石棉水泥管，拉板焊接的无丝扣钢管，螺栓连接的无丝扣铸铁管，黏接的玻璃钢管，焊接的硬质聚氯乙烯管；②浮板下管法。适用于井管总重超过钻机起重设备负荷的钢管或超过井管本身所能承受的拉力的带丝扣铸铁井管；③托盘下管法。适用于水泥井管，砾石胶结过滤器及采用铆焊接头的大直径铸铁井管。

3. 填砾

填砾方法有：静水填入法，适用于浅井及稳定的含水层；循环水填砾法，适用于较深井；抽水填砾法，适用于孔壁稳定的深井。

4.止水封井

根据管井对水质的要求进行止水、封井，其位置应尽量选择在隔水性好，井壁规整的层位。供水井应进行永久性止水、封井，并保证止水、封井的有效性，所用材料不能影响水质。永久性止水、封井方法有：黏土和黏土球围填法、压力灌浆法。所用材料为黏土、黏土球及水泥。

5.洗井

为了清除井内泥浆，破坏在钻进过程中形成的泥浆壁、抽出井壁附近含水层的泥浆，过细的颗粒及基岩含水层中的充填物，使过滤器周围形成一个良好的滤水层，以增大井的出水量。常用的洗井方法有：活塞洗井法、压缩空气洗井法、冲孔器洗井法、泥浆泵与活塞联合洗井法、液态二氧化碳洗井法及化学药品洗井法等。这些洗井方法用于不同的水文地质条件与不同类型的管井，洗井效果也不相同，应因地制宜地加以选用。

（五）使用维护

直接关系到井的使用寿命。如使用维护不当，将使管井出水量减少、水质变坏，甚至使井报废。管井在使用期中应根据抽水试验资料，妥善选择管井的抽水设备。所选用水泵的最大出水量不能超过井的最大允许出水量。管井在生产期中，必须保证出水清、不含砂；对于出水含砂的井，应适当降低出水量。在生产期中还应建立管井使用档案，仔细记录使用期中出水量、水位、水温、水质及含砂量变化情况，借以随时检查、维护。如发现出水量突然减少，涌砂量增加或水质恶化等现象，应即停止生产，进行详细检查修理后，再继续使用。一般每年测量一次井的深度，与检修水泵同时进行，如发现井底淤砂，应进行清理。季节性供水井，很容易造成过滤器堵塞而使出水量减少。因此在停用期间，应定期抽水，以避免过滤器堵塞。

二、大口井

井深一般不超过15m的水井，井径根据水量、抽水设备布置和施工条件等因素确定，一般为常用为 5 ~ 8m，不宜超过10m。地下水埋藏一般在10m内，含水层厚度一般在5 ~ 15m，适用于任何砂、卵、砾石层，渗透系数最好在20m/d以上，单井出水量一般500 ~ 10000m³/d，最大为20000 ~ 30000m³/d。

大口井适用于地下水埋藏较浅、含水层较薄且渗透性较强的地层取水，它具有就地取材、施工简便的优点。

大口井按取水方式可分为完整井和非完整井，完整井井底不能进水，井壁进水容易堵塞，非完整井井底能够进水。

按几何形状可分为圆形和截头圆锥形两种。圆筒形大口井制作简单，下沉时受力均匀，不易发生倾斜，即使倾斜后也易校正，圆锥截头圆锥形大口井具有下沉时摩擦力小、易于下沉、但下沉后受力情况复杂、容易倾斜、倾斜后不易校正的特点。一般来说，在地层较稳定的地区，应尽量选用圆筒形大口井。

三、辐射井

一种带有辐射横管的大井。井径 2 ~ 6 米，在井底或井壁按辐射方向打进滤水管以增大井的出水量，一般效果较好。滤水管多者出水量能增加数倍，少的也能增加 1 ~ 2 倍。

设有辐射管（孔）以增加出水量的水井。辐射井按集水类型可分为集取河床渗透水型、同时领取河床渗透水与岸边地下水型、集取岸边地下水型、远离河流集取地下水型四种。

位置选择的原则有以下三点：

1. 领取河床参透水时，应选河床稳定、水质较清、流速较大，有一定冲刷能力的直线河段。

2. 集取岸边地下水时，应选含水层较厚、渗透系数较大的地段。

3. 远离地表水体集取地下水时，应选地下水位较高、渗透系数圈套地下补给充沛的地段。

四、复合井盖

2009 年颁布了检查 GB/T23858-2009，明确了复合材料井盖作为检查井盖的一种，并说明其特性：用聚合物作基体材料，加入增强材料、填充料等，通过一定的工艺复合而成的检查井盖。新的国标提升了井盖的荷载要求，与国际通行的 EN124 标准接轨。该标准从 2010 年 2 月 1 日起实施。

（一）产品介绍

1. 采用不饱和聚脂树脂为基体的纤维增强热固性复合材料，又称为团块模塑料(DMC)，用压制成型技术制成，是一种新型的环保型盖板。复合井盖采用高温高压一次模压成型技术，聚合度高、密度大，有良好的抗冲击和拉伸强度，具有耐磨、耐腐蚀、不生锈、无污染、免维护等优点。

2. 产品特性

复合井盖内部使用网状钢筋增强，关键受力部分特殊加强，在发生不可避免的外力冲击时，可迅速分散压力保证人车安全。

不含金属，石塑井盖和混凝土井盖钢筋骨架还不到井盖总重的1/10。没有多大的偷盗价值。而且由于井盖强度极高，要从井盖内取出这一小点钢筋是极难的。

（二）特点

1. 强度高：具有很高的抗压、抗弯、抗冲击的强度，有韧性。长期使用后该产品不会出现井盖被压碎及损坏现象，能彻底杜绝"城市黑洞"事故的发生。

2. 外观美：表面花纹设计精美，颜色亮丽可调，美化城市环境。

3. 使用方便，重量轻：产品重量仅为铸铁的三分之一左右，便于运输、安装、抢修，大大减轻了劳动强度。

4. 无回收价值，自然防盗；根据客户需要并设有锁定结构，实现井内财物防盗。

5. 耐候性强：井盖通过科学的配方、先进的工艺、完善的技术设备使该产品能在—50℃～+300℃环境中正常使用。

6. 耐酸碱、耐腐蚀、耐磨、耐车辆碾压，使用寿命长。

（三）技术特征

复合井盖在技术上有以下方面的特点：

复合井盖采用最新高分子复合材料，以钢筋为主要的内部骨架，经过高温模压生产而成，强度最高可以承受50吨的重量。

井盖重量轻，方便运输和安装，可以大大的减轻劳动强度。全新树脂井盖具有很好的防盗性能，因为合成树脂材料无回收的价值，有效的杜绝了"城市黑洞"的出现。

复合井盖精度高、耐腐蚀，经过高温模压生产，具有很好的耐酸碱、耐腐蚀的能力，有效的延长了树脂井盖的使用寿命。

（四）安装特征

随着技术的不断发展，井盖作为市政和建筑的常用材料得到了快速的发展，下面给大家讲一下复合井盖的安装注意事项：

1. 为保持盖外表的美观，表面花纹和字迹的清晰，以沥青路面施工时应用薄铁皮或木板覆盖在井盖上，黑色井盖也可用废机油等刷涂盖面，防止沥青喷在井盖上。

2. 井盖的砖砌体砌筑，应按照设计院设计的井盖尺寸确定其内径或者说长×宽、方圆，也可相应参照标准执行，并在井盖外围浇铸宽为40cm的混凝土保护圈，保养期要在10天以上。

3. 在沥青路面上安装井盖时，一定要注意避免施工机械直接碾压井座，在路面整体浇铸时，应予在路面预留比井座略大的孔，在沥青铺完后安置。

4. 混凝土将井座浇铸或沥青铺设后，应及时将井盖打开清洗，避免砂浆或沥青将检查井盖与座浇成一体，以免影响日后开启。

（五）安装过程

在安装复合井盖时要按照以下四个步骤：

1. 在安装之前，井盖地基要整齐坚固，要按井盖的尺寸确定内径以及长和宽。

2. 在水泥路面安装复合井盖的时候，要注意井口的砌体上要使用混凝土浇注好，还要在外围建立混凝土保护圈，进行保养10天左右。

3. 在沥青路面安装复合井盖要注意避免施工的机械直接的碾压井盖和井座、以免发生损坏。

4.为了保持井盖的美观以及字迹、花纹的清晰，在路面浇注沥青和水泥要注意不要弄脏井盖。

（六）发展历程

1.其强度仅次于石塑井盖。可承载40吨以上车辆。

2.它的综合性能介于石塑井盖与混凝土井盖之间，优于混凝土；可应用于对井盖技术要求较高的场合。

3.它最突出优点是不使用钢骨架增强，而以玻纤复合增强，属于GRC型产品。因此，它在钢铁不断涨价的情况下，更有不受影响的优势。由于不含一点铁，它比石塑及纤维混凝土井盖更防盗。

4.它的固化速度比纤维混凝土快几倍，8小时可脱模，若三班生产，24小时可脱模三次，模具用量虽比石塑多，但却只有纤维混凝土井盖的1/6左右，也可降低模具投资。年产万套井盖，只需模具10套。

5.复合井盖是最理想、较先进、是其他模具（如橡胶模具、塑料模具、玻璃钢模具）所不能比拟的。

6.复合井盖在不断的改进和更新中各项指标已经超过了建设部行业标准，基本达到了国家标准。

（七）前景

详细介绍一下复合井盖的发展前景：

随着城乡建设的迅猛发展，新建小区及道路的配套设施——井盖的需求量急剧增多，而传统铸铁井盖成本高，被盗现象严重，行人受伤、车辆受损时有发生，一直是困扰各建设部门的难题。

复合材料井盖主要采用不饱和树脂为主要化工原料，将多种材料复合改性而成，成型后不但强度高，外表美观，而且电绝缘性能好，防水、耐老化、耐酸碱、强度高、抗冲击、耐磨、不怕日晒雨淋、抗静电、防盗等特点，是铸铁井盖理想的替代产品。

五、截潜流工程

截潜流工程是在河底砂卵石层内，垂直河道主流修建截水墙，同时在截水墙上游修筑集水廊道，将地下水引入集水井的取水工程。

又称地下拦河坝。是在河底砂卵石层内，垂直河道主流修建截水墙，同时在截水墙上游修筑集水廊道，将地下水引入集水井的取水工程。适应于谷底宽度不大、河底砂卵石层厚度不大、而潜流量又较大的地段。集水廊道的透水壁外一般应设置反滤层，廊道坡度以1/50～1/200为宜。集水井设置于廊道出口处，井的深度应低于廊道1～2米，以便沉砂和提水。截潜流工程是综合开发河道地表和地下径流的一种地下集水工程，其一般由截水墙、进水部分、集水井、输水部分等组成。其工程类型按截潜流的完成程度，可分为完整式和非完整式两种，完整式截水墙穿透含水层，非完整式没有穿透含水层，只拦截了部分地下水径流。

第三节　河流取水工程

一、江河取水概说

（一）江河水源分布广泛

江河在水资源中具有水量充沛，分布广泛得特点，常用于作为城市和工矿供水水源，例如在我国南方（秦岭淮河以南）90% 以上的水源工程都以江河为水源。

（二）江河取水的自然特性

江河取水受自然条件和环境影响较大，必须充分了解江河的径流特点，因地置宜地选择取水河段。特别是北方各地，河流的流量和水位受季节影响，洪、枯水量变化悬殊，冬季又有冰情能形成底冰和冰屑，易造成取水口的堵塞，为保证取水安全，必须周密调查，反复论证。

（三）全面了解河道的冲淤变化

河道在水流作用下，不断地发生着平面形态和断面形态的变化，这就是通常所说的河道演变。河道演变是河流水沙状况和泥沙运动发展的结果，不论是南方北方，还是长江黄河挟带泥沙的水流在一定条件下可以通过泥沙的淤积而使河床抬高，形成滩地，也可以通过水流的冲刷而使河岸坍塌，河道变形。泥沙有时可能会被紊动的水流悬浮起来形成悬移质泥沙；有时也可因水流条件的改变而下沉到河流床面，在河床上推移运动，成为推移质泥沙。当水流挟带能力更小时，推移质或悬移质泥沙还能淤积在河床上成为河床质泥沙。在河流中，悬移质，推移质泥沙和河床质泥沙间的这种不断交替变化的过程，就是河道冲刷和淤积变化的过程。冲淤演变常造成主流摆动，取水口脱流而无法取水。

当然，黄河泥沙含量高。其中水、沙过程比一般河流更加猛烈，一次洪水，一个沙峰就能造成河道的巨大变化。1986 年到 1990 年间，内蒙古昆都仑河口，主流摆动了 1.2KM。1934 年河段北移了 3 ~ 4km，而当地河面竟然还不足 1KM，可见重视河道的冲淤变化并进行正确预测，就成为取水工程建设的重要安全问题。

二、河流的一般特性

河流大致分为山区河流和平原河流两大类。对于较大的河流，其上游多为山区河道，下游多为平原河道，而上下游之间的中游河段，则兼有山区和平原河道的特性。

（一）山区河流

山区河道流经地势高峻地形复杂的山区，在其发育过程中以河流下切为主，其河道断面一般呈 V 字形或 U 字形。

在徒峻的地形约束下，河床切割深达百米以上，河槽宽仅二，三十米，宽深比一般小于 100，洪水猛涨猛落是山区河流的重要水文特点，往往一昼夜间水位变幅可达 10m 之巨，山区河流的水面比降常在 1‰以上，如黄河上游的平均比降达 10‰。由于比降大，流速高，挟沙能力强。含沙量常处在非饱和状态，有利于河流向冲刷方向发展。

（二）平原河道

平原河道按其平面形态，可分为四种基本类型，即顺直型，弯曲型，分叉型和游荡型。

1.顺直型河段

该类河流在中水时，水流顺直微弯，枯水时则两岸呈现犬牙交错的边滩，主流在边滩侧旁弯曲流动并形成深槽。

2.弯曲型河段

该型河段是平原河道最常见的河型，其特点是中水河槽具有弯曲的外形，深槽紧靠凹岸，边滩依附凸岸。弯道上的水流受重力和离心力的作用，表层水流向凹岸，底层水流向凸岸，形成螺旋向前的螺旋流。受螺旋流的作用，表层低含沙水冲刷凹岸，使凹岸崩塌并不断后退。

在长期水流作用下。弯曲凹岸的不断崩塌后退，凸岸的不断延伸，会使河弯形成 U 字型的改变。进而使两个弯顶之间距离不断缩短而形成河环，河环形成后，一旦遭遇洪水漫滩，就会在河弯发生"自然裁弯"从而使河弯处的取水构筑淤塞报废。老河湾成为与新河隔离的"牛轭湖"不过"自然裁弯"是个逐渐发展的漫长过程，像上图所示的荆江黄泥套河湾发生于 100 年前的 1906 年，而且像上述弯道的发展与消亡也不是弯曲性河道唯一的演变过程。地质条件较好的地段，河弯可长期维持稳定。

3.分汊型河道

分汊型河道亦称江心洲型河道，如南京长江八卦洲河段，其特点是中水河槽分汊，两股河道周期性的消长，在分汊河道的尾部，两股水流的汇合处，其表流指向河心，底流指向两岸，有利于边滩形成。在分汊河段建取水工程，应分析其分流分沙影响与进一步河床的演变发展。

4. 游荡型河段

其特点是中水河槽宽浅，河滩密布，汊道交织，水流散乱，主流摆动不定。河床变化迅速。像黄河花园口河段就是一个游荡型河段的示例，该河段平均水深仅 1 ~ 3m。河道很不稳定，一般不宜在该河建设取水工程，如必须在此引水，应置引水口于较狭窄的河段，或采用多个引水口的方案。

三、河弯的水流结构

（一）天然河道的平面形态

天然河道多处于弯弯相连的状态，据调查，天然河流的直段部分只占全河长的10% ~ 20%，弯道部分占河长的 80% ~ 90% 以上，所以天然河道基本上是弯曲的，在弯曲河道上布置取水工程应充分了解弯道的水流结构。

（二）弯道的水流运动

由于离心力和水流速度的平方成正比，而河道流速分布是表层大，底层小，离心力的方向是弯道凹岸的方向，因此表层水流向凹岸，使凹岸水面壅高，从而形成横比降。受横比降作用，在断面内形成横向环流。

在环流和河流的共同作用下。弯道水流的表流是指向凹岸，底流指向凸岸的螺旋流运动。螺旋流的表层水流以较大的流速对凹岸形成由上向下的淘冲力，使凹岸受到冲刷而流向凸岸的底流，因挟带大量泥沙，致使凸岸淤积。这种发展的结果便使凹岸成为水深流急的主槽，凸岸则为水浅流缓的边滩。

（三）弯曲河道的水流动力轴线

水流动力轴线又称主流线。在弯道上游主流线稍偏凸岸，进入弯道后主流线逐渐向凹岸过渡，到弯顶附近距凹岸最近成为主流的顶冲点。严格讲：主流线和顶冲点都因流量不同而有所变化。由于离心力因流速流量而异。水流对凹岸的顶冲点也会因枯水而上提。受洪水而下挫。常水位则处在弯顶左右。高浊度水设计规范中常以深泓线形式表达河道水流的动力轴线。深泓线是沿水流方向河床最大切深点的连线。也是水流动力轴线的直观表述。

为了解河势变化，常对各不同年代的深泓线绘制成套绘图，深泓线紧密的地方均可作为取水口的备选位置。

（四）弯曲河道的最佳引水点

北方河道的洪枯水量相差悬殊，枯水期引水保证率较低，一般只能够引取河道来流的25% ~ 30%，为了保证取水安全，并免于剧烈掏冲，引水口最好选在顶冲点以下距凹岸起点下游 4 ~ 5 倍河宽的地段。或在顶冲点以下 1/4 河弯处。

（五）格氏加速度

造成水面横比降的离心力系为惯性力，是维持水流运动不变的力量，地球由西向东自转，迫使整个水流作旋转运动，其向心力指向地轴，而惯性力恰好与其相反，作用在受迫旋转的物体上。在我们的北半球，如果江河沿纬线东流，向心力指向地轴，而水流的惯性力则指向南岸，换言之，正是河流南岸的约束，迫使水流迴绕地轴作旋转运动。学者们总结格氏加速度的结论是：在北半球，水流总是冲压右岸，在南半球，水流则紧压左岸。

格氏加速度提示我们，由地球自转所产生的惯性力使水流向右岸偏离，主流线一般偏向右岸，右岸引水会靠近主流。

四、河流取水的洪枯分析

（一）河流洪枯分析的必要性

现行室外给水设计规范明确指出：江、河取水构筑物的防洪标准，不应低于城市防洪标准，其设计洪水重现期不得低于100年。要求枯水位的保证率采用90%～99%。而且该条文为强制性条文，必须严格执行。这样，我们在进行取水工程设计时，就必须对河流的洪水流量。枯水流量和相应的水位等参数进行认真的计算和校核，让分析计算成果更加符合未来的水文现象实际。但江河的洪、枯流量有其自身特点。上游水库的调蓄、发电运用在很大程度上改变了河流水情。在进行频率分析计算时，必须考虑其影响。另外河流多年来的开发建设也为我们提供了许多水文特征数据，应充分利用这些数据来充实和校验我们的频率分析成果。

（二）频率分析样本的选用

取水工程频率分析计算的任务，是根据已有的水文测验数据运用数理统计原理来推断未来若干年水文特征的出现情况。这是一种由样本（水文测验数据）推算总体的预测方法。按照数理统计原理，径流成因分析和大量的水文实践验证，我国河流的枯、洪流量变化统计地符合皮尔逊Ⅲ型曲线所表达的变化规律。因此，用这种方法计算河流的洪水和枯水设计参数是适宜和合理的。给排水设计手册以较大篇幅对频率分析方法进行了详细介绍，这里不再重复。但需要指出的是，统计时所使用的样本数据必须前后一致，江河上游水库的调蓄运用，改变了流量和水位的天然时程分配，使实测水文资料的一致性遭到破坏。统计分析时，不能不加区别的笼统采用，一般情况下，要将建库后的资料如水位、流量等还原为天然情况下产生的水位和流量，使前后一致起来。才能一并进行频率分析计算。因为我们的频率分析，是由"部分"推断"全局"，由"样本"推断总体的一种预测。由于水文资料年限较短，样本较少，而预测的目标值却要达到百年或千年一遇，预期很长。因此样本的选择就会十分重要，应严格坚持前后一致的原则，否则就会因样本失真而造成失之毫厘差之千里的错误。

坚持样本条件前后一致的原则，还会遇到另一种情况，即人工调控后的水文资料年限较长，如20年到30年，可以基本满足频率分析对样本的数量要求。这时，还应当对样本的统计规律进行分析判断。

还应强调指出，频率分析并不能十分理想的解决设计洪水和枯水的一切问题，为使设计数据更加稳妥，应首先进行该河段暴雨洪水基本特性分析，了解洪水的成因、来源、组成等特性和规律，为计算成果提供依据。其次还要参照相关工程进行分析验证，使成果更加接近未来的水文实际。为此，大量搜集相关水文计算成果，进行反复参照验证也属十分必要。

五、取水构筑物位置的合理选择

在平原型，特别是多沙平原型河道上选择取水构筑物，常有河床变迁，主流脱流之虞。黄河上的许多取水口，都因对河床变迁预测不足而淤塞废弃。因此，在给水工程实践中，合理的选择取水构筑物位置，除遵循设计规范和设计手册所列的各项一般原则外，还要结合取水河段的泥沙运动规律和河道演变特点，从洪枯变化、河道走向，冲淤状况和地质地貌等方面进行综合分析判断，必要时，通过水工模型实验来最后确定。

（一）选择取水构筑物位置需收集的资料

取水构筑物的位置选择，是建立在对河段水文状况，河势变化，河相条件及工程地质资料充分分析的基础之上。为此，必须在现场勘查的基础上，搜集和占有大量的相关资料。一般来说，需搜集的资料包括下列几个方面：

1. 水文资料

（1）历年洪、枯水位及相应流量，含沙量。

（2）洪水、中水、枯水及 $p=1\%$，$p=50\%$ $p=75\%$ 及 $p=99\%$ 保证率下的相关流量、水位及其水、沙过程资料。

（3）历年逐日平均含沙量及沙峰过程资料。

（4）泥沙颗粒分析和级配资料。

（5）水位流量的相关曲线。

（6）各种流量状态（高、中、低）的水面比降记载资料。

（7）河段附近的水利工程情况（已建在建和规划）。

（8）大型水利设施建设后对河道的运用影响。

（9）历年的水温变化及冰情。

（10）历年洪、枯水位时的水质分析资料。和相关资料。

2. 河相资料

（1）水深、河宽、比降以及河道纵坡。

（2）平滩流量，相应水深和河宽。

（3）河床纵断和横断图。

（4）历年河势变化图，中弘线变迁图。

（5）历年河道平面图。

（6）河床质中粒经及其变化。

（7）河道冲淤变化的记载及相应流量、水位资料。

3. 地质资料

（1）河道地质纵断面。

（2）河道地质横断面。

（3）取水点上下游 1000m 左右有无基岩露头或防冲控制点。

4. 其他资料

（1）河段的水利工程规划，航运规划。

（2）城市和河段的洪水设防标准及防洪工程运用情况。

（3）河道险情及其工程应对措施。

（4）附近的取水工程运用情况。

（二）取水河段的冲淤变化分析

河道的冲淤变化，即河道演变是极其复杂的水、沙过程，影响因素很多。实践中通常采用以下 4 种方法进行分析研究

1. 对天然河道的实测资料进行分析。

2. 运用泥沙运动理论和河道演变原理进行计算。

3. 通过河工模型试验，对河道演变和取水构筑物工作状况进行预测。

4. 用条件相似河段的实测资料进行类比分析。

以上几种方法中，分析其天然河道资料，是最重要的方法。

（三）天然河道实测资料分析

河道冲淤变化是挟沙水流与河床相互作用的结果，影响河道演变的主要因素有来水来沙，河道比降，河床形态和地质情况等。要紧紧抓住以上因素，找出其互相联系的内在规律，并预测其冲淤发展趋势。

1. 河道平面变化

为找出其平面变化规律，应大量搜集、历年的河道地形图，河势图，根据坐标系统或控制点位置（如固定断面、永久性水准点、永久性的地形地标志等），分别加以套绘。除套绘平面图外，还可绘制横断图。这样就可分析了解河道纵、横断面形态及其冲淤变化情况。

2. 河道纵向变化

为了解河段的冲淤变化，可将河段历年测得的深泓线（或河床平均高程）绘制在同一坐标图上，便可得到其纵向冲淤变化情况。

根据历年水位、流量实测资料，做同一流量的水位过程线，可以得到历年河床的冲淤变化。特别是对枯水期历年的水位变化分析。一般来说，枯水期河床是比较稳定的，如果在相同枯水流量下水位发生变化，说明河床必有所变化。

3. 来水来沙情况分析

来水来沙条件是影响河道变形演变的主要因素，应进行详细分析以寻求冲淤变化的原因和规律。

4. 河床地质资料分析

河床地质资料是影响冲淤变化的又一重要因素。当河床由松散沙质组成时，河床不太稳定，其变化会比较剧烈；当河床由较难冲刷的土质构成时，河道演变就比较缓慢，河床比较稳定。在分析河床地质情况时，要依据地质钻探资料绘制地质剖面图。

在分析了以上 4 方面资料后，再根据河道演变的基本原理进行由此及彼的综合分析，便可基本预测出其演变的发展趋势，从而为取水构筑物的选择提供依据。

（四）黄河取水位置选择的几个条件

新版室外给水工程设计规范对取水构筑物的位置的选择做了比较详细的规定，除遵守这些规定外，鉴于黄河主流摆动，水、沙危害，河道冰情以及冲刷强烈的特点，取水工程建设还要重点考虑以下七项条件：

1. 取水河段应主流稳定，取水口位置要靠近主流。而且取水口水位的洪枯变化都不应对水质水量产生明显影响。

2. 河段有支流汇入时，取水口应选择在支流汇入的影响范围之外

黄河宁蒙河段的水、沙特点是水少沙多，汛期支流常有高含沙水洪水发生，挟带大量泥沙的支流洪水汇入黄河后，会因水面开阔，流速突然降低而发生泥沙的大量沉积，形成洪积扇形沙坝而堵塞取水口，甚至堵塞整个河道。1963 年和 1989 年内蒙古包钢取水口附近，都有以上情况发生。1989 年黄河支流的西柳沟的一次高含沙水流，在西柳沟河口的黄河河床上形成了 1km 长，4m 高的沙坝，坝体堆积泥沙 3000 万吨，使昭君坟水位抬升 2.18m，比 1981 年洪峰流量为 5450m³/s 时的水位还高出 0.52m，回水影响 70km，历时 25 天，沙坝才逐渐冲开。这次的沙坝使包钢水源地的两个取水口全部淤堵，严重影响了包钢生产和包头市供水。据记载，西柳沟在有资料记录的 30 年间已发生过 7 次类似沙坝，对取水构筑物危害严重。因此，在选择取水口必须避免支流汇入对取水口的影响。

3. 取水口应选在冰水分层且浮冰能顺流而下的河段

宁蒙河段均有流凌情况发生，取水口合理的选择，应是流冰能自行顺流而下，取水而不取冰的位置。在水流湍急的河段，大量冰花杂于水中，常在取水口栅栏上结成冰障，甚至阻塞取水窗口。给运行带来不利影响，为此，取水口应选在水流平稳，冰水可自然分层，浮冰可自行排除的河段。一般流速 v>1.8m/s 时，水花可在水层中上下跃移，当 v<0.7m/s 时则可游出水面下游。

4. 取水口应选在工程地质条件良好的河段

黄河含有大量泥沙，其冲刷能力很强，冲刷深度较大，在沙质和沙卵石河床上，一般冲刷深度约为 15m ~ 20m，如石嘴山电厂取水口附近，其冲刷深度为 19.6m，郑州铝厂取水口，冲深为 21m。如果取水口设在抗冲能力较强的基岩上，取水口的埋深就可大大降低。

5. 取水口可选在河道比较顺直没有分叉的河段

一般顺直而没有分叉的河段，其演变规律是宽——窄——宽，不致发生主流绕过取水点另辟新河的河势变化，因此，把取水构筑物设置在河宽较窄，流速较大，主流靠近岸边的一侧，其主流脱流一般不会发生。至于该河道是否相对稳定，则可根据河流稳定性指标 ZW 来判定，如前所述 Zw 值越小，河道越不稳定，当 z>15 时，河道则相对稳定。

6. 尽量选在弯曲河段凹岸的下游

河流在弯道处会形成明显的横向环流，在主导流行和横向环流作用下，水流将以螺旋流的形式向下游推进。从弯道起点开，在 4 ~ 5 倍于河宽的弯道下游螺旋流的强度最大，这里水流集中，水深也最大。由于环流的作用，含沙量较低的表层水向凹岸集中，而含沙量较大的深层水则流向凸岸，其分沙效果也十分明显，黄河上的许多取水构筑物，包扩下游的大型引水口，都充分利用了这一特点，收到较好的引水和防沙效果。如山东打渔张引水口。

打渔张引水口闸位于博兴王旺庄。该处河宽 400 ~ 500mm。引水闸建在弯道顶点下游的 500 ~ 700m 处，引水闸中线和低水位时的水流方向夹角（引水角）为 40 度，该闸自 1956 年建成以来，河势稳定，主流近岸。在洪、中、枯各种流量状况下，都能顺利引水。闸前也未曾发生严重淤积。

弯道凹岸的顶冲点常随河水流量的减少增大而'上提下挫'即落水上提，涨水下挫，选择取水口位置应对上提下挫的分布范围有一定计算了解。

7. 选在河势控制节点附近

河段内常因有基岩露头或耐冲刷的胶泥咀而形成河势控制的节点，在节点的一定范围内，河势稳定而无明显冲淤变形。特别是基岩露头之处，其主流稳定，距岸较近，常常是设置取水口的理想地点。在现场踏勘和资料分析时应予充分注意。

第四节　水源涵养、保护和人工补源工程

一、水源涵养

水源涵养，是指养护水资源的举措。一般可以通过恢复植被、建设水源涵养区达到控制土壤沙化、降低水土流失的目的。

水源涵养、改善水文状况、调节区域水分循环、防止河流、湖泊、水库淤塞，以及保护可饮水水源为主要目的的森林、林木和灌木林。主要分布在河川上游的水源地区，对于调节径流，防止水、旱灾害，合理开发、利用水资源具有重要意义。水源涵养能力与植被类型、盖度、枯落物组成、土层厚度及土壤物理性质等因素密切相关。

水源涵养林，用于控制河流源头水土流失，调节洪水枯水流量，具有良好的林分结构和林下地被物层的天然林和人工林。水源涵养林通过对降水的吸收调节等作用，变地表径流为壤中流和地下径流，起到显著的水源涵养作用。为了更好地发挥这种功能，流域内森林需均匀分布，合理配置，并达到一定的森林覆盖率和采用合理的经营管理技术措施。

（一）作用

森林的形成、发展和衰退与水分循环有着密切的关系。森林既是水分的消耗者，又起着林地水分再分配、调节、储蓄和改变水分循环系统的作用。

1. 调节坡面径流

调节坡面径流，削减河川汛期径流量。一般在降雨强度超过土壤渗透速度时，即使土壤未达饱和状态，也会因降雨来不及渗透而产生超渗坡面径流；而当土壤达到饱和状态后，其渗透速度降低，即使降雨强度不大，也会形成坡面径流，称过饱和坡面径流。但森林土壤则因具有良好的结构和植物腐根造成的孔洞，渗透快、蓄水量大，一般不会产生上述两种径流；即使在特大暴雨情况下形成坡面径流，其流速也比无林地大大降低。在积雪地区，因森林土壤冻结深度较小，林内融雪期较长，在林内因融雪形成的坡面径流也减小。森林对坡面径流的良好调节作用，可使河川汛期径流量和洪峰起伏量减小，从而减免洪水灾害。

2. 调节地下径流

调节地下径流，增加河川枯水期径流量。中国受亚洲太平洋季风影响，雨季和旱季降水量十分悬殊，因而河川径流有明显的丰水期和枯水期。但在森林覆被率较高的流域，丰水期径流量占 30 ~ 50%，枯水期径流量也可占到 20% 左右。森林增加河川枯水期径流量的主要原因是把大量降水渗透到土壤层或岩层中并形成地下径流。在一般情况下，坡面径流只要几十分钟至几小时即可进入河川，而地下径流则需要几天、几十天甚至更长的时间缓缓进入河川，因此可使河川径流量在年内分配比较均匀。提高了水资源利用系数。

3. 水土保持功能

水源林可调节坡面径流，削减河川汛期径流量。

一般在降雨强度超过土壤渗透速度时，即使土壤未达饱和状态，也会因降雨来不及渗透而产生超渗坡面径流；而当土壤达到饱和状态后，其渗透速度降低，即使降雨强度不大，也会形成坡面径流，称过饱和坡面径流。但森林土壤则因具有良好的结构和植物腐根造成的孔洞，渗透快、蓄水量大，一般不会产生上述两种径流；即使在特大暴雨情况下形成坡面径流，其流速也比无林地大大降低。在积雪地区，因森林土壤冻结深度较小，林内融雪期较长，在林内因融雪形成的坡面径流也减小。森林对坡面径流的良好调节作用，可使河川汛期径流量和洪峰起伏量减小，从而减免洪水灾害。结构良好的森林植被可以减少水土流失量 90% 以上。

4. 滞洪和蓄洪功能

河川径流中泥沙含量的多少与水土流失相关。水源林一方面对坡面径流具有分散、阻滞和过滤等作用；另一方面其庞大的根系层对土壤有网结、固持作用。在合理布局情况下，还能吸收由林外进入林内的坡面径流并把泥沙沉积在林区。

降水时，由于林冠层、枯枝落叶层和森林土壤的生物物理作用，对雨水截留、吸持渗入、蒸发，减小了地表径流量和径流速度，增加了土壤拦蓄量，将地表径流转化为地下径流，从而起到了滞洪和减少洪峰流量的作用。

5. 枯水期的水源调节功能

中国受亚洲太平洋季风影响，雨季和旱季降水量十分悬殊，因而河川径流有明显的丰水期和枯水期。但在森林覆被率较高的流域，丰水期径流量占 30 ~ 50%，枯水期径流量也可占到 20% 左右。森林能涵养水源主要表现在对水的截留、吸收和下渗，在时空上对降水进行再分配，减少无效水，增加有效水。水源涵养林的土壤吸收林内降水并加以贮存，对河川水量补给起积极的调节作用。随着森林覆盖率的增加，减少了地表径流，增加了地下径流，使得河川在枯水期也不断有补给水源，增加了干旱季节河流的流量，使河水流量保持相对稳定。森林凋落物的腐烂分解，改善了林地土壤的透水通气状况。因而，森林土壤具有较强的水分渗透力。有林地的地下径流一般比裸露地的大。

6. 改善和净化水质

造成水体污染的因素主要是非点源污染，即在降水径流的淋洗和冲刷下，泥沙与其所携带的有害物质随径流迁移到水库、湖泊或江河，导致水质浑浊恶化。水源涵养林能有效地防止水资源的物理、化学和生物的污染，减少进入水体的泥沙。降水通过林冠沿树干流下时，林冠下的枯枝落叶层对水中的污染物进行过滤、净化，所以最后由河溪流出的水的化学成分发生了变化。

7. 调节气候

森林通过光合作用可吸收二氧化碳，释放氧气，同时吸收有害气体及滞尘，起到清洁空气的作用。森林植物释放的氧气量比其他植物高 9 ~ 14 倍，占全球总量的 54%，同时通过光合作用贮存了大量的碳源，故森林在地球大气平衡中的地位相当重要。林木通过抗御大风可以减风消灾。另一方面森林对降水也有一定的影响。多数研究者认为森林有增水的效果。森林增水是由于造林后改变了下垫面状况，从而使近地面的小气候变化而引起的。

8. 保护野生动物

由于水源涵养林给生物种群创造了生活和繁衍的条件，使种类繁多的野生动物得以生存，所以水源涵养林本身也是动物的良好栖息地。

（二）营造技术

包括树种选择、林地配置、经营管理等内容。

1. 树种选择和混交

在适地适树原则指导下，水源涵养林的造林树种应具备根量多、根域广、林冠层郁闭度高（复层林比单层林好）、林内枯枝落叶丰富等特点。因此，最好营造针阔混交林，其中除主要树种外，要考虑合适的伴生树种和灌木，以形成混交复层林结构。同时选择一定比例深根性树种，加强土壤固持能力。在立地条件差的地方，可考虑以对土壤具有改良作用的豆科树种作先锋树种；在条件好的地方，则要用速生树种作为主要造林树种。

2. 林地配置与整地方法

在不同气候条件下取不同的配置方法。在降水量多、洪水为害大的河流上游，宜在整个水源地区全面营造水源林。在因融雪造成洪水灾害的水源地区，水源林只宜在分水岭和山坡上部配置，使山坡下半部处于裸露状态，这样春天下半部的雪首先融化流走，上半部林内积雪再融化就不致造成洪灾。为了增加整个流域的水资源总量，一般不在干旱半干旱地区的坡脚和沟谷中造林，因为这些部位的森林能把汇集到沟谷中的水分重新蒸腾到大气中去，减少径流量。总之，水源涵养林要因时、因地、因害设置。水源林的造林整地方法与其他林种无重大区别。在中国南方低山丘陵区降雨量大，要在造林整地时采用竹节沟整地造林；西北黄土区降雨量少，一般用反坡梯田（见梯田）整地造林；华北石山区采用"水平条"整地造林。在有条件的水源地区，也可采用封山育林或飞机播种造林等方式。

3. 经营管理

水源林在幼林阶段要特别注意封禁，保护好林内死地被物层，以促进养分循环和改善表层土壤结构，利于微生物、土壤动物（如蚯蚓）的繁殖，尽快发挥森林的水源涵养作用。当水源林达到成熟年龄后，要严禁大面积皆伐，一般应进行弱度择伐。重要水源区要禁止任何方式的采伐。

二、水资源保护区的划分与防护

（一）水源保护区

水源保护区，是指国家对某些特别重要的水体加以特殊保护而划定的区域。1984年的《中华人民共和国水污染防治法》第12条规定，县级以上的人民政府可以将下述水体划为水源保护区：生活饮用水水源地、风景名胜区水体、重要渔业水体和其他有特殊经济文化价值的水体。其中，饮用水水源地保护区包括饮用水地表水源保护区和饮用水地下水源保护区。

（二）水资源保护区的等级划分

1. 划分原则

（1）必须保证在污染物达到取水口时浓度降到水质标准以内。

（2）为意外污染事故提供足够的清除时间。

（3）保护地下水补给源不受污染。

2. 划分方法

我国水源保护区等级的划分依据为对取水水源水质影响程度大小，将水源保护区划分为水源一级、二级保护区。

结合当地水质、污染物排放情况将位于地下水口上游及周围直接影响取水水质（保证病原菌、硝酸盐达标）的地区可划分为水源一级保护区。

将一级水源保护区意外的影响补给水源水质，保证其他地下水水质指标的一定区域划分为二级保护区。

（三）水资源保护区的生态补偿机制实施的影响因素对策

1. 生态补偿机制在水资源保护区的重要性

（1）有利于促进水资源保护区的生态文明建设

生态文明兴起源于人类中心主义环境观指导下，是对人类与自然的矛盾的正面解决方式，反映了人类用更文明而非野蛮的方式来对待大自然、努力改善和优化人与自然关系的理念。党的十八大把生态文明建设提升到建设中国特色社会主义事业总体布局的高度，提出建设生态文明，打造美丽中国，实现中华民族永续发展。南宁市在水资源保护区中实现生态补偿机制响应了国家的政策需要，同时也是为了最大限度的实现南宁市水资源的保护。建立生态补偿机制有利于推动南宁市水资源保护工作，推进水资源的可持续利用，加快环境友好型社会建设，实现不同地区、不同利益群体的公平发展、和谐发展，有利于促进我国生态文明的建设。

（2）推进水资源保护区综合治理中问题与矛盾的解决

水资源保护区的生态补偿是指为恢复、维持和增强水资源生态系统的生态功能，水资源受益者对导致水资源生态功能减损的水资源开发或利用者征收税费，对改善、维持或增强水资源生态服务功能而做出特别牺牲者给予经济和非经济形式补偿的制度，是一种保护水资源生态环境的经济手段，是生态补偿机制在水资源保护中的应用，集中体现了公正、公平的价值理念，也是肯定水资源生态功能价值的一种表现。南宁市的水资源保护区补偿机制的建立，一方面可以将水资源保护区源头治理保护的积极性调动起来，使优质水源得到有效保障；另一方面还能有效缓解水资源地区治理保护费用不足的现象，使得社会经济的高速发展与保护生态环境之间不断加深的矛盾得到有效改善。

2.影响生态补偿机制实施的因素

（1）资源利用率很低，开发利用难以实现

水资源目前利用不合理是最大的问题，开发利用的可能性在不断的被简化，同时在我市的水资源利用的过程中出现了分配不均的问题，主要的体现在水资源利用的过程中由于分配问题导致特殊地区的水资源供给不足，给我市的居民生活以及城市绿化，工业生产带来的一定的影响，能够再次开发利用的机会相对比较缺乏，开发技术也难以实现社会的需求。

（2）水资源浪费、污染严重

据粗略的统计，我市每年有45万吨含有化学元素氮、磷等成分的污染物流入河中，这给水资源的浪费以及污染造成很大的影响，在水资源利用的过程中，出现的生活浪费、工业污染排放的现象特别的严重，这就在很大程度上造成了水资源的浪费以及污染，为我们的资源保护带来了很大的困惑，但是目前的污染治理以及减少浪费的观念在人们的意识中还不是十分的重视，很多人认为水资源是无穷的，可以随便的浪费，但是目前我市以及我国的水位在逐年的下降，如果不能得到很好的治理，就难以保护我们的水资源。这将对我们子孙后代的生活造成严重的影响。

（3）生态补偿机制不够完善

目前我市虽然已经建立了生态补偿机制，但是在科学化的管理上缺乏完善性，虽然在我市的水资源救治中能够实现生态补偿机制的优化发展，能够有效的保证我市的水资源保护，但是目前的生态补偿机制在实用性以及合理性上十分的欠缺，主要表现在机制的模式化受到一定的局限，无法实现机制中的构想，难以落实水资源的保护。生态补偿机制的缺陷严重的阻碍了我市的水资源利用以及再发展，政府要在硬性指标问题上增加对于我市生态补偿机制的建立以及完善，实现水资源的保护。

3.生态补偿机制实施对策

（1）建立科学合理的补偿标准

完善水资源补偿机制的统一管理能够最大限度的体现生态保护，实现保护标准的合理化，在我市的水资源保护机制中能够体现的补偿标准就是最大限度的实现政府与水源机构在意识上的一致性，同时要在水源的保护上体现科学性的管理模式，能够给我市的水资源补偿提供更多的便利。当然在不同的地区需要对补偿的机制的标准进行适当的调整，实现生态补偿的最大化以及合理化。

（2）扩大资金补偿范围

我市目前充分遵循了"谁保护谁受益""谁改善谁得益""谁贡献大谁多得益"的基本原则，使得生态环保财力转移支付制度得到进一步加强，从而充分激发各地积极保护环境的意识。在补偿时，不应该只包括流域污染治理成本，同时还应当包括因保护生态环境而丧失发展机会的成本。并且还要加大投入对水资源的补偿资金，使得补偿范围向调整产业结构、退耕还林工作、对环境污染的日常防止管理以及直接补偿生态环境保护者等方面拓展。

（3）探索建立"造血型"生态补偿机制

为使得我市居民收入水平得到有效提高，因此在我市的生态保护建设工程中添加生态补偿项目，并鼓励我市居民积极承担建设和保护生态的工程项目。在这些区域内，进一步加强特色优势产业的扶持，如生态农业林业、生态旅游业以及对可再生能源的开发利用等。同时，探索并利用一些优惠政策，如银行金融信贷、财政投资的补贴以及减免税费等，使得特色产业在满足当地环境资源承载能力下持续发展壮大的情况下，有效促进地方政府的税收和居民就业。同时还可以进行"异地补偿性开发"试点，建立"飞地经济"，增强上游地区经济实力，促进公平发展，和谐发展。

（4）建立起公平合理的激励机制

生态补偿也是一种利益分配。所以，要使得利益变得均衡，在依靠行政手段的同时，还需凭借一定市场机制以及公众的广泛参与。水资源上下游的利益从长远来看是一致的，是"唇齿相依"的关系。因而，不能片面地将生态补偿看成水资源现状受惠，应当看成是在水资源生态受益过程中对生态环境保护的一种补偿。从试点实施来看，当前，南宁市仍然采取的是政府主导和市场调节的方式来进行生态补偿。为此，我们需要从市场经济角度进一步探索，使得全流域经济一体化得到有效推进，同时还要实现市场开放范围得到一定的扩大，以便实现区域经济融合互补得到进一步加强，实现上下游资源的共享，发挥出流域整体最佳的生态优化服务目标。

三、人工补源回灌工程

（一）人工回灌及其目的

所谓地下水人工补给（即回灌），就是将被水源热泵机组交换热量后排出的水再注入地下含水层中去。这样做可以补充地下水源，调节水位，维持储量平衡；可以回灌储能，提供冷热源，如冬灌夏用，夏灌冬用；可以保持含水层水头压力，防止地面沉降。所以，为保护地下水资源，确保水源热泵系统长期可靠地运行，水源热泵系统工程中一般应采取回灌措施。

目前，尚无回灌水水质的国家标准，各地区和各部门制订的标准不尽相同。应注意的原则是：回灌水质要好于或等于原地下水水质，回灌后不会引起区域性地下水水质污染。实际上，水源水经过热泵机组后，只是交换了热量，水质几乎没发生变化，回灌不会引起地下水污染，但是存在污染水资源的风险。

（二）回灌类型及回灌量

根据工程场地的实际情况，可采用地面渗入补给，诱导补给和注入补给。注入式回灌一般利用管井进行，常采用无压（自流）、负压（真空）和加压（正压）回灌等方法。无压自流回灌适于含水层渗透性好，井中有回灌水位和静止水位差。真空负压回灌适于地下水位埋藏深（静水位埋深在 10m 以下），含水层渗透性好。加压回灌适用于地下水位高，透水性差的地层。

回灌量大小与水文地质条件、成井工艺、回灌方法等因素有关，其中水文地质条件是影响回灌量的主要因素。一般说，出水量大的井回灌量也大。

（三）地下水管井回灌方式分类

由于地下水源热泵工程所在地区的水文地质条件和工程场地条件各不相同，实际应用的人工回灌工程方式也有所不同，各种方式的特点、适用条件和回灌效果各不同。

1. 同井抽灌方式

（1）同井抽灌方式是指从同一眼管井底部抽取地下水，送至机组换热后，再由回水管送回同一眼井中。回灌水有一部分渗入含水层，另一部分与井水混合后再次被抽取送至机组换热，形成同一眼管井中井水循环利用。

（2）同井抽灌方式适合于地下含水层厚度大，渗透性好，水力坡度大，径流速度快的地区。

（3）同井抽灌方式的优点是节省了地下水源系统的管井数量，减少了一部分水源井的初投资。

（4）同井抽灌方式的缺点是，在运行过程中，一部分回水和一部分出水发生短路现象，两者混合形成自循环，对水井出水温度影响很大。冬季供暖运行时，井水出水温度逐渐降低，夏季制冷运行时，井水出水温度逐渐升高。

2. 异井抽灌方式

（1）异井抽灌方式是指从某一眼管井含水层中抽取地下水，送至机组换热后，由回水管送至另一眼管井回灌到含水层中，从而形成局部地区抽灌井之间含水层中地下水与土壤热交换的循环利用系统。

（2）异井抽灌方式适合的水文地质条件比同井抽灌方式的范围宽。

（3）异井抽灌方式的优点是回灌量大于同井回灌。抽灌井之间有一定距离，回水温度对供水温度没有影响，不会导致机组运行效率下降，因而运行费用比同井抽灌方式低。冬季和夏季不同季节运行时，抽灌井可以切换使用。

（4）异井抽灌方式的缺点是增加了地下水源系统的管井数量，增加了水源井的初投资。

（四）产生回灌不畅的原因

无论采用同井或异井哪种回灌方式，由于目前在很多地区采用的回灌方式均为自流回灌，因此往往会产生回灌不畅的问题，以下对产生回灌不畅的原因进行分析。

由于地下水具有一定的压力、受透水层阻力影响，抽取容易，回灌慢。地下水含矿物质、微生物，在抽取回灌过程，由于管井并非密闭加压回灌方式，水在从地下抽取过程中，含氧量也发生了变化，经物理反应，产生气泡含发黏的胶状物，由井内向地层渗透时黏结堵塞了虑水管间隙，透水率降低，就出现回灌不下去的现象。其原因主要是回灌井结构及成井工艺问题：抽水时地下水从地下含水层经砾料、虑水管进入井内被抽出。滤料、滤水管起到很好的过滤作用。而回灌时水从井管内经滤水管、砾料向地层渗透，如果回灌井还按照抽水井结构及成井工艺，回灌井中胶状发黏物，被过滤黏结堵塞了透水间隙。所以原来普遍使用的给水井抽水井结构，不适应作为回灌井。另外片面强调水井抽取量，而过量开采，动水位（降深值）增大，粉细纱抽入井内或堆积水井周围抽取的水中含砂量超标，影响降低透水率，所以在第四系地层取水，必须按照当地水文地质条件。水位降深值（动水位）不超过 15m，含砂量少于 1/20 万，否则影响水井使用寿命，逐年降低出水量，严重者造成地面下沉，附近建筑物受到影响。

抽水井于回灌井的数量比例：视回灌井在当地水文地质条件下的最大回灌量，由以下诸因素决定：

1. 静水位埋深。

2. 含水地层状况、埋深及厚度。

3. 成井结构。

4. 成井施工工艺过程等。

（五）避免回灌不畅的方式

1. 钻井设备的选择

成井钻孔主要有两类：

（1）冲击钻成井工艺简单，成本费用少，只在卵石较大地区适用，但是出水量，透水率受影响。

（2）回转钻钻井成本费用高，适合在颗粒较小地层钻进，在大颗粒的卵石层钻进慢，成井质量好，只要严格按照完善的成井工艺要求。出水量透水率，水位降深值明显优于冲击钻成井。

2. 采用合理的管井结构

（1）抽水井：采用双层管结构，内井管用于抽水，外井管有透水井笼。工作原理是：由于地下水位的降低，上部原含水层已基本疏干，地层结构松散，具有很好的透水性。由内外管之间回灌，经透水管笼向地层渗透，为了保证抽水温度回灌水不允许回到内井管，必须有止回水料，特制的回灌井笼具有强度高，抗挤压不变形，透水性强、阻力小等特点回灌水中的发黏胶状物不黏结堵塞，能顺利通过回到地下。用此节构的水井还能起到一定辅助回灌量。

（2）回灌井：采用特制的回灌管笼，笼式结构与传统给水管井透水结构相比，由于其透水率高，阻力小。回灌渗透快，回灌水中的发黏胶状物堵塞不了透水间隙，达到回灌迅速畅通。

3. 回扬

为预防和处理管井堵塞还应采用回扬的方法，所谓回扬即在回灌井中开泵抽排水中堵塞物。每口回灌井回扬次数和回扬持续时间主要由含水层颗粒大小和渗透性而定。在岩溶裂隙含水层进行管井回灌，长期不回扬，回灌能力仍能维持；在松散粗大颗粒含水层进行管井回灌，回扬时间约一周 1 ~ 2 次；在中、细颗粒含水层里进行管井回灌，回扬间隔时间应进一缩短，每天应 1 ~ 2 次。在回灌过程中，掌握适当回扬次数和时间，才能获得好的回灌效果，如果怕回扬多占时间，少回扬甚至不回扬，结果管井和含水层受堵，反而得不偿失。回扬持续时间以浑水出完，见到清水为止。对细颗粒含水层来说，回扬尤为重要。实验证实：在几次回灌之间进行回扬与连续回灌不进行回扬相比，前者能恢复回灌水位，保证回灌井正常工作。

4. 井室密闭

采用合理的井室装置，对井口装置进行密闭，减少水源水含氧量增加的概率，最大限度的保障回灌效果。

第五节　污水资源化利用工程

一、污水资源化的内涵和意义

我国是发展中国家，虽然地域辽阔，资源总量大，但人口众多，人均资源相对较少，尤其是水资源短缺，且污染严重。随着工农业生产迅速发展，人口急剧增加，产生大量生产生活废水，既污染环境，又浪费资源，对工农业生产和人民群众的日常生活产生不利影响，使本来就短缺的水资源雪上加霜。我国属世界 12 个最贫水国家之一，人均水资源只有世界人均占有量的 1/4，全国有近 80% 城市缺水，每年因缺水而造成的经济损失达 1200 亿元。水资源短缺已成为我国经济发展的限制因素，因此实现污水资源化利用以缓解水资源供需矛盾，促进我国经济的可持续发展显得十分重要。

污水资源化是指将工业废水、生活污水、雨水等被污染的水体通过各种方式进行处理，净化，使其水质达到定标准，能满足一定的使用目的，从而可作为一种新的水资源重新被利用的过程。污水资源化的核心是"科学开源、节流优先、治污为本"。对城市污水进行再生利用是节约及合理利用水资源的重要且有效途径，也是防止水环境污染及促进人类可持续发展的一个重要方面，它是水资源良性社会循环的重要保障措施，代表着当今的发展潮流，对保障城市安全供水具有重要的战略意义。

二、污水资源化的实施可行性

随着地球生态环境的日益恶化和人口的快速增长，世界范围内水资源的短缺和破坏状况日益严重。由于污水再生回用不仅治理了污水，同时可以缓解部分缺水状况，因此目前许多国家和地区都积极地开展污水资源化技术的研究与推广，尤其是在水资源日益匮乏的今天，污水再生回用技术已经引起人们的高度重视。

（一）污水回用技术成熟

污水回用已有比较成熟的技术，而且新的技术仍在不断出现。从理论上说，污水通过不同的工艺技术加以处理，可以满足任何需要。目前国内外有大量的工程实例，将污水再生回用于工业、农业、市政杂用、景观和生活杂用等，甚至有的国家或地区采用城市污水作为对水质有更高要求的水源水，例如南非的温德霍克市和美国丹佛市已将处理后的污水用作生活饮用水源，将合格的再生水与水库水混合后，经过净水处理送入城市自来水管网，供居民饮用，运行数十年没有出现任何危害人体健康的问题。

（二）水源充足

城市污水厂的建设为污水再生回用提供了充足的源水，而且，污水处理能力还在不停增加，为城市污水再生回用创造了良好的条件，可以保证再生水用量及水质的需求。

（三）国内外制订了相关的标准，保障使用安全

目前国内外制订了一些针对污水再生回用的规范和水质标准，例如 1989 年世界卫生组织颁布的《污水回用于农业的微生物含量标准》，1992 年美国环保局的《水回用手册》，我国于 1989 年颁布的《生活杂用水水质标准》(CJ25.1-89)，以及中国工程建设标准化协会于 1995 年颁布的《污水回用设计规范》，对于绿化、道路浇洒等市政用水和循环冷却水、景观河道补水水质标准均做出了明确的要求。所有这些标准和规范为我们提供了借鉴的依据。但是，随着越来越多污水回用工程的实施，国内原有的一些标准已经不能满足实际的需求。可喜的是，现在我国已经开始着手制订有关污水回用的国家标准，国家标准的颁布，将为开展污水再生回用工程提供最权威的法律依据。

（四）公众心理接受程度日趋提高

由国内外的抽样调查来看，人们对于不与人体直接接触的各种杂用水普遍持赞成态度。据北京市政设计院调查，作为冲洗厕所、喷洒绿地等杂用水的接受率均超过 90%。

在美国，除了对作为浇洒高尔夫球场或工业用水的接受率超过 90% 之外，对处理后回用于生活饮用和烹饪的接受率仍高达 40% ~ 50%。同时从调查中显示，人们的承受力与文化层次、对水质的了解、工作性质等有一定的关系。随着我国水处理技术的发展和舆论的正确宣传和引导，人们对污水回用的接受率将越来越高。

三、污水资源化的原则

（一）可持续发展原则

污水资源化利用既要考虑远近期经济、社会和生态环境持续协调发展，又要考虑区域之间的协调发展；既要追求提高再生水资源总体配置效率最优化，又要注意根据不同用途、不同水质进行合理配置，公平分配；既要注重再生水资源和自然水资源的综合利用形式，又要兼顾水资源的保护和治理。

（二）综合效益最优化原则

再生水资源与其他形式水资源的合理配置，应按照"优水优用，劣水劣用"的原则，科学地安排城市各类水源的供水次序和用户用水次序，最终实现再生水资源的优化配置，使水资源危机的解决与经济增长目标的冲突降至最低，从而取得经济增长和水资源保护的双赢。

（三）就近回用原则

根据污水处理厂所在地理位置、周边地区的自然社会经济条件，选择工业企业、小区居民、市政杂用和生态环境用水等方式，再生水回用采取就近原则，这样可以减轻对长距离输送管网的依赖和由此产生的矛盾。

（四）先易后难集中与分散相结合原则

优先发展对配套设施要求不高的工业企业冷却洗涤用水回用，优先发展生态修复工程。一方面鼓励进行大规模污水处理和再生，另一方面鼓励企业和新建小区，采用分散处理的方法，进行分散化的污水回用，积极推进再生水资源在社会生活各方面的使用。

（五）确保安全原则

以人为本，彻底消除再生水利用工程的卫生安全隐患，保障广大市民的身体健康。再生水作为市政杂用水利用，必须进行有效的杀菌处理；再生水回灌城市景观河道，除满足相关水质标准的要求外，还考虑设置生态缓冲段，利用生态修复和自然净化提高再生水的水质，改善回灌河道的水环境质量。

四、我国污水回用事业的历史与现状

我国对城市污水处理与利用的研究，早在1958年就被列入国家科研课题。60年代，由于当时城市化程度较低，污水处理及利用停留在一级处理后灌溉农田的水平。利用污水灌溉，其水源成本低、植物有效利用废水中含有的营养物质，当时有所丰产。但未经妥善处理的污水灌溉可能使其中的溶解物质在作物中形成毒物积累，对蔬菜及其他农产品的质

量造成危害。事实上，若利用污水灌溉，应采用二级处理并经清水稀释，配合相应的施肥、灌溉措施，用于指定作物的灌溉。这样既可以解决干旱季节或地区的农业灌溉问题，又在保证灌溉安全的前提下，充分利用了污水资源。

到了 70 年代，我国每天产生 $4000 \times 104m^3$ 污水，开始着手进行水污染防治。当时将重点放在工业废水污染的控制上，提出了"三同时"的方针，但处理率不过 1% ~ 2%。"六五"期间进行了城市污水以回用为目的的污水深度处理小试，工作重点主要停留在开发单元技术上。这时开发的深度处理技术如传统的絮凝沉淀消毒工艺等，为以后污水回用工程的实践提供了理论依据。

80 年代初，我国污水产生量为 $6000 \times 104m^3/d$，处理率 1.5% ~ 3%。"七五""八五"期间，在北方缺水的大城市如青岛，大连，太原，北京，天津，西安等相继开展了污水回用于工业与民用的试验研究。中国市政工程东北设计院与大连市排水处经过了"六五""七五""八五"三个五年的技术攻关后，对大连春柳污水厂进行技术改造，建成 $1 \times 104m^3/d$ 回用水量的深度处理示范工程。1992 年投产运行，回用水质长期稳定，浊度 <5 度，BOD5<10mg/L，CODcr<50mg/L。出水供给附近的大连红星化工厂为工业冷却水，并为热电厂、染料厂等企业提供了稳定的水源，解决了各厂因缺水而停产的问题，开创了城市污水作为城市第二水源的事业，树立了城市污水回用于工业的典范，为国家的回用水示范工程。

住宅小区、大厦、机关大院的污水回用系统称为中水道。日常生活中不直接接触人体的各种杂用水约占生活用水量的一半以上，也就是说，在保证同样生活质量的前提下，采用中水道系统，可以节省清洁的自来水 30% ~ 50%，这对于缓和我国北方干旱半干旱城市的水资源紧张的矛盾具有很现实的意义。针对这种情况，北京市环保所于 1984 年底在所内建成一座 $120m^3/d$ 规模的中水道试点工程，几年来运行效果良好。该工程由污水收集、净化处理及回用水输配水管线三部分组成，回用水作为冲洗厕所、浇灌绿地、冲洗汽车的杂用水源水。为所外三座居民楼和一所幼儿园共约 800 人口的生活污水出水，可以达到日本暂行的中水回用水质标准。由于采用了中水道系统，每年的节水率可达 48% 左右，在夏季用水高峰期更具特殊意义。经过对北京西客站等的中水道设计运行，已经形成了我国较为成熟的小规模中水道技术。但应指出，小区、大厦中水系统由于其单元规模小、成本核算高、运行操作复杂等因素，常常不能稳定运行。已出现多处此类中水系统建成后短期内便停运的现象。因此，将小区、大厦中水系统纳入城市污水回用大系统成为城市或区域中水道，其经济效益、管理水平会有大幅度提高。

90 年代中叶之后，国务院开始了包括治理三河（淮河、海河、辽河），三湖（滇池、太湖、巢湖）在内的绿色工程计划。尽管如此，2000 年底我国城市废水处理率也仅为 14.5%，主要水系的水质仍没有达到其功能的要求，约有 40% 以上的河段仍处于 V 类或劣 V 类的状态。点源处理与达标排放的策略已经由环境整体恶化的事实证明了其局限性。因此，90 年代以来，我国的污水处理与回用趋向于城市水污染控制与利用的整体考虑。

天津市采用由国家"七五"课题"城市污水资源化研究"所预测的 26 万 m³/d 污水回用量作为规划的总控制目标，解决经济发展带来的水的供需矛盾。其中，绿化用水 10.4 万 m³/d；冷却用水 11 万 m³/d；喷洒马路用水 3 万 m³/d。其中用水量最大的为冷却用水。回用水为工业用水提供了经济稳定的水源。如纪庄子污水厂回用系统建成后，回用水作为 27 家工业企业用户的常用水源，原水源作为补充水源，回用水首先替代河水，其次是自来水，再次是井水。

北京市污水利用始于 50 年代初期的农业灌溉。到 1997 年统计，农业灌溉取用污水量约 2.21 亿 m³，灌溉面积约 29.6 万亩，约占市区污水总量的 24.7%，即约 1/4 的市区污水被用来浇灌农田。但是，相当长一段时间污灌用水中大部分是未经处理的原污水，对农作物、土壤和地下水均产生了一定的污染。

北京市将污水处理后回用于城市是从 80 年代开始的，污水回用的主要方式是建筑中水，即利用建筑本身产生的污水处理后用于冲厕和庭院绿化等生活杂用。1987 年通过的《北京市中水设施建设管理试行办法》进一步推动了中水设施的建设。据资料显示，目前北京已建成中水设施 100 套，其中正常运行的 70 套，在建的还有 100 多套，回用水量超过 1 万 m³/d。同时北京市区一部分工厂修建了内部污水处理设施，将工厂内的生活污水和生产废水处理后排放或再利用。目前污水处理设施正常运行的 202 家工业企业中，有 26 家企业将污水处理后回用，主要用于建材行业的摩削用水、板框压滤机用水、造纸用水、以及厂区内部的杂用水等，水量达 3.35 万 m³/d。

90 年代，北京市区污水处理厂处理能力达 128 万 m³/d，为污水回用创造了良好的条件。1999 年北京市政府决定将高碑店污水厂处理后污水回用，回用量达 40 万 m³/d，主要作为热电厂冷却水、低质工业用水、公园绿地和道路浇洒用水等，成为目前北京最大的城市污水回用项目。

新世纪之初，北京市对污水回用提出了全市范围内的初步设想，但在再生水用户、需水量、供水工程方案和回用水水质标准等方面还比较模糊，没有形成明确的方案或思路。在回用水工程的具体实施中缺乏依据，因此还有待于进一步落实、完善。

经过几十年发展的历程，我国的污水处理与利用事业已经具备了相当的规模，经历了从点源治理到面源控制、从局部回用到整体规划的发展历程，逐渐形成了系统的思路。但水污染防治形势仍然十分严峻，策略有待于进一步完备。

五、我国污水回用的发展趋势

目前，由于水资源严重不足、水质不断恶化，许多国家都面临着水资源短缺的危机随着世界人口的增加、城市化进程的加剧，人均水资源占有量将逐年减少，同时，水环境污染亦加重了水资源短缺的形势。污水再生回用已经成为解决水资源短缺、维持健康水环境的重要途径。

值得庆幸的是，我国政府已将水资源可持续利用作为经济社会发展的战略问题，城市污水回用作为提高水资源有效利用率、有效控制水体污染的主要途径已越来越受到包括政府在内的社会各界的高度重视，并针对这一问题开始了具体行动。80年代末，随着我国大部分城市水危机的频频出现和污水回用技术趋于成熟，污水回用的研究与实践得以迅速发展。"八五"的实践表明：污水回用措施既节水又能减轻环境污染，环境、经济和社会效益都非常显著。

我国已把污水回用列入了国家科技攻关计划，近10年来，国家对城市污水资源化组织科技攻关，就污水回用的再生技术、回用水水质指标、技术经济政策等进行大量实验研究和推广普及，并取得了丰硕成果。诸多新型水处理药剂的开发及各种水处理工艺的推广与应用，使各工业行业废水的回用有了更广阔的前景。与此同时，我国还兴建了若干示范工程，我国第一个污水回用工程已在大连运行8年，成功地向周围工厂供工业用水，解决了这些厂的用水问题，污水处理厂本身也得到收益。此外，北京、天津、青岛、太原等地污水回用工程也相继投入运行。随着我国城市化进程的推进，我国城市污水资源化会在全国各地更加蓬勃发展；随着水处理技术的发展和进步，高效率低能耗的污水深度处理技术的产生和推广，再生水处理的费用的降低，再生水水质可以满足更多更广的再生水用户需要，污水再生回用的回用范围将日益得到扩大。

虽然我国的污水回用的整体城市规划正处于初步探索研究阶段，但是已经有不少城市和地区开始进行这部分的研究工作。如天津市已委托天津市市政局，开始着手编制《天津市污水回用规划》；北京目前已开始研究小区污水回用规划，其规定新建的居民区和集中公共建筑区，在编制各种市政专业规划的同时编制污水再生规划。

今年初通过的"国民经济和社会发展第十个五年计划纲要"中规定：重视水资源的可持续利用，坚持开展人工增雨、污水处理利用海水淡化。首次将污水回用明确写入发展计划中，将对我国污水再生回用事业的发展起到积极的推动作用。随着我国各级政府对污水资源化工作的重视和有关部门加大对污水再生利用工程项目的支持力度，可以预见，在未来的数年内，污水回用工程以及相应的管网规划和建设，将成为城市基础设施建设的重要内容之一。

六、面临问题

目前我国污水资源化利用率还很低，尚不到污水排放总量的5%，并且各地区差异很大，发展极不平衡。在污水资源化过程中存在多方面的问题，阻碍了推广回用，主要体现在以下几个方面：

（一）对污水资源化的认识问题

有些地区的水资源规划缺乏长远性，忽视成本相对较低的污水回用，宁愿花巨款和人力物力去开发新水源；有些地方对污水回用技术了解很少，轻易否定在一些行业采用污水回用。

（二）配套政策问题

对于污水资源化利用问题，目前我国在法律法规上缺少明确规定，政策上缺少相应的鼓励和要求，经济上缺少优惠条件。

（三）污水资源化的技术问题

污水资源化利用在国外已有近百年历史，许多技术已经成熟。但由于我国经济落后，科学技术水平较低，一些高投资、高运转费用、高技术含量的回用技术不适合国情，而一些低投资、低运转费用、管理简单的技术，由于种种原因又不被大家普遍认可，推广缓慢。

（四）资金短缺问题

资金短缺是困扰我国各行各业的普遍现象，在污水资源化利用方面更为突出。建设污水回用工程需要大量资金，但是目前我国的筹资体制落后，手法单一，仅仅是国家拨款和地方自筹，基本上是政府行为，没能充分吸引民间资本和外资，走融资社会化的道路。

（五）水价问题

我国现行自来水价格较低，造成自来水和再生水的差价不够大，影响了污水回用的经济效益和再生水的市场需求，抑制了人们对污水回用的积极性。

（六）管理问题

我国对于这项工作没有统一的管理机构，缺乏有效的管理措施。已建回用工程由于管理不善，协调不力，多数处于停用或半停用状态，未能充分发挥作用，造成资源浪费和经济损失，同时也挫伤了各方对污水回用的积极性。

（七）城市基础设施问题

我国城市基础设施落后，下水道普及率低，人均占有率不到发达国家10%；城市污水处理厂数量少、能力低，污水处理率不到20%，落后的设施使得污水回用缺乏"硬件"保障。

第五章　水利工程建设

第一节　水利工程规划设计

一、水利勘测

水利勘测是为水利建设而进行的地质勘察和测量。它是水利科学的组成部分。其任务是对拟定开发的江河流域或地区，就有关的工程地质、水文地质、地形地貌、灌区土壤等条件开展调查与勘测，分析研究其性质、作用及内在规律，评价预测各项水利设施与自然环境可能产生的相互影响和出现的各种问题，为水利工程规划、设计与施工运行提供基本资料和科学依据。

水利勘测是水利建设基础工作之一，与工程的投资和安全运行关系十分密切；有时由于对客观事物的认识和未来演化趋势的判断不同，措施失当，往往发生事故或失误。水利勘测需反复调查研究，必须密切配合水利基本建设程序，分阶段逐步深入进行，达到利用自然和改造自然的目的。

（一）水利勘测内容

1. 水利工程测量。包括平面高程控制测量、地形测量（含水下地形测量）、纵横断面测量，定线、放线测量和变形观测等。

2. 水利工程地质勘察。包括地质测绘、开挖作业、遥感、钻探、水利工程地球物理勘探、岩土试验和观测监测等。用以查明：区域构造稳定性、水库地震；水库渗漏、浸没、塌岸、渠道渗漏等环境地质问题；水工建筑物地基的稳定和沉陷；洞室围岩的稳定；天然边坡和开挖边坡的稳定，以及天然建筑材料状况等。随着实践经验的丰富和勘测新技术的发展，环境地质、系统工程地质、工程地质监测和数值分析等，均有较大进展。

3. 地下水资源勘察。已由单纯的地下水调查、打井开发，向全面评价、合理开发利用地下水发展，如渠灌井灌结合、盐碱地改良、动态监测预报、防治水质污染等。此外，对环境水文地质和资源量计算参数的研究，也有较大提高。

4. 灌区土壤调查。包括自然环境、农业生产条件对土壤属性的影响，土壤剖面观测，土壤物理性质测定，土壤化学性质分析，土壤水分常数测定以及土壤水盐动态观测。通过调查，研究土壤形成、分布和性状，掌握在灌溉、排水、耕作过程中土壤水、盐、肥力变化的规律。除上述内容外，水文测验、调查和实验也是水利勘测的重要组成部分，但中国的学科划分现多将其列入水文学体系之内。

水利勘测也是水利建设的一项综合性基础工作。世界各国在兴修水利工程中，由于勘测工作不够全面、深入，曾相继发生过不少事故，带来了严重灾害。例如 1959 年法国马尔帕塞坝因地基破坏而溃决，1963 年意大利瓦依昂拱坝库岸发生巨型滑坡和 1964 年印度戈伊纳水库诱发地震等重大事故和灾害，都为各国所重视。还有很多地区在发展灌溉的初期，由于未作勘测或灌排措施失当，发生过大面积的次生盐碱化现象，使农业生产遭受损害。中国于 20 世纪 50 年代末在华北平原曾出现了类似现象。

水利勘测要密切配合水利工程建设程序，按阶段要求逐步深入进行；工程运行期间，还要开展各项观测、监测工作，以策安全。勘测中，既要注意区域自然条件的调查研究，又要着重水工建筑物与自然环境相互作用的勘探试验，使水利设施起到利用自然和改造自然的作用。

（二）水利勘测特点

水利勘测是应用性很强的学科，大致具有如下三点特性。

1. 实践性：即着重现场调查、勘探试验及长期观测、监测等一系列实践工作，以积累资料、掌握规律，为水利建设提供可靠依据。

2. 区域性：即针对开发地区的具体情况，运用相应的有效勘测方法，阐明不同地区的各自特征。如山区、丘陵与平原等地形地质条件不同的地区，其水利勘测的任务要求与工作方法，往往大不相同，不能千篇一律。

3. 综合性：即充分考虑各种自然因素之间及其与人类活动相互作用的错综复杂关系，掌握开发地区的全貌及其可能出现的主要问题，为采取较优的水利设施方案提供依据。因此，水利勘测兼有水利科学与地学（测量学、地质学与土壤学等）以及各种勘测、试验技术相互渗透、融合的特色。但通常以地学或地质学为学科基础，以测绘制图和勘探试验成果的综合分析作为基本研究途径，是一门综合性的学科。

（三）沿革

水利勘测是随着水利工程建设需要和经验积累而发展起来的。古埃及尼罗河洪泛农业区，每年汛后都要重新丈量土地，开展测量工作。中国《史记·夏本纪》有公元前 21 世纪禹治水时"左准绳，右规矩"等测量学萌芽的记载。公元前 256～前 251 年建成的都江堰，通过踏勘和计划使其设施适应当地的地形和地质条件，如修建的宝瓶口引水工程等一直沿用至今。近代水利勘测事业大致从 19 世纪中叶，随着大规模新垦区、新灌区的开发而兴起。特别是 20 世纪 30 年代以来，许多国家为综合利用水资源修建了不少高坝大库，因而对水利勘测工作提出了更高、更迫切的要求。

自 20 世纪 60 年代以来，现代科学技术突飞猛进。水利测量随着电子技术、遥感技术和激光技术的相继发展与应用，已发生了深刻的变革。如航空摄影测量已成为主要手段，电磁波测距已取代传统的测距工具，电子计算机已广泛用于测量平差和各种计算。水利工程地质勘察和水文地质调查广泛应用遥感技术和地球物理勘探方法，各种勘探、试验与监测新技术、新方法的不断发明与推广应用，大大提高勘测精度和效率。对水利工程地质问题和水文地质问题的评价和预测则逐步从定性走向定量或半定量，并开始进入模型研究阶段。灌区土壤调查，由于航空照片、卫星照片的土壤判读技术、制图自动化技术、水盐测定新技术等的应用，也显著提高了速度和精度。

中华人民共和国成立以来，通过黄河、长江等大江大河流域规划及数以万计的水库工程的建成，促使水利勘测事业迅速发展。目前已形成一支具有丰富经验和较高技术水平的水利勘测队伍，并初步总结制订了一系列适合中国情况的水利勘测规范和规程。

二、水利工程规划设计的基本原则

水利工程规划是以某一水利建设项目为研究对象的水利规划。水利工程规划通常是在编制工程可行性研究或工程初步设计时进行的。

改革开放以来，随着社会主义市场经济的飞速发展，水利工程对我国国民经济增长具有非常重要的作用。无论是城市水利还是农村水利，它不仅可以保护当地免遭灾害的发生，更有利于当地的经济建设。因此必须严格坚持科学的发展理念，确保水利工程的顺利实施。在水利工程规划设计中，要切合实际，严格按照要求，以科学的施工理念完成各项任务。

随着经济社会的不断快速发展，水利事业对于国民经济的增长而言发挥着越来越重要的作用，无论是对于农村水利，还是城市水利，其不仅会影响到地区的安全，防止灾害发生，而且也能够为地区的经济建设提供足够的帮助。鉴于水利事业的重要性，水利工程的规划设计就必须严格按照科学的理念开展，从而确保各项水利工程能够带来必要的作用。对于科学理念的遵循就是要求在设计当中严格按照相应的原则，从而很好的完成相应的水利工程。总的来说，水利工程规划设计的基本原则包括着如下几个部分：

（一）确保水利工程规划的经济性和安全性

就水利工程自身而言，其所包含的要素众多，是一项较为复杂与庞大的工程，不仅包括着防止洪涝灾害、便于农田灌溉、支持公民的饮用水等要素，也包括着保障电力供应、物资运输等方面的要素，因此对于水利工程的规划设计应该从总体层面入手。在科学的指引下，水利工程规划除了要发挥出其做大的效应，也需要将水利科学及工程科学的安全性要求融入到规划当中，从而保障所修建的水利工程项目具有足够的安全性保障，在抗击洪涝灾害、干旱、风沙等方面都具有较为可靠的效果。对于河流水利工程而言，由于涉及到河流侵蚀、泥沙堆积等方面的问题，水利工程就更需进行必要的安全性措施。除了安全性的要求之外，水利工程的规划设计也要考虑到建设成本的问题，这就要求水利工程构建组织对于成本管理、风险控制、安全管理等都具有十分清晰的了解，从而将这些要素进行整合，得到一个较为完善的经济成本控制方法，使得水利工程的建设资金能够投放到最需要的地方，杜绝浪费资金的状况出现。

（二）保护河流水利工程的空间异质的原则

河流水利工程的建设也需要将河流的生物群体进行考虑，而对于生物群体的保护也就构成了河流水利工程规划的空间异质原则。所谓的生物群体也就是指在水利工程所涉及到的河流空间范围内所具有的各类生物，其彼此之间的互相影响，并在同外在环境形成默契的情况下进行生活，最终构成了较为稳定的生物群体。河流作为外在的环境，实际上其存在也必须与内在的生物群体的存在相融合，具有系统性的体现，只有维护好这一系统，水利工程项目的建设才能够达到其有效性。作为一种人类的主观性的活动，水利工程建设将不可避免的会对整个生态环境造成一定的影响，使得河流出现非连续性，最终可能带来不必要的破坏。因此，在进行水利工程规划的时候，有必要对空间异质加以关注。尽管多数水利工程建设并非聚焦于生态目标，而是为了催进经济社会的发展，但在建设当中同样要注意对于生态环境的保护，从而确保所构建的水利工程符合可持续发展的道路。当然，这种对于异质空间保护的思考，有必要对河流的特征及地理面貌等状况进行详细的调查，从而确保所指定的具体水利工程规划能够切实满足当地的需要。

（三）水利工程规划要注重自然力量的自我调节原则

就传统意义上的水利工程而言，对于自然在水里工程中的作用力的关注是极大的，很多项目的开展得益于自然力量，而并非人力。伴随着现代化机械设备的使用，不少水利项目的建设都寄希望于使用先进的机器设备来对整个工程进行控制，但效果往往并非很好。因此，在具体的水利工程建设中，必须将自然的力量结合到具体的工程规划当中，从而在最大限度的维护原有地理、生态面貌的基础上，进行水利工程建设。当然，对于自然力量的运用也需要进行大量的研究，不仅需要对当地的生态面貌等状况进行较为彻底的研究，而且也要在建设过程中竭力维护好当地的生态情况，并且防止外来物种对原有生态进行入侵。事实上，大自然都有自我恢复功能，而水利工程作为一项人为的工程项目，其对于当地的地理面貌进行的改善也必然会通过大自然的力量进行维护，这就要求所建设的水利工程必须将自身的一系列特质与自然进化要求相融合，从而在长期的自然演化过程中，将自身也逐步融合成为大自然的一部分，有利于水利项目可以长期为当地的经济社会发展服务。

（四）对地域景观进行必要的维护与建设

地域景观的维护与建设也是水利工程规划的重要组成部分，而这也要求所进行的设计必须从长期性角度入手，将水利工程的实用性与美观性加以结合。事实上，在建设过程中，不可避免的会对原有景观进行一定的破坏，这在注意破坏的度的同时，也需要将水利工程的后期完善策略相结合，也即在工程建设后期或使用和过程中，对原有的景观进行必要的恢复。当然，整个水利工程的建设应该以尽可能的不破坏原有景观的基础之上进行开展，但不可避免的破坏也要将其写入建设规划当中。另外，水利工程建设本身就要可能具有较好的美观性，而这也能够为地域景观提供一定的补充。总的来说，对于经管的维护应该尽可能从较小的角度入手，这样既能保障所建设的水利工程具备详尽性的特征，而且也可以确保每一项小的工程获得很好的完工。值得一提的是，整个水利工程所涉及到的景观维护与补充问题都需要进行严格的评价，从而确保所提供的景观不会对原有的生态、地理面貌发生破坏，而这种评估工作也需要涵盖着整个水利工程范围，并有必要向外进行拓展，确保评价的完备性。

（五）水利工程规划应遵循一定的反馈原则

水利工程设计主要是模仿成熟的河流水利工程系统的结构，力求最终形成一个健康、可持续的河流水利系统。在河流水利工程项目执行以后，就开始了一个自然生态演替的动态过程。这个过程并不一定按照设计预期的目标发展，可能出现多种可能性。针对具体一项生态修复工程实施以后，一种理想的可能是监测到的各变量是现有科学水平可能达到的最优值，表示水利工程能够获得较为理想的使用与演进效果；另一种差的情况是，监测到的各生态变量是人们可接受的最低值。在这两种极端状态之间，形成了一个包络图。

三、水利工程规划设计的发展与需求

目前在对城市水利工程建设当中，把改善水域环境和生态系统作为主要建设目标，同时也是水利现代化建设的重要内容，所以按照现代城市的功能来对流经市区的河流进行归类大致有两类要求：

对河中水流的要求是：水质清洁、生物多样性、生机盎然和优美的水面规划。

对滨河带的要求是：其规划不仅要使滨河带能充分反映当地的风俗习惯和文化底蕴，同时还要有一定的人工景观，供人们休闲、娱乐和活动，另外在规划上还要注意文化氛围的渲染，所形成的景观不仅要有现代的气息，同时还要注意与周围环境的协调性，达到自然环境、山水、人的和谐统一。

这些要求充分体现在经济快速发展的带动下社会的明显进步，这也是水利工程建设发展的必然趋势。这就对水利建设者提出了更高的要求，水利建设者在满足人们的要求的同时，还要在设计、施工和规划方面进行更好的调整和完善，从而使水利工程建设具有更多的人文、艺术和科学气息，使工程不仅起到美化环境的作用，同时还具有一定的欣赏价值。

水利工程不仅实现了人工对山河的改造，同时也起到了防洪抗涝，实现了对水资源的合理保护和利用，从而使之更好的服务于人类。水利工程对周围的自然环境和社会环境起到了明显的改善。现在人们越来越重视到环境的重要性，所以对环境保护的力度不断的提高，对资源开发、环境保护和生态保护协调发展加大了重视的力度，在这种大背景下，水利工程设计时在强调美学价值的同时，则更注重生态功能的发挥。

四、水利工程设计中对环境因素的影响

（一）水利工程与环境保护

水利工程有助于改善和保护自然环境。水利工程建设主要以水资源的开发利用和防止水害，其基本功能是改善自然环境，如除涝、防洪，为人们的日常生活提供水资源，保障社会经济健康有序的发展，同时还可以减少大气污染。另外，水利工程项目可以调节水库，改善下游水质等优点。水利工程建设将有助于改善水资源分配，满足经济发展和人类社会的需求，同时，水资源也是维持自然生态环境的主要因素。如果在水资源分配过程中，忽视自然环境对水资源的需求，将会引发环境问题。水利工程对环境工程的影响主要表现在对水资源方面的影响，如河道断流、土地退化、下游绿洲消失、湖泊萎缩等生态环境问题，甚至会导致下游环境恶化。工程的施工同样会给当地环境带来影响。若这些问题不能及时解决，将会限制社会经济的发展。

水利工程既能改善自然环境又能对环境产生负面效应，因此在实际开发建设过程中，要最大限度的保护环境、改善水质，维持生态平衡，将工程效益发挥到最大。要对环境的纳入实际规划设计工作中去，并实现可持续发展。

（二）水利工程建设的环境需求

从环境需求的角度分析建设水利工程项目的可行性和合理性，具体表现在如下几个方面：

（1）防洪的需要

兴建防洪工程为人类生存提供基本的保障，这是构建水利工程项目的主要目的。从环境的角度分析，洪水是湿地生态环境的基本保障，如河流下游的河谷生态、新疆的荒漠生态的等，它都需要定期的洪水泛滥以保持生态平衡。因此，在兴建水利工程时必须要考虑防洪工程对当地生态环境造成的影响。

（2）水资源的开发

水利工程的另一功能是开发利用水资源。水资源不仅是维持生命的基本元素，也是推动社会经济发展的基本保障。水资源的超负荷利用，会造成一系列的生态环境问题。因此在水资源开发过程中强调水资源的合理利用。

（三）开发土地资源

土地资源是人类赖以生存的保障，通过开发土地，以提高其使用率。针对土地开发利用根据需求和提法的不同分为移民专业和规划专业。移民专业主要是从环境容量、土地的承受能力以及解决的社会问题方面进行考虑。而规划专业的重点则是从开发技术的可行性角度进行分析。改变土地的利用方式多种多样，在前期规划设计阶段要充分考虑环境问题，并制订多种可行性方案，择优进行。

第二节　水利枢纽

一、水利枢纽概述

水利枢纽是为满足各项水利工程兴利除害的目标，在河流或渠道的适宜地段修建的不同类型水工建筑物的综合体。水利枢纽常以其形成的水库或主体工程——坝、水电站的名称来命名，如三峡大坝、密云水库、罗贡坝、新安江水电站等；也有直接称水利枢纽的，如葛洲坝水利枢纽。

（一）类型

水利枢纽按承担任务的不同，可分为防洪枢纽、灌溉（或供水）枢纽、水力发电枢纽和航运枢纽等。多数水利枢纽承担多项任务，称为综合性水利枢纽。影响水利枢纽功能的主要因素是选定合理的位置和最优的布置方案。水利枢纽工程的位置一般通过河流流域规划或地区水利规划确定。具体位置须充分考虑地形、地质条件、使各个水工建筑物都能布置在安全可靠的地基上，并能满足建筑物的尺度和布置要求，以及施工的必需条件。水利枢纽工程的布置，一般通过可行性研究和初步设计确定。枢纽布置必须使各个不同功能的建筑物在位置上各得其所，在运用中相互协调，充分有效地完成所承担的任务；各个水工建筑物单独使用或联合使用时水流条件良好，上下游的水流和冲淤变化不影响或少影响枢纽的正常运行，总之技术上要安全可靠；在满足基本要求的前提下，要力求建筑物布置紧凑，一个建筑物能发挥多种作用，减少工程量和工程占地，以减小投资；同时要充分考虑管理运行的要求和施工便利，工期短。一个大型水利枢纽工程的总体布置是一项复杂的系统工程，需要按系统工程的分析研究方法进行论证确定。

（二）枢纽组成

利枢纽主要由挡水建筑物、泄水建筑物、取水建筑物和专门性建筑物组成。

1. 挡水建筑物

在取水枢纽和蓄水枢纽中，为拦截水流、抬高水位和调蓄水量而设的跨河道建筑物，分为溢流坝（闸）和非溢流坝两类。溢流坝（闸）兼做泄水建筑物。

2. 泄水建筑物

为宣泄洪水和放空水库而设。其形式有岸边溢洪道、溢流坝（闸）、泄水隧洞、闸身泄水孔或坝下涵管等。

3. 取水建筑物

为灌溉、发电、供水和专门用途的取水而设。其形式有进水闸、引水隧洞和引水涵管等。

4.专门性建筑物

为发电的厂房、调压室，为扬水的泵房、流道，为通航、过木、过鱼的船闸、升船机、筏道、鱼道等。

（三）枢纽位置选择

在流域规划或地区规划中，某一水利枢纽所在河流中的大体位置已基本确定，但其具体位置还需在此范围内通过不同方案的技术经济比较来进行比选。水利枢纽的位置常以其主体——坝（挡水建筑物）的位置为代表。因此，水利枢纽位置的选择常称为坝址选择。有的水利枢纽，只需在较狭的范围内进行坝址选择；有的水利枢纽，则需要现在较宽的范围内选择坝段，然后在坝段内选择坝址。例如三峡水利枢纽，就曾先在三峡出口的南津关坝段及其上游30～40km处的美人坨坝段进行比较。前者的坝轴线较短，吧的工程量较小，发电量稍大。但地下工程较多，特别是地质条件、水工布置和施工条件远较后者为差，因而选定了美人坨坝段。在这一坝段中，又选择了太平溪和三斗坪两个坝址进行比较。两者的地质条件基本相同，前者坝体工程量较小，但后者便于枢纽布置，特别是便于施工，最后，选定了三斗坪坝址。

（四）划分等级

水利枢纽常按其规模、效益和对经济、社会影响的大小进行分等，并将枢纽中的建筑物按其重要性进行分级。对级别高的建筑物，在抗洪能力、强度和稳定性、建筑材料、运行的可靠性等方面都要求高一些，反之就要求低一些，以达到既安全又经济的目的。

划分依据：工程规模、效益和在国民经济中的重要性。

划分为五等 (GB5201-94)

工程等别	水库	水电站	
工程规模	总库容 (10m)	装机容量 (10kW)	
I	大 (1) 型	>10	>120
II	大 (2) 型	10 ~ 1.0	120 ~ 30
III	中型	1.0 ~ 0.1	30 ~ 5
IV	小 (1) 型	0.1 ~ 0.01	5 ~ 1
V	小 (2) 型	0.01 ~ 0.001	<1

（五）水利枢纽工程

指水利枢纽建筑物（含引水工程中的水源工程）和其他大型独立建筑物。包括挡水工程、泄洪工程、引水工程、发电厂工程、升压变电站工程、航运工程、鱼道工程、交通工程、房屋建筑工程和其他建筑工程。其中挡水工程等前七项为主体建筑工程。

1. 挡水工程。包括挡水的各类坝（闸）工程。

2. 泄洪工程。包括溢洪道、泄洪洞、冲砂孔（洞）、放空洞等工程。

3. 引水工程。包括发电引水明渠、进水口、隧洞、调压井、高压管道等工程。

4. 发电厂工程。包括地面、地下各类发电厂工程。

5. 升压变电站工程。包括升压变电站、开关站等工程。

6. 航运工程。包括上下游引航道、船闸、升船机等工程。

7. 鱼道工程。根据枢纽建筑物布置情况，可独立列项。与拦河坝相结合的，也可作为拦河坝工程的组成部分。

8. 交通工程。包括上坝、进厂、对外等场内外永久公路、桥涵、铁路、码头等交通工程。

9. 房屋建筑工程。包括为生产运行服务的永久性辅助生产建筑、仓库、办公、生活及文化福利等房屋建筑和室外工程。

10. 其他建筑工程。包括内外部观测工程，动力线路（厂坝区），照明线路，通信线路，厂坝区及生活区供水、供热、排水等公用设施工程，厂坝区环境建设工程，水情自动测报工程及其他。

二、拦河坝水利枢纽布置

拦河坝水利枢纽是为解决来水与用水在时间和水量分配上存在的矛盾，修建的以挡水建筑物为主体的建筑物综合运用体，又称水库枢纽，一般由挡水、泄水、放水及某些专门性建筑物组成。将这些作用不同的建筑物相对集中布置，并保证它们在运行中良好配合的工作，就是拦河水利枢纽布置。

拦河水利枢纽布置应根据国家水利建设的方针，依据流（区）域规划，从长远着眼，结合近期的发展需要，对各种可能的枢纽布置方案进行综合分析、比较，选定最优方案，然后严格按照水利枢纽的基建程序，分阶段有计划地进行规划设计。

拦河水利枢纽布置的主要工作内容有坝址、坝型选择和枢纽工程布置等。

（一）坝址及坝型选择

坝址及坝型选择的工作贯穿于各设计阶段之中，并且是逐步优化的。

在可行性研究阶段，一般是根据开发任务的要求，分析地形、地质及施工等条件，初选几个可能筑坝的地段（坝段）和若干条有代表性的坝轴线，通过枢纽布置进行综合比较，选择其中最有利的坝段和相对较好的坝轴线，进而提出推荐坝址。开在推荐坝址上进行枢纽工程布置，再通过方案比较，初选基本坝型和枢纽布置方式。

在初步设计阶段，要进一步进行枢纽布置，通过技术经济比较，选定最合理的坝轴线，确定坝型及其他建筑物的形式和主要尺寸，并进行具体的枢纽工程布置。

在施工详图阶段，随着地质资料和试验资料的进一步深入和详细，对已确定的坝轴线、坝型和枢纽布置做最后的修改和定案，并且作出能够依据施工的详图。

坝轴线及坝型选择是拦河水利枢纽设计中的一项很主要的工作，具有重大的技术经济意义，两者是相互关联的，影响因素也是多方面的，不仅要研究坝址及其周围的自然条件，还需考虑枢纽的施工、运用条件、发展远景和投资指标等。需进行全面论证和综合比较后，才能做出正确的判断和选择合理的方案。

　　1. 坝址选择

　　选择坝址时，应综合考虑下述条件。

　　（1）地质条件

　　地质条件是建库建坝的基本条件，是衡量坝址优劣的重要条件之一，在某种程度上决定着兴建枢纽工程的难易。工程地质和水文地质条件是影响坝址、坝型选择的重要因素，且往往起决定性作用。

　　选择坝址，首先要清楚有关区域的地质情况。坚硬完整、无构造缺陷的岩基是最理想的坝基；但如此理想的地质条件很少见，天然地基总会存在这样或那样的地质缺陷，要看能否通过合宜的地基处理措施使其达到筑坝的要求。在该方面必须注意的是：不能疏漏重大地质问题，对重大地质问题要有正确的定性判断，以便决定坝址的取舍或定出防护处理的措施，或在坝利选择和枢纽布置上设法适应坝址的地质条件。对存在破碎带、断层、裂隙、喀斯特溶洞、软弱夹层等坝基条件较差的，还有地震地区，应作充分的论证和可靠的技术措施。坝址选择还必须对区域地质稳定性和地质构造复杂性以及水库区的渗漏、库岸塌滑、岸坡及山体稳定等地质条件做出评价和论证。各种坝型及坝高对地质条件有不同的要求。如拱坝对两岸坝基的要求很高，支墩坝对地基要求也高，次之为重力坝，土石坝要求最低。一般较高的混凝土坝多要求建在岩基上。

　　（2）地形条件

　　坝址地形条件必须满足开发任务对枢纽组成建筑物的布置要求。通常，河谷两岸有适宜的高度和必需的挡水前缘宽度时，则对枢纽布置有利。一般来说，坝址河谷狭窄，坝轴线较短，坝体工程量较小，但河谷太窄则不利于泄水建筑物、发电建筑物、施工导流及施工场地的布置，有时反不如河谷稍宽处有利。除考虑坝轴线较短外，对坝址选择还应结合泄水建筑物、施工场地的布置和施工导流方案等综合考虑。枢纽上游最好有开阔的河谷，使在淹没损失尽量小的情况下，能获得较大的库容。

　　坝址地形条件还必须与坝型相互适应，拱坝要求河谷窄狭；土石坝适应河谷宽阔、岸坡平缓、坝址附近或库区内有高程合适的天然垭口，并且方便归河，以便布置河岸式溢洪道。岸坡过陡，会使坝体与岸坡接合处削坡量过大。对于通航河道，还应注意通航建筑的布置、上河及下河的条件是否有利。对有暗礁、浅滩或陡坡、急流的通航河流，坝轴线宜选在浅滩稍下游或急流终点处，以改善通航条件。有瀑布的不通航河流，坝轴线宜选在瀑布稍上游处以节省大坝工程量。对于多泥沙河流及有漂木要求的河道，应注意坝址位段对取水防沙及漂木是否有利。

（3）建筑材料

在选择坝址、坝型时，当地材料的种类、数量及分布往往起决定性影响。对土石坝，坝址附近应有数量足够、质量能符合要求的土石料场；如为混凝土坝，则要求坝址附近有良好级配的砂石骨料。料场应便于开采、运输，且施工期间料场不会因淹没而影响施工。所以对建筑材料的开采条件、经济成本等，应进行认真的调查和分析。

（4）施工条件

从施工角度来看，坝址下游应有较开阔的滩地，以便布置施工场地、场内交通和进行导流。应对外交通方便，附近有廉价的电力供应，以满足照明及动力的需要。从长远利益来看，施工的安排应考虑今后运用、管理的方便。

（5）综合效益

坝址选择要综合考虑防洪、灌溉、发电、通航，过木、城市和工业用水、渔业以及旅游等各部门的经济效益，还应考虑上游淹没损失以及蓄水枢纽对上、下游生态环境的各方面的影响。兴建蓄水枢纽将形成水库，使大片原来的陆相地表和河流型水域变为湖泊型水域，改变了地区自然景观，对自然生态和社会经济产生多方面的环境影响。其有利影响是发展了水电、灌溉、供水、养殖、旅游等水利事业和解除洪水灾害、改善气候条件等，但是，也会给人类带来诸如淹没损失、浸没损失、土壤盐碱化或沼泽化、水库淤积、库区塌岸或滑坡、诱发地震、使水温、水质及卫生条件恶化、生态平衡受到破坏以及造成下游冲刷，河床演变等不利影响。虽然水库对环境的不利影响与水库带给人类的社会经济效益相比，一般说来居次要地位，但处理不当也能造成严重的危害，故在进行水利规划和坝址选择时，必须对生态环境影响问题进行认真研究，并作为方案比较的因素之一加以考虑。不同的坝址、坝型对防洪、灌溉、发电、给水、航运等要求也不相同。至于是否经济，要根据枢纽总造价来衡量。

归纳上述条件，优良的坝址应是：地质条件好、地形有利、位置适宜、方便施工造价低、效益好。所以应全面考虑、综合分析，进行多种方案比较，合理解决矛盾，选取最优成果。

2.坝型选择

常见的坝型有土石坝、重力坝及拱坝等。坝型选择仍取决于地质、地形、建材及施工、运用等条件。

（1）土石坝

在筑坝地区，若交通不便或缺乏三材，而当地又有充足实用的土石料，地质方面无大的缺陷，又有合宜的布置河岸式溢洪道的有利地形时，则可就地取材，优先选用土石坝。随着设计理论、施工技术和施工机械方面的发展，近年来土石坝比重修建的数量已有明显的增长，而且其施工期较短，造价远低于混凝土坝。我国在中小型工程中，土石坝占有很大的比重。目前，土石坝是世界坝工建设中应用最为广泛和发展最快的一种坝型。目前已建、在建混凝土面板堆石坝74座，其中坝高在100m以上的有12座；已建最高的广西天生桥一级178m；在建的水布垭坝高232m，为该坝型世界最高；完成设计待建的坝高

100m 以上的还有 19 座；南水北调西线的通天河引水与大渡河引水方案，需建面板堆石坝，坝高方案为 296 ~ 348m，且还位于地震区。

（2）重力坝

有较好的地质条件，当地有大量的砂石骨料可以以利用，交通又比较方便时，一般多考虑修筑混凝土重力坝。可直接由坝顶溢洪，而不需另建河岸溢洪道，抗震性能也较好。我国目前已建成的三峡大坝是世界上最大的混凝土浇筑实体重力坝。近年来碾压混凝土筑坝技术发展很快，自 1986 年我国建成第一座碾压混凝土坝到现在，已建、在建的有 43 座，其中超过 100m 的座；设计待建的 21 座，其中超过 100m 的 8 座；是世界上建设碾压混凝土坝最多的国家，以红水河龙滩坝坝高 192m，为该坝型世界最高。

（3）拱坝

当坝址地形为 V 形或 U 形狭窄河谷，且两岸坝肩岩基良好时，则可考虑选用拱坝。它工程量小，比重力坝节省混凝土量 1/2 ~ 2/3，造价较低，工期短，也可从坝顶或坝体内开孔泄洪，因而也是近年来发展较快的一种坝型。已建成的二滩混凝土拱坝高 240m，在建的小湾混凝土拱坝坝高 292m，待建的溪洛渡混凝土拱坝坝高 278m。另外，我国西南地区还修建了大量的浆砌石拱坝。

（二）枢纽的工程布置

拦河筑坝以形成水库是拦河蓄水枢纽的主要特征。其组成建筑物除拦河坝和泄水建筑物外，根据枢纽任务还可能包括输水建筑物、水电站建筑物和过坝建筑物等。枢纽布置主要是研究和确定枢纽中各个水工建筑物的相互位置。该项工作涉及泄洪、发电、通航、导流等各项任务，并与坝址、坝型密切相关，需统筹兼顾，全面安排，认真分析，全面论证，最后通过综合比较，从若干个比较方案中选出最优的枢纽布置方案。

1. 枢纽布置的原则

进行枢纽布置时，一般可遵循下述原则。

（1）为使枢纽能发挥最大的经济效益，进行枢纽布置时，应综合考虑防洪、灌溉、发电、航运、渔业、林业、交通、生态及环境等各方面的要求。应确保枢纽中各主要建筑物，在任何工作条件下都能协调地、无干扰地进行正常工作。

（2）为方便施工、缩短工期和能使工程提前发挥效益，枢纽布置应同时考虑便是选择施工导流的方式、程序和标准便是选择主要建筑物的施工方法，与施工进度计划等进行综合分析研究。工程实践证明，统筹行当不仅能方便施工，还能使部分建筑物提前发挥效益。

枢纽布置应做到在满足安全和运用管理要求的前提下，尽量降低枢纽总造价和年运行费用；如有可能，应考虑使一个建筑物能发挥多种作用。例如，使一条陪同做到灌溉和发电相结合；施工导流与泄洪、排沙、放空水库相结合等。

（3）在不过多增加工程投资的前提下，枢纽布置应与周围自然环境相协调，应注意建筑艺术、力求造型美观，加强绿化环保，因地制宜地将人工环境和自然环境有机地结合起来，创造出一个完美的、多功能的宜人环境。

2. 枢纽布置方案的选定

水利枢纽设计需通过论证比较，从若干个枢纽布置方案中选出一个最优方案。最优方案应该是技术上先进和可能、经济上合理、施工期短、运行可靠以及管理维修方便的方案。需论证比较的内容如下。

（1）主要工程量。如土石方、混凝土和钢筋混凝土、砌石、金属结构、机电安装、帷幕和固结灌浆等工程量。

（2）主要建筑材料数量。如木材、水泥、钢筋、钢材、砂石和炸药等用量。

（3）施工条件。如施工工期、发电日期、施工难易程度、所需劳动力和施工机械化水平等。

（4）运行管理条件。如泄洪、发电、通航是否相互干扰、建筑物及设备的运用操作和检修是否方便，对外交通是否便利等。

（5）经济指标。指总投资、总造价、年运行费用、电站单位千瓦投资、发电成本、单位灌溉面积投资、通航能力、防洪以及供水等综合利用效益等。

（6）其他。根据枢纽具体情况，需专门进行比较的项目。如在多泥沙河流上兴建水利枢纽时，应注重泄水和取水建筑物的布置对水库淤积、水电站引水防沙和对不游河床冲刷的影响等。

上述项目有些可定量计算，有些则难以定量计算，这就给枢纽布置方案的选定增加了复杂性，因而，必须以国家研究制订的技术政策为指导，在充分掌握基本资料的基础上，以科学的态度，实事求是地全面论证，通过综合分析和技术经济比较选出最优方案。

3. 枢纽建筑物的布置

（1）挡水建筑物的布置

为了减少拦河坝的体积，除拱坝外，其他坝型的坝轴线最好短而直，但根据实际情况，有时为了利用高程较高的地形以减少工程量，或为避开不利的地址条件，或为便于施工，也可采用较长的直线或折线或部分曲线。

当挡水建筑物兼有连通两岸交通干线的任务时，坝轴线与两岸的连接在转弯半径与坡度方面应满足交通上的要求。

对于用来封闭挡水高程不足的山垭口的副坝，不应片面追求工程量小，而将坝轴线布置在垭口的山脊上。这样的坝坡可能产生局部滑动，容易使坝体产生裂缝。在这种情况下，一般将副坝的轴线布置在山脊略上游处，避免下游出现贴坡式填土坝坡；如下游山坡过陡，还应适当削坡以满足稳定要求。

（2）泄水及取水建筑物的布置

泄水及取水建筑物的类型和布置，常决定于挡水建筑物所采用的坝型和坝址附近的地质条件。

土坝枢纽：土坝枢纽一般均采用河岸溢洪道作为主要的泄水建筑物，而取水建筑物及辅助的泄水建筑物，则采用开凿于两岸山体中的隧洞或埋于坝下的涵管。若两岸地势陡峭，但有高程合适的马鞍形垭口，或两岸地势平缓且有马鞍形山脊，以及需要修建副坝挡水的地方，其后又有便于洪水归河的通道，则是布置河岸溢洪道的良好位置。如果在这些位置上布置溢洪道进口，但其后的泄洪线路是通向另一河道的，只要经济合理且对另一河道的防洪问题能做妥善处理的，也是比较好的方案。对于上述利用有利条件布置溢洪道的土坝枢纽，枢纽中其他建筑物的布置一般容易满足各自的要求，干扰性也较小。当坝址附近或其上游较远的地方均无上述有利条件时，则常采用坝肩溢洪道的布置形式。

重力坝枢纽：对于混凝土或浆砌石重力坝枢纽，通常采用河床式溢洪道（溢流坝段）作为主要泄水建筑物，而取水建筑物及辅助的泄水建筑物采用设置于坝体内的孔道或开凿于两岸山体中的隧洞。泄水建筑物的布置应使下泄水流方向尽量与原河流轴线方向一致，以利于下游河床的稳定。沿坝轴线上地质情况不同时，溢流坝应布置在比较坚实的基础上。

在含沙量大的河流上修建水利枢纽时，泄水及取水建筑物的布置应考虑水库淤积和对下游河床冲刷的影响，一般在多泥沙河流上的枢纽中，常设置大孔径的底孔或隧洞，汛期用来泄洪并排沙，以延长水库寿命；如汛期洪水中带有大量悬移质的细微颗粒时，应研究采用分层取水结构并利用泄水排沙孔来解决浊水长期化问题，减轻对环境的不利影响。

（3）电站、航运及过木等专门建筑物的布置

对于水电站、船闸、过木等专门建筑物的布置，最重要的是保证它们具有良好的运用条件，并便于管理。关键是进、出口的水流条件。布置时，须选择好这些建筑物本身及其进、出口的位置，并处理好它们与泄水建筑物及其进、出口之间的关系。

电站建筑物的布置应使通向上、下游的水道尽量短、水流平顺，水头损失小，进水口应不致被淤积或受到冰块等的冲击；尾水渠应有足够的深度和宽度，平面弯曲度不大，且深度逐渐变化，并与自然河道或渠道平顺连接；泄水建筑物的出口水流或消能设施，应尽量避免抬高电站尾水位。此外，电站厂房应布置在好的地基上，以简化地基处理，同时还应考虑尾水管的高程，避免石方开挖过大；厂房位置还应争取布置在可以先施工的地方，以便早日投入运转。电站最好靠近临交通线的河岸，密切与公路或铁路的联系，便于设备的运输；变电站应有合理的位置，应尽量靠近电站。航运设施的上游进口及下游出口处应有必要的水深，方向顺直并与原河道平顺连接，而且没有或仅有较小的横向水流，以保证船只、木筏不被冲入溢流孔口，船闸和码头或筏道及其停泊处通常布置在同一侧，不宜横穿溢流坝前缘，并使船闸和码头或筏道及其停泊处之间的航道尽量地短，以便在库区内风浪较大时仍能顺利通航。

船闸和电站最好分别布置于两岸，以免施工和运用期间的干扰。如必须布置在同一岸时，则水电站厂房最好布置在靠河一侧，船闸则靠河岸或切入河岸中布置，这样易于布置引航道。筏道最好布置在电站的另一岸。筏道上游常需设停泊处，以便重新绑扎木或竹筏。

在水利枢纽中，通航、过木以及过鱼等建筑物的布置均应与其形式和特点相适应，以满足正常的运用要求。

第三节 水库施工

一、水库施工的要点

（一）做好前期设计工作

水库工程设计单位必须明确设计的权利和责任，对于设计规范，由设计单位在设计过程中实施质量管理。设计的流程和设计文件的审核，设计标准和设计文件的保存和发布等一系列都必须依靠工程设计质量控制体系。在设计交接时，由设计单位派出设计代表，做好技术交接和技术服务工作。在交接过程中，要根据现场施工的情况，对设计进行优化，进行必要的调整和变更。对于项目建设过程中确有需要的重大设计变更、子项目调整、建设标准调整、概算调整等，必须组织开展充分的技术论证，由业主委员会提出编制相应文件，报上级部门审查，并报请项目原复核、审批单位履行相应手续；一般设计变更，项目主管部门和项目法人等也应及时履行相应审批程序。由监理审查后报总工批准。对设计单位提交的设计文件，先由业主总工审核后交监理审查，不经监理工程师审查批准的图纸，不能交付施工。坚决杜绝以"优化设计"为名，人为擅自降低工程标准、减少建设内容，造成安全隐患。若出现对大坝设计比较大的变更时。

（二）强化施工现场管理

严格进行工程建设管理，认真落实项目法人责任制、招标投标制、建设监理制和合同管理制，确保工程建设质量、进度和安全。业主与施工单位签订的施工承包合同条款中的质量控制、质量保证、要求与说明，承包商根据监理指示，必须遵照执行。承包商在施工过程中必须坚持"三检制"的质量原则，在工序结束时必须经业主现场管理人员或监理工程师值班人员检查、认可，未经认可不得进入下道工序施工，对关键的施工工序，均建立有完整的验收程序和签证制度，甚至监理人员跟班作业。施工现场值班人员采用旁站形式跟班监督承包商按合同要求进行施工，把握住项目的每一道工序，坚持做到"五个不准"。为了掌握和控制工程质量，及时了解工程质量情况，对施工过程的要素进行核查，并作出施工现场记录，换班时经双方人员签字，值班人员对记录的完整性和真实性负责。

（三）加强管理人员协商

为了协调施工各方关系，业主驻现场工程处每日召开工程现场管理人员碰头会，检查每日工程进度情况、施工中存在的问题，提出改进工作的意见。监理部每月五日、二十五日召开施工单位生产协调会议，由总监主持，重点解决急需解决的施工干扰问题，会议形成纪要文件，结束承包商按工程师的决定执行。根据《工程质量管理实施细则》，施工质量责任按"谁施工谁负责"的原则，承包商加强自检工作，并对施工质量终身负责，坚决执行"质量一票否决权"制度，出现质量事故严格按照事故处理"三不放过"的原则严肃处理。

（四）构建质量监督体系

水库工程质量监督可通过查、看、问、核的方式实施工程质量的监督。查，即抽查；通过严格地对参建各方有关资料的抽查，如，抽查监理单位的监理实施细则，监理日志；抽查施工单位的施工组织设计，施工日志、监测试验资料等。看，即查看工程实物：通过对工程实物质量的查看，可以判断有关技术规范、规程的执行情况。一旦发现问题，应及时提出整改意见。问，即查问：参建对象，通过对不同参建对象的查问，了解相关方的法律、法规及合同的执行情况，一旦发现问题，及时处理。核，即核实工程质量，工程质量评定报告体现了质量监督的权威性，同时对参建各方的行为也起到监督作用。

（五）选取泄水建筑物

水库工程泄水建筑物类型有两种，表面溢洪道和深式泄水洞，其主要作用是输砂和泄洪。不管属于哪种类型，其底板高程的确定是重点，具体有两方面要求应考虑：

1. 根据国家防洪标准 50286—2000 的要求，我国现阶段防洪标准与 30 年前相比，有所降低。在调洪演算过程中，若以原底板高程为准确定的坝顶高程，低于现状坝顶高程，会造成现状坝高的严重浪费。因此在满足原库区淹没线前提下，除险加固底板高程应适当抬高，同时对底板抬高前后进行经济和技术对比，确保现状坝高充分利用。

2. 对泄水建筑物进口地形的测量应作到精确无误，并根据实测资料分析泄洪洞进口淤积程度，有无阻死进口现象，是否会影响水库泄洪，对抬高底板的多少应进行经济分析，同时分析下游河道泄流能力。

（六）合理确定限制水位

通常一些水库防洪标准是否应降低须根据坝高以及水头高度而定。若 15m 以下坝高土坝且水头小于 10m，应采用平原区标准，此类情况水库防洪标准响应降低，调洪时保证起调水位合理性应分析考虑两点：第一，若原水库设计中无汛期限制水位，仅存在正常蓄水位时，在调洪时应以正常蓄水位作为起调水位。第二，若原计划中存在汛期限制水位，则应该把原汛期限制水位当作参考依据，同时对水库汛期后蓄水情况应做相应的调查，分析水库管理积累的蓄水资料，总结汛末规律，径流资料从水库建成至今，汛末至第二年灌溉用水止，若蓄至正常蓄水位年份占水库运行年限比例应小于 20%，应利用水库多年的来水量进行适当插补延长，重新确定汛期限制水位，对水位进行起调。若蓄至正常蓄水位的年份占水库运行年限的比例大于 20%，应采用原汛期限制水位为起调水位。

（七）精细计算坝顶高程

近年来我国防洪标准有所降低，若采用起调水位进行调洪，坝顶高程与原坝顶高程会在计算过程中产生较大误差，因此确定坝顶高程因利用现有水利资源，以现有坝顶高程为准进行调洪，直至计算坝顶高程接近现状坝顶高程为止。这种做法的优点是利用现有水利资源，相对提高了水库的防洪能力。

二、水库帷幕灌浆施工

根据灌浆设计要求，帷幕灌浆前由施工单位在左、右坝肩分别进行了灌浆试验，进一步确定了选定工艺对应下的灌浆孔距、灌浆方法、灌浆单注量和灌浆压力等主要技术参数及控制指标。

（一）钻孔

灌浆孔测量定位后，钻孔采用 100 型或 150 型回转式地质钻机，直径 91mm 金刚石或硬质合金钻头。设计孔深 17.5 ~ 48.9m，按单排 2m 孔距沿坝轴线布孔，分 3 个序次逐渐加密灌浆。钻孔具体要求如下：

1. 所有灌浆孔按照技施图认真统一编号，精确测量放线并报监理复核，复核认可后方可开钻。开孔位置与技施图偏差 ≥2cm，最后终孔深度应符合设计规定。若需要增加孔深，必须取得监理及设计人员的同意。

2. 施工中高度重视机械操作及用电安全，钻机安装要平正牢固，立轴铅直。开孔钻进采用较长粗径钻具，并适当控制钻进速度及压力。井口管理设好后，选用较小口径钻具继续钻孔。若孔壁坍塌，应考虑跟管钻进。

3. 钻孔过程中应进行孔斜测量，每个灌段（即 5m 左右）测斜一次。各孔必须保证铅直，孔斜率 ≤ 1%。测斜结束，将测斜值记录汇总，如发现偏斜超过要求，确认对帷幕灌浆质量有影响，应及时纠正或采取补救措施。

4. 对设计和监理工程师要求的取芯钻孔，应对岩层、岩性以及孔内各种情况进行详细记录，统一编号，填牌装箱，采用数码摄像，进行岩芯描述并绘制钻孔柱状图。

5. 如钻孔出现塌孔或掉块难以钻进时，应先采取措施进行处理，再继续钻进。如发现集中漏水，应立即停钻，查明漏水部位、漏水量及原因，处理后再进行钻进。

6. 钻孔结束等待灌浆或灌浆结束等待钻进时，孔口应堵盖，妥善加于保护，防止杂物掉入而影响下一道工序的实施和灌浆质量。

（二）洗孔

1. 灌浆孔在灌浆前应进行钻孔冲洗，孔底沉积厚度不得超过 20cm。洗孔宜采用清洁的压力水进行裂隙冲洗，直至回水清净为止。冲洗压力为灌浆压力的 80%，该值若 >1MPa 时，采用 1MPa。

2. 帷幕灌浆孔（段）因故中断时间间隔超过 24h 的应在灌浆前重新进行冲洗。

（三）制浆材料及浆液搅拌

该工程帷幕灌浆主要为基础处理，灌入浆液为纯水泥浆，采用 32.5 普通硅酸盐水泥，用 150L 灰浆搅拌机制浆。水泥必须有合格卡，每个批次水泥必须附生产厂家质量检验报告。施工用水泥必须严格按照水泥配制表认真投放，称量误差 <3%。受湿变质硬化的水泥一律不得使用。施工用水采用经过水质分析检测合格的水库上游来水，制浆用水量严格按搅浆桶容积准确兑放。水泥浆液必须搅拌均匀，拌浆时用 150L 电动普通搅拌机，搅拌时间不少于 3min，浆液在使用前过筛，从开始制备至用完时间 <4h。

（四）灌前压水试验

施工中按自上而下分段卡塞进行压水试验。所有工序灌浆孔按简易压水（单点法）进行，检查孔采用五点法进行压水试验。工序灌浆孔压水试验的压力值，按灌浆压力的 0.6 倍使用，但最大压力不能超过设计水头的 1.5 倍。压水试验前，必须先测量孔内安定水位，检查止水效果，效果良好时，才能进行压水试验。压水设备、压力表、流量表（水表）的安装及规格、质量必须符合规范要求，具体按《水利水电工程钻孔压水试验规程》执行。压水试验稳定标准：压力调到规定数值，持续观察，待压力波动幅度很小，基本保持稳定后，开始读数，每 5min 测读一次压入流量，当压入流量读数符合下列标准之一时，压水即可结束，并以最有代表性流量读数作为计算值。压水试验完成后，应及时做好资料整理工作，ω 值计算采用公式 $\omega = Q/S.L$，并换算为 Lu 值，与设计进行对比。

（五）灌浆工艺选定

1. 灌浆方法

基岩部分采用自上而下孔内循环式分段灌注，射浆管口距孔底 ≤ 50cm，灌段长 5 ~ 6m。

2. 灌浆压力

采用循环式纯压灌浆，压力表安装在孔口进浆管路上。灌浆压力采用公式 P1=P0+MD 计算，式中 P1 为灌浆压力；P0 为岩石表面所允许的压力；M 为灌浆段顶板在岩石中每加深 1m 所允许增加的压力值；D 为灌浆段顶部上覆地层的厚度。因表层基岩节理、裂隙发育较破碎，M 取 0.15 ~ 0.2m，P0=1.0。

3. 浆液配制

灌浆浆液的浓度按照由稀到浓，逐级调整的严责进行。水灰比按 5：1，3：1，2：1，1：1，0.8：1，0.6：1，0.5：1 七个级逐级调浓使用，起始水灰比 5：1。

4. 浆液调级

当灌浆压力保持不变，吃浆量持续减少，或当注入率保持不变而灌浆压力持续升高时，不得改变水灰比级别；当某一比级浆液的注入浆量超过 300L 以上或灌浆时间已达 1h，而灌浆压力和注入率均无改变或变化不明显时，应改浓一级；当耗浆量 >30L/min 时，检查证明没有漏浆、冒浆情况时，应立即越级变换浓浆灌注；灌浆过程中，灌浆压力突然升高或降低，变化较大；或吃浆量突然增加很多，应高度重视，及时汇报值班技术人员进行仔细分析查明原因，并采取相应的调整措施。灌浆过程中如回浆变浓，宜换用相同水灰比新浆进行灌注，若效果不明显，延续灌注 30min，即可停止灌注。

5. 灌浆结束标准

在规定压力下，当注入率 ≤ 1L/min 时，继续灌注 90min；当注入率 ≤ 0.4L/min 时，继续灌注 60min，可结束灌浆。

6. 封孔

单孔灌浆结束后，必须及时做好封孔工作。封孔前由监理工程师、施工单位、建设单位技术员共同及时进行单孔验收。验收合格采用全孔段压力灌浆封孔，浆液配比与灌浆浆液相同，即灌什么浆用什么浆封孔，直至孔口不再下沉为止，每孔限 3d 封好。

（六）灌浆过程中特殊情况处理

冒浆、漏浆、串浆处理：灌浆过程中，应加强巡查，发现岸坡或井口冒浆、漏浆现象，可立即停灌，及时分析找准原因后采取嵌缝、表面封堵、低压、浓浆、限流、限量、间歇灌浆等具体方法处理。相邻两孔发生串浆时，如被串孔具备灌浆条件，可采用串通的两个孔同时灌浆，即同时两台泵分别灌两个孔。另一种方法是先将被串孔用木塞塞住，继续灌浆，待串浆孔灌浆结束，再对被串孔重新扫孔、洗孔、灌浆和钻进。

（七）灌浆质量控制

首先是灌浆前质量控制，灌浆前对孔位、孔深、孔斜率、孔内止水等各道工序进行检查验收，坚持执行质量一票否决制，上一道工序未经检验合格，不得进行下道工序的施工。其次是灌浆过程中质量控制，应严格按照设计要求和施工技术规范严格控制灌浆压力、水灰比、变浆标准等，并严把灌浆结束标准关，使灌浆主要技术参数均满足设计和规范要求。灌浆全过程质量控制先在施工单位内部实行 3 检制，3 检结束报监理工程师最后检查验收、质量评定。为保证中间产品及成品质量，监理单位质检员必须坚守工作岗位，实时掌控施工进度，严格控制各个施工环节，做到多跑、多看、多问，发现问题及时解决。施工中应认真做好原始记录，资料档案汇总整理及时归档。因灌浆系地下隐蔽工程，其质量效果判断主要手段之一是依靠各种记录统计资料，没有完整、客观、详细的施工原始记录资料就无法对灌浆质量进行科学合理的评定。最后是灌浆结束质量检验，所有灌浆生产孔结束14d 后，按单元工程划分布设检查孔获取资料对灌浆质量进行评定。

三、水库工程大坝施工

（一）施工工艺流程

1. 上游平台以下施工工艺流程

浆砌石坡脚砌筑和坝坡处理→粗砂铺筑→土工布铺设→筛余卵砾石铺筑和碾压→碎石垫层铺筑→砼砌块护坡砌筑→砼锚固梁浇筑→工作面清理

2. 上游平台施工工艺流程

平台面处理→粗砂铺筑→天然沙砾料铺筑和碾压→平台砼锚固梁浇筑→砌筑十字波浪砖→工作面清理

3. 上游平台以上施工工艺流程

坝坡处理→粗砂铺筑→天然沙砾料铺筑碾压→筛余卵砾石铺筑和碾压→碎石垫层铺筑→砼预制砌块护坡砌筑→砼锚固梁及坝顶砼封顶浇注→工作面清理

4. 下游坝脚排水体处施工工艺流程

浆砌石排水沟砌筑和坝坡处理→土工布铺设→筛余卵砾石分层铺筑和碾压→碎石垫层铺筑→水工砖护坡砌筑→工作面清理

5. 下游坝脚排水体以上施工工艺流程

坝坡处理→天然沙砾料铺筑和碾压→砼预制砌块护坡砌筑→工作面清理

（二）施工方法

1. 坝体削坡

根据坝体填筑高度拟按 2 ~ 2.5m 削坡一次。测量人员放样后，采用 1 部 1.0m³ 反铲挖掘机削坡，预留 20cm 保护层待填筑反滤料之前，由人工自上而下削除。

2. 上游浆砌石坡脚及下游浆砌石排水沟砌筑

严格按照图纸施工，基础开挖完成并经验收合格后，方可开始砌筑。浆砌石采用铺浆法砌筑，依照搭设的样架，逐层挂线，同一层要大致水平塞垫稳固。块石大面向下，安放平稳，错缝卧砌，石块间的砂浆插捣密实。并做到砌筑表面平整美观。

3. 底层粗砂铺设

底层粗砂沿坝轴方向每 150m 为一段，分段摊铺碾压。具体施工方法为：自卸车运送粗砂至坝面后，从平台及坝顶向坡面到料，人工摊铺、平整，平板振捣器拉三遍振实；平台部位粗砂垫层人工摊铺平整后采用光面震动碾顺坝轴线方向碾压压实。

4. 土工布铺设

土工布由人工铺设，铺设过程中，作业人员不得穿硬底鞋及带钉的鞋。土工布铺设要平整，与坡面相贴，呈自然松弛状态，以适应变形。接头采用手提式缝纫机缝合 3 道，缝合宽度为 10cm，以保证接缝施工质量要求；土工布铺设完成后，必须妥善保护，以防受损。

为减少土工布的暴晒，摊铺后 7 日内必须完成上部的筛余卵砾石层铺筑。

（1）上游土工布：土工布与上游坡脚浆砌石的锚固方法为：压在浆砌石底的土工布向上游伸出 30cm，包在浆砌石上游面上，土工布与土槽之间的空隙用 M10 砂浆填实；与 107.4 平台的锚固方法为：在 107.4 平台坡肩 50cm 处挖 30×30cm 的土槽，土工布压入土槽后用土压实，以防止土工布下滑。

（2）下游土工布：下部压入排水沟浆砌石底部 1m、上部范围为高出透水砖铅直方向 0.75m 并用扒钉在顶部固定。

5. 反滤层铺设

天然沙砾料及筛余卵砾料铺筑沿坝轴方向每 250m 为一段，分段摊铺碾压。具体施工方法为：

（1）天然沙砾料

自卸车运送天然沙砾料至坝面后从平台及坝顶卸料，推土机机械摊铺，人工辅助平整，然后采用山推 160 推土机沿坡面上下行驶、碾压，碾压遍数为 8 遍；平台处天然沙砾料推土机机械摊铺人工辅助平整后，碾压机械顺坝轴线方向碾压 6 遍。由于 2+700 ～ 3+300 坝段平台处天然沙砾料为 70cm 厚，故应分两层摊铺、碾压。天然沙砾料设计压实标准为相对密度不低于 0.75。

（2）筛余卵砾石

自卸车运送筛余卵砾料至坝面后从平台及坝顶向坡面到料，推土机机械摊铺，人工辅助平整，然后采用山推 160 推土机沿坡面上下行驶、碾压。上游筛余卵砾料应分层碾压，铺筑厚度不超过 60cm，碾压遍数为 8 遍；下游坝脚排水体处护坡筛余料按设计分为两层，底层为 50cm 厚筛余料，上层为 40cm 厚 >20mm 的筛余料，故应根据设计要求分别铺筑、碾压。筛余卵砾石设计压实标准为孔隙率不大于 25%。

6. 混凝土砌块砌筑

（1）施工技术要求

①混凝土砌块自下而上砌筑，砌块的长度方向水平铺设，下沿第一行砌块与浆砌石护脚用现浇 C25 混凝土锚固，锚固混凝土与浆砌石护脚应结合良好。

②从左（或右）下角铺设其他混凝土砌块，应水平方向分层铺设，不得垂直护脚方向铺设。铺设时，应固定两头，均衡上升，以防止产生累计误差，影响铺设质量。

③为增强混凝土砌块护坡的整体性，拟每间隔 150 块顺坝坡垂直坝轴方向设混凝土锚固梁一道。锚固梁采用现浇 C25 混凝土，梁宽 40cm，梁高 40cm，锚固梁两侧半块空缺部分用现浇混凝土充填，和锚固梁同时浇筑。

④将连锁砌块铺设至上游 107.4 高程和坝顶部位时，应在平台变坡部位和坝顶部位设现浇混凝土锚固连接砌块，上述部位连锁砌块必须与现浇混凝土锚固。

⑤护坡砌筑至坝顶后，应在防浪墙底座施工完成后浇筑护坡砌块的顶部与防浪墙底座之间的锚固混凝土。

⑥如需进行连锁砌块面层色彩处理时，应清除连锁砌块表面浮灰及其他杂物，如需水洗时，可用水冲洗，待水干后即可进行色彩处理。

⑦根据图纸和设计要求，用砂或天然沙砾料（筛余2cm以上颗粒）填充砌块开孔和接缝。

⑧下游水工连锁砌块和不开孔砌块分界部位可采用切割或C25混凝土现浇连接。水工连锁砌块和坡脚浆砌石排水沟之间的连接采用C25混凝土现浇连接。

（2）砌块砌筑施工方法

①首先确定数条砌体水平缝的高程，各坝段均以此为基准。然后由测量组把水平基线和垂直坝轴线方向分块线定好，并用水泥沙浆固定基线控制桩，以防止基线的变动造成误差。

②运输预制块，首先用运载车辆把预制块从生产区运到施工区，由人工抬运到护坡面上来。

③用瓦刀把预制块多余的灰渣清除干净，再用特制抬预制块的工具（抬耙）把预制块放到指定位置，与前面已就位的预制块咬合相连锁，咬合式预制块的尺寸46cm×34cm；具体施工时，需用几种专用工具包括：抬的工具，类似于钉耙，我们临时称为抬耙；瓦刀和80cm左右长的撬杠，用来调节预制块的间距和平整度；木棒（或木锤）用来撞击未放进的预制块；常用的铝合金靠尺和水平尺，用来校核预制块的平整度。施工工艺可用五个字来概括：抬，敲，放，调，平。抬指把预制块放到预定位置；敲指用瓦刀把灰渣敲打干净，以便预制快顺利组装；放置二人用专用抬的工具把预制块放到指定位置；调指用专用撬杠调节预制块的间距和高低；平指用水平尺、靠尺和木锤（木棒）来校核预制块的平整度。

7.锚固梁浇筑

在大坝上游坝脚处设以小型搅拌机。按照设计要求混凝土锚固梁高40cm，故先由人工开挖至设计深度，人工用胶轮车转运混凝土入仓并振捣密实，人工抹面收光。

四、水库除险加固

土坝需要检查是否有上下游贯通的孔洞，防渗体是否有破坏、裂缝，是否有过大的变形，造成垮塌的迹象。混凝土坝需要检查混凝土的老化、钢筋的锈蚀程度等，是否存在大幅度的裂缝。还有进、出水口的闸门、渠道、管道是否需要更换、修复等。库区范围内是否有滑坡体、山坡蠕变等问题。

（一）为了病险水库的治理，提高质量，从下面的几个方面入手

1.继续加强病险水库除险加固建设进度必须半月报制度，按照"分级管理，分级负责"的原则，各级政府都应该建立相应的专项治理资金。每月对地方的配套资金应该到位、投资的完成情况、完工情况、验收情况等进行排序，采取印发文件和网站公示等方式向全国通报。通过信息报送和公示，实时掌握各地进展情况，动态监控，及时研判，分析制约年

底完成3年目标任务的不利因素，为下一步工作提供决策参考。同时，结合病险水库治理的进度，积极稳妥地搞好小型水库的产权制度改革。有除险加固任务的地方也要层层建立健全信息报送制度，指定熟悉业务、认真负责的人员具体负责，保证数据报送及时、准确；同时，对全省、全市所有的正在进行的项目进展情况进行排序，与项目的政府主管部门责任人和建设单位责任人名单一并公布，以便接受社会监督。病险水库加固规划时，应考虑增设防汛指挥调度网络及水文水情测报自动化系统、大坝监测自动化系统等先进的管理设施。而且要对不能满足需要的防汛道路及防汛物资仓库等管理设施一并予以改造。

2.加强管理，确保工程的安全进行，督促各地进一步的加强对病险水库除险加固的组织实施和建设管理，强化施工过程的质量与安全监管，以确保工程质量和施工的安全，确保目标任务全面完成。一是要狠抓建设管理，认真的执行项目法人的责任制、招标投标制、建设监理制，加强对施工现场组织和建设管理、科学调配施工力量，努力调动参建各方积极性，切实地把项目组织好、实施好。二是狠抓工作重点，把任务重、投资多、工期长的大中型水库项目作为重点，把项目多的市县作为重点，有针对性地开展重点指导、重点帮扶。三是狠抓工程验收，按照项目验收计划，明确验收责任主体，科学组织，严格把关，及时验收，确保项目年底前全面完成竣工验收或投入使用验收。四是狠抓质量关与安全，强化施工过程中的质量与安全监管，建立完善的质量保证体系，真正的做到建设单位认真负责、监理单位有效控制、施工单位切实保证，政府监督务必到位，确保工程质量和施工一切安全。

（二）水库除险加固的施工

加强对施工人员的文明施工宣传，加强教育，统一思想，使广大干部职工认识到文明施工是企业形象、队伍素质的反映，是安全生产的必要保证，增强现场管理和全体员工文明施工的自觉性。在施工过程中协调好与当地居民、当地政府的关系，共建文明施工窗口。明确各级领导及有关职能部门和个人的文明施工的责任和义务，从思想上、管理上、行动上、计划上和技术上重视起来，切实的提高现场文明施工的质量和水平。健全各项文明施工的管理制度，如岗位责任制、会议制度、经济责任制、专业管理制度、奖罚制度、检查制度和资料管理制度。对不服从统一指挥和管理的行为，要按条例严格执行处罚。在开工前，全体施工人员认真学习水库文明公约，遵守公约的各种规定。在现场施工过程中，施工人员的生产管理符合施工技术规范和施工程序要求，不违章指挥，不蛮干。对施工现场不断进行整理、整顿、清扫、清洁和素养，有效地实现文明施工。合理布置场地，各项临时施工设施必须符合标准要求，做到场地清洁、道路平顺、排水通畅、标志醒目、生产环境达到标准要求。按照工程的特点，加强现场施工的综合管理，减少现场施工对周围环境的一切干扰和影响。自觉接受社会监督。要求施工现场坚持做到工完料清，垃圾、杂物集中堆放整齐，并及时的处理；坚持做到场地整洁、道路平顺、排水畅通、标志醒目，使生产环境标准化，严禁施工废水乱排放，施工废水严格按照有关要求经沉淀处理后用于洒水降尘。加强施工现场的管理，严格按照有关部门审定批准的平面布置图进行场地建设。临时建筑物、构成物要求稳固、整洁、安全，并且满足消防要求。施工场地采用全封闭的围挡形成，施工场地及道路按规定进行硬化，其厚度和强度要满足施工和行车的需要。按设计架设用电线路，严禁任意去拉线接电，严禁使用所有的电炉和明火烧煮食物。施工场地和道路要平坦、通畅并设置相应的安全防护设施及安全标志。按要求进行工地主要出入口设置交通指令标志和警示灯，安排专人疏导交通，保证车辆和行人的安全。工程材料、制品构件分门别类、有条有理地堆放整齐；机具设备定机、定人保养，并保持运行正常，机容整洁。同时在施工中严格按照审定的施工组织设计实施各道工序，做到工完料清，场地上无淤泥积水，施工道路平整畅通，以实现文明施工合理安排施工，尽可能使用低噪声设备严格控制噪声，对于特殊设备要采取降噪声措施，以尽可能的减少噪声对周边环境的影响。现场施工人员要统一着装，一律佩戴胸卡和安全帽，遵守现场各项规章和制度，非施工人员严禁进入施工现场。加强土方施工管理。弃渣不得随意弃置，并运至规定的弃渣场。外运和内运土方时决不准超高，并采取遮盖维护措施，防止泥土沿途遗漏污染到马路。

第四节　堤防施工

一、水利工程堤防施工

（一）堤防工程的施工准备工作

1. 施工注意事项

施工前应注意施工区内埋于地下的各种管线，建筑物废基，水井等各类应拆除的建筑物，并与有关单位一起研究处理措施方案。

2. 测量放线

测量放线非常重要，因为它贯穿于施工的全过程，从施工前的准备，到施工中，到施工结束以后的竣工验收，都离不开测量工作。如何把测量放线做块做好，是对测量技术人员一项基本技能的考验和基本要求。目前堤防施工中一般都采用全站仪进行施工控制测量，另外配置水准仪、经纬仪，进行施工放样测量。

（1）测量人员依据监理提供的基准点、基线、水准点及其他测量资料进行核对、复测，监理施工测量控制网，报请监理审核，批准后予以实施，以利于施工中随时校核。

（2）精度的保障。工程基线相对于相邻基本控制点，平面位置误差不超过 ±30 ~ 50mm，高程误差不超过 ±30mm。

（3）施工中对所有导线点、水准点进行定期复测，对测量资料进行及时、真实的填写，由专人保存，以便归档。

3. 场地清理

场地清理包括植被清理和表土清理。其方位包括永久和临时工程、存弃渣场等施工用地需要清理的全部区域的地表。

（1）植被清理：用推土机清除开挖区域内的全部树木、树根、杂草、垃圾及监理人指明的其他有碍物，运至监理工程师指定的位置。除监理人另有指示外，主体工程施工场地地表的植被清理，必须延伸至施工图所示最大开挖边线或建筑物基础变现（或填筑边脚线）外侧至少 5m 距离。

（2）表土清理：用推土机清楚开挖区域内的全部含细根、草本植物及覆盖草等植物的表层有机土壤，按照监理人指定的表土开挖深度进行开挖，并将开挖的有机土壤运至指定地区存放待用。防止土壤被冲刷流失。

（二）堤防工程施工放样与堤基清理

在施工放样中，首先沿堤防纵向定中心线和内外边脚，同时钉以木桩，要把误差控制在规定值内。当然根据不同堤形，可以在相隔一定距离内设立一个堤身横断面样架，以便能够为施工人员提供参照。堤身放样时，必须要按照设计要求来预留堤基、堤身的沉降量。而在正式开工前，还需要进行堤基清理，清理的范围主要包括堤身、铺盖、压载的基面，其边界应在设计基面边线外 30 ~ 50cm。如果堤基表层出现不合格土、杂物等，就必须及时清除，针对堤基范围内的坑、槽、沟等部分，需要按照堤身填筑要求进行回填处理。同时需要把松地表，这样才能保证堤身与基础结合。当然，假如堤线必须通过透水地基或软弱地基，就必须要对堤基进行必要的处理，处理方法可以按照土坝地基处理的方法进行。

（三）堤防工程度汛与导流

堤防工程施工期跨汛期施工时，度汛、导流方案应根据设计要求和工程需要编制，并报有关单位批准。挡水堤身或围堰顶部高程，按照度汛洪水标准的静水位加波浪爬高与安全加高确定。当度汛洪水位的水面吹程小于 500m、风速在 5 级（风速 10m/s）以下时，堤顶高程可仅考虑安全加高。

（四）堤防工程堤身填筑要点

1. 常用筑堤方法

（1）土料碾压筑堤

土料碾压筑堤是应用最多的一种筑堤方法，也是极为有效的一种方法，其主要是通过把土料分层填筑碾压，主要用于填筑堤防的一种工程措施。

（2）土料吹填筑堤

土料吹填筑堤主要是通过把浑水或人工拌制的泥浆，引到人工围堤内，通过降低流速，最终能够沉沙落淤，其主要是用于填筑堤防的一种工程措施。吹填的方法有许多种，包括提水吹填、自流吹填、吸泥船吹填、泥浆泵吹填等。

（3）抛石筑堤

抛石筑堤通常是在软基、水中筑堤或地区石料丰富的情况下使用的，其主要是利用抛投块石填筑堤防。

（4）砌石筑堤

砌石筑堤是采用块石砌筑堤防的一种工程措施。其主要特点是工程造价高，在重要堤防段或石料丰富地区使用较为广泛。

（5）混凝土筑堤

混凝土筑堤主要用于重要堤防段，是采用浇筑混凝土填筑堤防的一种工程措施，其工程造价高。

2. 土料碾压筑堤

（1）铺料作业

铺料作业是筑堤的重要组成部分，因此需要根据要求把土料铺至规定部位，禁止把砂（砾）料，或者其他透水料与黏性土料混杂。当然在上堤土料的过程中，需要把杂质清除干净，这主要是考虑到黏性土填筑层中包裹成团的砂（砾）料时，可能会造成堤身内积水囊，这将会大大影响到堤身安全；如果是土料或砾质土，就需要选择进占法或后退法卸料，如果是沙砾料，则需要选择后退法卸料；当出现沙砾料或砾质土卸料发生颗粒分离的现象，就需要将其拌和均匀；需要按照碾压试验确定铺料厚度和土块直径的限制尺寸；如果铺料到堤边，那就需要在设计边线外侧各超填一定余量，人工铺料宜为100cm，机械铺料宜为30cm。

（2）填筑作业

为了更好的提高堤身的抗滑稳定性，需要严格控制技术要求，在填筑作业中如果遇到地面起伏不平的情况，就需要根据水分分层，按照从低处开始逐层填筑的原则，禁止顺坡铺填；如果堤防横断面上的地面坡度陡于1∶5，则需要把地面坡度削至缓于1∶5。

如果是土堤填筑施工接头，那很可能会出现成质量隐患，这就要求分段作业面的最小长度要大于100m，如果人工施工时段长，那可以根据相关标准适当减短；如果是相邻施工段的作业面宜均衡上升，在段与段之间出现高差时，就需要以斜坡面相接；不管选择哪种包工方式，填筑作业面都严格按照分层统一铺土、统一碾压的原则进行，同时还需要配备专业人员，或者用平土机具参与整平作业，避免出现乱铺乱倒，出现界沟的现象；为了使填土层间结合紧密，尽可能的减少层间的渗漏，如果已铺土料表面在压实前，已经被晒干，此时就需要洒水湿润。

（3）防渗工程施工

黏土防渗对于堤防工程来说主要是用在黏土铺盖上，而黏土心墙、斜墙防渗体方式在堤防工程中应用较少。黏土防渗体施工，应在清理的无水基底上进行，并与坡脚截水槽和堤身防渗体协同铺筑，尽量减少接缝；分层铺筑时，上下层接缝应错开，每层厚以15~20cm为宜，层面间应刨毛、洒水，以保证压实的质量；分段、分片施工时，相邻工作面搭接碾压应符合压实作业规定。

（4）反滤、排水工程施工

在进行铺反滤层施工之前，需要对基面进行清理，同时针对个别低洼部分，则需要通过采用与基面相同土料，或者反滤层第一层滤料填平。而在反滤层铺筑的施工中，需要遵循以下几个要求：

①铺筑前必须要设好样桩，做好场地排水，准备充足的反滤料。

②按照设计要求的不同，来选择粒径组的反滤料层厚。

③必须要从底部向上按设计结构层要求，禁止逐层铺设，同时需要保证层次清楚，不能混杂，也不能从高处顺坡倾倒。

④分段铺筑时，应使接缝层次清楚，不能出现发生缺断、层间错位、混杂等现象。

二、堤防工程防渗施工技术

（一）堤防发生险情的种类

堤防发生险情包括开裂、滑坡和渗透破坏，其中，渗透破坏尤为突出。渗透破坏的类型主要有接触流土、接触冲刷、流土、管涌、集中渗透等。由渗透破坏造成的堤防险情主要有：

1.堤身险情。该类险情的造成原因主要是堤身填筑密实度以及组成物质的不均匀所致，如堤身土壤组成是砂壤土、粉细沙土壤，或者堤身存在裂缝、孔洞等。跌窝、漏洞、脱坡、散浸是堤身险情的主要表现。

2.堤基与堤身接触带险情。该类险情的造成原因是建筑堤防时，没有清基，导致堤基与堤身的接触带的物质复杂、混乱。

3.堤基险情。该类险情是由于堤基构成物质中包含了砂壤土和砂层，而这些物质的透水性又极强所致。

（二）堤防防渗措施的选用

在选择堤防工程的防渗方案时，应当遵循以下原则：首先，对于堤身防渗，防渗体可选择劈裂灌浆、锥探灌浆、截渗墙等。在必要情况下，可帮堤以增加堤身厚度，或挖除、刨松堤身后，重新碾压并填筑堤身。其次，在进行堤防截渗墙施工时，为降低施工成本，要注意采用廉价、薄墙的材料。较为常用的造墙方法有开槽法、挤压法、深沉法，其中，深沉法的费用最低，对于<20m的墙深最宜采用该方法。高喷法的费用要高些，但在地下障碍物较多、施工场地较狭窄的情况下，该方法的适应性较高。若地层中含有的砂卵砾石较多且颗粒较大时，应结合使用冲击钻和其他开槽法，该法的造墙成本会相应地提高不少。对于该类地层上堤段险情的处理，还可使用盖重、反滤保护、排水减压等措施。

（三）堤防堤身防渗技术分析

1. 黏土斜墙法

黏土斜墙法，是先开挖临水侧堤坡，将其挖成台阶状，再将防渗黏性土铺设在堤坡上方，铺设厚度 ≥2m，并要在铺设过程中将黏性土分层压实。对于堤身临水侧滩地足够宽且断面尺寸较小的情况，适宜使用该方法。

2. 劈裂灌浆法

劈裂灌浆法，是指利用堤防应力的分布规律，通过灌浆压力在沿轴线方向将堤防劈裂，再灌注适量泥浆形成防渗帷幕，使堤身防渗能力加强。该方法的孔距通常设置为 10m，但在弯曲堤段，要适当缩小孔距。对于沙性较重的堤防，不适宜使用劈裂灌浆法，这是因为沙性过重，会使堤身弹性不足。

3. 表层排水法

表层排水法，是指在清除背水侧堤坡的石子、草根后，喷洒除草剂，然后铺设粗砂，铺设厚度在 20cm 左右，再一次铺设小石子、大石子，每层厚度都为 20cm，最后铺设块石护坡，铺设厚度为 30cm。

4. 垂直铺塑法

垂直铺塑法，是指使用开槽机在堤顶沿着堤轴线开槽，开槽后，将复合土工膜铺设在槽中，然后使用黏土在其两侧进行回填。该方法对复合土工膜的强度和厚度要求较高。若将复合土工膜深入至堤基的弱透水层中，还能起到堤基防渗的作用。

（四）堤基的防渗技术分析

1. 加盖重技术

加盖重技术，是指在背水侧地面增加盖重，以减小背水侧的出流水头，从而避免堤基渗流破坏表层土，使背水地面的抗浮稳定性增强，降低其出逸比降。针对下卧透水层较深、覆盖层较厚的堤基，或者透水地基，都适宜采用该方法进行处理。在增加盖重的过程中，要选择透水性较好的土料，至少要等于或大于原地面的透水性。而且不宜使用沙性太大的盖重土体，因为沙性太大易造成土体沙漠化，影响周围环境。若盖重太长，要考虑联合使用减压沟或减压井。如果背水侧为建筑密集区或是城区，则不适宜使用该方法。对于盖重高度、长度的确定，要以渗流计算结果为依据。

2. 垂直防渗墙技术

垂直防渗墙技术，是指在堤基中使用专用机建造槽孔，使用泥浆加固墙壁，再将混合物填充至槽孔中，最终形成连续防渗体。它主要包括了全封闭式、半封闭式和悬挂式三种结构类型。全封闭式防渗墙：是指防渗墙穿过相对强透水层，且底部深入到相对弱透水层中，在相对弱透水层下方没有相对强透水层。通常情况下，该防渗墙的底部会深入到深厚黏土层或弱透水性的基岩中。若在较厚的相对强透水层中使用该方法，会增加施工难度和施工成本。该方式会截断地下水的渗透径流，故其防渗效果十分显著，但同时也易发生地下水排泄、补给不畅的问题。所以会对生态环境造成一定的影响。

半封闭式防渗墙：是指防渗墙经过相对强透水层深入弱透水层中，在相对弱透水层下方有相对强透水层。该方法对的防渗稳定性效果较好。影响其防渗效果的因素较多，主要有相对强透水层和相对弱透水层各自的厚度、连续性、渗透系数等。该方法不会对生态环境造成影响。

三、堤防绿化的施工

（一）堤防绿化在功能上下功夫

1.防风消浪，减少地面径流

堤防防护林可以降低风速、削减波浪，从而减小水对大堤的冲刷。绿色植被能够有效地抵御雨滴击溅、降低径流冲刷，减缓河水冲淘，起到护坡、固基、防浪等方面的作用。

2.以树养堤、以树护堤，改善生态环境

合理的堤防绿化能有效地改善堤防工程区域性的生态景观，实现养堤、护堤、绿化、美化的多功能，实现堤防工程的经济、社会和生态3个效益相得益彰，为全面建设和谐社会提供和谐的自然环境。

3.缓流促淤、护堤保土，保护堤防安全

树木干、叶、枝有阻滞水流作用，干扰水流流向，使水流速度放缓，对地表的冲刷能力大大下降，从而使泥沉沙落。同时林带内树木根系纵横，使泥土形成整体，大大提高了土壤的抗冲刷能力，保护堤防安全。

4.净化环境，实现堤防生态效益

枝繁叶茂的林带，通过叶面的水份蒸腾，起到一定排水作用，可以降低地下水位，能在一定程度上防止由于地下水位升高而引起的土壤盐碱化现象。另外防护林还能储存大量的水资源，维持环境的湿度，改善局部循环，形成良好的生态环境。

（二）堤防绿化在植树上保成活

理想的堤防绿化是从堤脚到堤肩的绿化，理想的堤防绿化是一条绿色的屏障，是一道天然的生态保障线，它可以成为一条亮丽的风景线。不但要保证植树面积，还要保证树木的存活率。

1.健全管理制度

领导班子要高度重视，成立专门负责绿化苗木种植管理领导小组，制定绿化苗木管理责任制，实施细则、奖惩办法等一系列规章制度。直接责任到人，真正实现分级管理、分级监督、分级落实，全面推动绿化苗木种植管理工作。为打造"绿色银行"起到了保驾护航和良好的监督落实作用。

2. 把好选苗关

近年来，我省堤防上的"劣质树""老头树"，随处可见，成材缓慢，不仅无经济效益可言，还严重影响堤防环境的美化，制约经济的发展。要选择种植成材快、木质好，适合黄土地带生长的既有观赏价值又有经济效益的树种。

3. 把好苗木种植关

堤防绿化的布局要严格按照规划，植树时把高低树苗分开，高低苗木要顺坡排开，即整齐美观，又能够使苗木采光充分，有利于生长。绿化苗木种植进程中，根据绿化计划和季节的要求，从苗木品种、质量、价格、供应能力等多方面入手，严格按照计划选择苗木。要严格按照三埋、两踩、一提苗的原则种植，认真按照专业技术人员指导植树的方法、步骤、注意事项完成，既保证整齐美观，又能确保成活率。

（1）三埋

所谓三埋就是：植树填土分3层，即挖坑时要将挖出的表层土1/3、中层土1/3、底层土1/3分开堆放。在栽植前先将表层土填于坑底，然后将树苗放于坑内，使中层土还原，底层土作为封口使用。

（2）两踩

所谓两踩就是：中层土填过后进行人工踩实，封堆后再进行一次人工踩实，可使根部周围土密实，保墒抗倒。

（3）一提苗

所谓一提苗就是指有根系的树苗，待中层土填入后，在踩实前先将树苗轻微上提，使弯乱的树根舒展，便于扎根。

（三）堤防绿化在管理上下功夫

巍巍长堤，人、水、树相依，堤、树、河相伴。堤防变成绿色风景线。这需要堤防树木的"保护伞"的支撑。

1. 加强法律法规宣传，加大对沿堤群众的护林教育

利用电视、广播、宣传车、散发传单、张帖标语等各种方式进行宣传，目的是使广大群众从思想上认识到堤防绿化对保护堤防安全的重要性和必要性，增强群众爱树、护树的自觉性，形成全员管理的社会氛围。对乱砍乱伐的违法乱纪行为进行严格查处，提高干部群众的守法意识，自觉做环境的绿化者。

2. 加强树木呵护，组织护林专业队

根据树木的生长规律，时刻关注树木的生长情况，做好保墒、施肥、修剪等工作，满足树木不同时期生长的需要。

3. 防治并举，加大对林木病虫害防治的力度

在沿堤设立病虫害观测站，并坚持每天巡查，一旦发现病虫害，及时除治，及时总结树木的常见病、突发病害，交流防治心得、经验，控制病虫害的泛滥。例如：杨树虽然生

长快、材质好、经济价值高，但幼树抗病虫害能力差的缺点。易发病虫害有：溃疡病，黑斑病、桑天牛、潜叶蛾等病害。针对溃疡病、黑斑病主要通过施肥、浇水增加营养水分，使其缝壮：针对桑天牛害虫，主要采用清除枸、桑树，断其食源，对病树虫眼插毒签、注射 1605、氧化乐果 50 倍或者 100 倍溶液等办法：针对潜叶蛾等害虫主要采用人工喷洒灭幼脲药液的办法。

（四）堤防防护林发展目标

1. 抓树木综合利用，促使经济效益最大化

为创经济效益和社会效益双丰收，在路口、桥头等重要交通路段，种植一些既有经济价值，又有观赏价值的美化树种，以适应旅游景观的要求，创造美好环境，为打造水利旅游景观做基础。

2. 乔灌结合种植，缩短成才周期

乔灌结合种植，树木成材快，经济效益明显。乔灌结合种植可以保护土壤表层的水土，有效防止水土流失，协调土壤水分。另外，灌木的叶子腐烂后，富含大量的腐殖质，既防止土壤板结，又改善土壤环境，促使植物快速生长，形成良性循环。缩短成才的周期。

3. 坚持科技兴林，提升林业资源多重效益

在堤防绿化实践中，要勇于探索，大胆实践，科学造林。积极探索短周期速生丰产林的栽培技术和管理模式。加大林木病虫害防治力度。管理人员的经常参加业务培训，实行走出去，引进来的方式，不断提高堤防绿化水准。

4. 创建绿色长廊，打造和谐的人居环境

为了满足人民日益提高的物质文化生活的需要，在原来绿化、美化的基础上，建设各具特色的堤防公园，使它成为人们休闲娱乐的好去处，实现经济效益、社会效益的双丰收。

四、生态堤防建设

（一）我国目前堤防建设的现状

在防洪工程建设中，堤防最主要的功能就是防汛，但生态功能往往被忽视，工程设计阶段多没有兼顾生态需求，从而未能合理引入生态工程技术，不能减轻水利工程对河流生态系统的负面影响，使得原本自然河流趋势人为渠道化和非连续化，破坏了自然生态。

（二）生态堤防建设概述

1. 生态堤防的含义

生态堤防是指恢复后的自然河岸或具有自然河岸水土循环的人工堤防。主要是通过扩大水面积和绿地、设置生物的生长区域、设置水边景观设施、采用天然材料的多孔性构造等措施来实现河道生态堤防建设。在实施过程中要尊重河道实际情况，根据河岸原生态状况，因地制宜，在此基础上稍加"生态加固"，不要作过多的人为建设。

2. 生态堤防建设的必要性

原来河道堤防建设，仅是加固堤岸、裁弯取直、修筑大坝等工程，满足了人们对于供水、防洪、航运的多种经济要求。但水利工程对于河流生态系统可能造成不同程度的负面影响：一是自然河流的人工渠道化，包括平面布置上的河流形态直线化，河道横断面几何规则化，河床材料的硬质化；二是自然河流的非连续化，包括筑坝导致顺水流方向的河流非连续化，筑堤引起侧向的水流联通性的破坏。

3. 生态堤防的作用

生态堤防在生态的动态系统中具有多种功能，主要表现在：①成为通道，具有调节水量、滞洪补枯的作用。堤防是水陆生态系统内部及相互之间生态流流动的通道，丰水期水向堤中渗透储存，减少洪灾；枯水期储水反渗入河或蒸发，起着滞洪补枯、调节气候的作用。传统上用混凝土或浆砌块石护岸，阻隔了这个系统的通道，就会使水质下降；②过滤的作用，提高河流的自净能力。生态河堤采用种植水中植物，从水中吸取无机盐类营养物，利于水质净化。③能形成水生态特有的景观。堤防有自己特有的生物和环境特征，是各种生态物种的栖息地。

4. 生态堤防建设效益

生态堤防建设改善了水环境的同时，也改善了城市生态、水资源和居住条件，并强化了文化、体育、休闲设施，使城市交通功能、城市防洪等再上新的台阶，对于优化城市环境，提升城市形象，改善投资环境，拉动经济增长，扩大对外开放，都将产生直接影响。

（三）堤防建设的生态问题

1. 对天然河道裁弯取直

天然河流是蜿蜒弯曲、分叉不规则的，宽窄不一、深浅各异，在以往的堤防建设中，过多地强调"裁弯取直"，堤线布置平直单一，使河道的形态不断趋于直线化，导致整个河道断面变为规则的矩形或组合梯形断面，使河道断面失去了天然的不规则化形态，从而改变了原有河道的水流流态，对水生生物产生不良影响。

2. 追求保护面积的最大化

以往的堤防设计往往追求最大的保护面积，堤线紧靠岸坡坡顶布置，导致河槽变窄，河漫滩也不复存在，从而失去了原有天然河道的开放性，使生物的生长发育失去了栖息环境。

3. 现场施工无序

堤防施工对生态环境的破坏，施工后场地沟壑纵横、土壤裸露、杂乱无章，引起水土流失，破坏了原有的生态环境。

4. 对岸坡的硬质化处理

对岸坡的处理，以往一般多采用"硬处理"，也就是采用大片的干砌石、浆砌石或混凝土护坡，忽视生态的防护措施的研究和应用，对生态环境的影响尤为严重。

（四）解决堤防生态问题的对策

1. 堤线和堤型的选择

堤线布置及堤型选择河流形态的多样化是生物物种多样化的前提之一，河流形态的规则化、均一化，会在不同程度上对生物多样性造成影响。堤线的布置要因地制宜，应尽可能保留江河湖泊的自然形态，保留或恢复其蜿蜒性或分汊散乱状态，即保留或恢复湿地、河湾、急流和浅滩。

2. 河流断面设计

自然河流的纵、横断面也显示出多样性的变化，浅滩与深潭相间。

3. 岸坡的防护

正如前面所说，岸堤是水陆过渡地带，是水生物繁衍和生息的场所，所以岸坡的防护将对生态环境产生直接的影响。以往在岸坡防护方面多采用"硬处理措施"，即在坡中、坡顶进行削坡、修坡，在坡脚修筑齿墙并抛石防冲，在坡面采用干砌石、浆砌石或混凝土预制块砌护，而很少考虑"软处理措施"亦即生态防护措施的应用，导致河道渠化，岸坡植被遭破坏，河道失去原来的天然形态，因此，重视"软处理措施"或"软硬结合处理措施"的应用是十分必要的。

（1）尽可能保持岸坡的原来形态，尽量不破坏岸坡的原生植被，局部不稳定的岸坡可局部采用工程措施加以处理，避免大面积削坡，导致全堤段岸坡断面统一化。

（2）尽可能少用单纯的干砌石、浆砌石或混凝土护坡，宜采用植物护坡，在坡面种植适宜的植物，达到防冲固坡的目的，或者采用生态护坡砖，为增强护坡砖的整体性，可采用互锁式护坡砖，中间预留适当大小的孔洞，以便种植固坡植物（如香根草、蟛蜞菊等），固坡植物生长后，将护坡砖覆盖，既能达到固坡防冲的目的，又能绿化岸坡，使岸坡保持原来的植被形态，为水生生物提供必要的生活环境。

（3）尽可能保护岸坡坡脚附近的深潭和浅滩，这是河床多样化的表现，为生物的生长提供栖息场所，增加与生物和谐性，坡脚附近的深潭以往一般认为是影响岸坡稳定的主要因素之一，因此，常采用抛石回填，实际上可以采取多种联合措施，减少或避免单一使用抛石回填，从而保护深潭的存在，比如将此处的堤轴线内移，减少堤身荷载对岸坡稳定的影响，或者在坡脚采用阻滑桩处理等。

4. 对已建堤防作必要的生态修复

由于认识和技术的局限性，以往修筑的一些堤防，尤其是城市堤防对生态环境产生的负面影响是存在的，可以采用必要的补救措施，尽可能减少或消除对生态环境的影响，而植物措施是最为经济有效的，如对影响面较大的硬质护坡，可采用打孔种植固坡植物，覆盖硬质护坡，使岸坡恢复原有的绿色状态；也可结合堤防的扩建，对原有堤防进行必要的改造，使其恢复原有的生态功能。

第五节　水闸施工

一、水闸工程地基开挖施工技术

开挖分为水上开挖和水下开挖。其中涵闸水上部分开挖、旧堤拆除等为水上开挖，新建堤基础面清理、围堰形成前水闸处淤泥清理开挖为水下开挖。

（一）水上开挖施工

水上开挖采用常规的旱地施工方法。施工原则为"自上而下，分层开挖"。水上开挖包括旧堤拆除、水上边坡开挖及基坑开挖。

1. 旧堤拆除

旧堤拆除在围堰保护下干地施工。为保证老堤基础的稳定性和周边环境的安全性，旧堤拆除不采用爆破方式。干、砌块石部分采用挖掘机直接挖除，开挖渣料可利用部分装运至外海进行抛石填筑或用于石渣填筑，其余弃料装运至监理指定的弃渣场。

2. 水上边坡开挖

开挖方式采取旱地施工，挖掘机挖除；水上开挖由高到低依次进行，均衡下降。待围堰形成和水上部分卸载开挖工作全部结束后，方可进行基坑抽水工作，以确保基坑的安全稳定。开挖料可利用部分用于堤身和内外平台填筑，其余弃料运至指定弃料场。

3. 基坑开挖与支护。

基坑开挖在围堰施工和边坡卸载完毕后进行，开挖前首先进行开挖控制线和控制高程点的测量放样等。开挖过程中要做好排水设施的施工，主要有：开挖边线附近设置临时截水沟，开挖区内设干码石排水沟，干码石采用挖掘机压入作为脚槽。另设混凝土护壁集水井，配水泵抽排，以降低基坑水位。

（二）水下开挖施工

水下开挖施工主要为水闸基坑水下流溯状淤泥开挖。

1. 水下开挖施工方法

（1）施工准备。水下开挖施工准备工作主要有：弃渣场的选择、机械设备的选型等。

（2）测量放样。水下开挖的测量放样拟采用全站仪进行水上测量，主要测定开挖范围。浅滩可采用打设竹杆作为标记，水较深的地方用浮子作标记；为避免开挖时毁坏测量标志，标志可设在开挖线外 10m 处。

（3）架设吹送管、绞吸船就位。根据绞吸船的吹距（最大可达 1000m）和弃渣场的位置，吹送管可架设在陆上，也可架设在水上或淤泥上。

（4）绞吸吹送施工。绞吸船停靠就位、吹送管架设牢固后，即可开始进行绞吸开挖。

2.涵闸基坑水下开挖

（1）涵闸水下基坑描述。涵闸前后河道由于长期双向过流，其表层主要为流塑状淤泥，对后期干地开挖有较大影响，因此须先采用水下开挖方式清除掉表层淤泥。

（2）施工测量。施工前，对涵闸现状地形实施详细的测量，绘制原始地形图，标注出各部位的开挖厚度。一般采用 $50m^2$ 为分隔片，并在现场布置相应的标识指导施工。

（3）施工方法。在围堰施工前，绞吸船进入开挖区域，根据测量标识开始作业。

（三）基坑开挖边坡稳定分析与控制

1.边坡描述

根据本工程水文、地质条件，水闸基础基本为淤泥土构成，基坑边坡土体含水量大，基本为淤泥，基坑开挖及施工过程中，容易出现边坡失稳，造成整体边坡下滑的现象。因此如何保证基坑边坡的稳定是本开挖施工重点。

2.应对措施

（1）采取合理的开挖方法。根据工程特点，对于基坑先采用水下和岸边干地开挖，以减少基坑抽水后对边坡下部的压载，上部荷载过大使边坡土体失稳而出现垮塌和深层滑移。

（2）严格控制基坑抽排水速度。基坑水下部分土体长期经海水浸泡，含水量大，地质条件差，基坑排水下降速度大于边坡土体固结速度，在没有水压力平衡下极易造成整体边坡失稳。

（3）对已开挖边坡的保护。在基坑开挖完成后，沿坡脚形成排水沟组织排水，并设置小型集水井，及时排除基坑内的水。在雨季，对边坡覆盖条纹布加以保护，必要时设置抗滑松木桩。

（4）变形监测。按规范要求，在边坡开挖过程中，在坡顶、坡脚设置观测点，对边坡进行变形观测，测量仪器采用全站仪和水准仪。观测期间，对每一次的测量数据进行分析，若发现位移或沉降有异常变化，立即报告并停止施工，待分析处理后再恢复施工。

（四）开挖质量控制

1.开挖前进行施工测量放样工作，以此控制开挖范围与深度，并做好过程中的检查。

2.开挖过程中安排有测量人员在现场观测，避免出现超、欠挖现象。

3.开挖自上而下分层分段施工，随时做成一定的坡势，避免挖区积水。

4.水下开挖时，随时进行水下测量，以保证基坑开挖深度。

5.水闸基坑开挖完成后，沿坡脚打入木桩并堆砂包护面，维持出露边坡的稳定。

6.开挖完成后对基底高程进行实测，并上报监理工程师审批，以利于下道工序迅速开展。

二、水闸排水与止水问题

（一）水闸设计中的排水问题

1.消力池底板排水孔

消力池底板承受水流的冲击力、水流脉动压力和底部扬压力等作用，应有足够的重量、强度和抗冲耐磨的能力。为了降低护坦底部的渗透压力，可在水平护坦的后半部设置垂直排水孔，孔下铺反滤层。排水孔呈梅花形布置。有一些水闸消力池底板排水孔是从水平护坦的首部一直到尾部全部布设有排水孔。此种布置有待商榷。因为，水流出闸后，经平稳整流后，经陡坡段流向消力池水平底板，在陡坡段末端和底板水平段相交处附近形成收缩水深，为急流，此处动能最大，即流速水头最大，其压强水头最小。如果在此处也设垂直排水孔，在高流速、低压强的作用下，垂直排水孔下的细粒结构，在底部大压力的作用下，有可能被从孔中吸出，久而久之底板将被掏空。故应在消力池底板的后半部设垂直排水孔。以使从底板渗下的水量从消力池的垂直排水孔排出，从而达到减小消力池底板渗透压力的作用。

2.闸基防渗面层排水

水闸在上下游水位差的作用下，上游水从河床入渗，绕经上游防渗铺盖、板桩及闸底板，经反滤层由排水孔至下游。不透水的铺盖、板桩及闸底板等与地基的接触面成为地下轮廓线。地下轮廓线的布置原则是高防低排，即在高水位一侧布置铺盖、板桩、浅齿墙等防渗设施，滞渗延长底板上游的渗径，使作用在底板上的渗透压力减小。在低水位一侧设置面层排水、排渗管等设施排渗，使地基渗水尽快地排出。土基上的水闸多采用平铺式排水，即用透水性较强的粗砂、砾石或卵石平铺在闸底板、护坦等下面。渗流由此与下游连通，降低排水体起点前面闸底上的渗透压力，消除排水体起点后建筑物底面上的渗透压力。排水体一般无须专门设置，而是将滤层中粗粒粒径最大的一层厚度加大，构成排水体。然而，有一些在建水闸工程，其水闸底板后的水平整流段和陡坡段，却没有设平铺式排水体，有的连反滤层都没有，仅在消力池底板处设了排水体。这种设计，将加大闸底板，陡坡段的渗透压力，对水闸安全稳定也极为不利。一般水闸的防渗设计，都应在闸室后水平整流段处开始设排水体，闸基渗透压力在排水体开始处为零。

3.翼墙排水孔

水闸建成后，除闸基渗流外，渗水经从上游绕过翼墙、岸墙和刺墙等流向下游，成为侧向渗流。该渗流有可能造成底板渗透压力的增大，并使渗流出口处发生危害性渗透变形，故应做好侧向防渗排水设施。为了排出渗水，单向水头的水闸可在下游翼墙和护坡设置排水孔，并在挡土墙一侧孔口处设置反滤层。然而，有些设计，却在进口翼墙处也设置了排水孔。此种设计，使翼墙失去了防渗、抗冲、增加渗径的作用，使上游水流不是从垂直流向插入河岸的墙后绕渗，而是直接从孔中渗入墙后，这将减少了渗径，增加了渗流的作用，将减小翼墙插入河岸的作用。

4. 防冲槽

水流经过海漫后，能量虽然得到进一步消除，但海漫末端水流仍具有一定的冲刷能力，河床仍难免遭受冲刷。故需在海漫末端采取加固措施，即设置防冲槽。常见的防冲槽有抛石防冲槽和齿墙或板桩式防冲槽。在海漫末端处挖槽抛石予留足够的石块，当水流冲刷河床形成冲坑时，预留在槽内的石块沿冲刷的斜坡陡段滚下，铺盖在冲坑的上游斜坡上。防止冲刷坑向上游扩展，保护海漫安全。有些防冲槽采用的是干砌石设计，且设计的非常结实，此种设计不甚合理。因为防冲槽的作用，是有足够量的块石，以随时填补可能造成的冲坑的上游侧表面，护住海漫不被淘刷。因此建议使用抛石防冲为好。

（二）水闸的止水伸缩缝渗漏问题

1. 渗漏原因

水闸工程中，止水伸缩缝发生渗漏的原因很多，有设计、施工及材料本身的原因等，但绝大多数是由施工引起的。止水伸缩缝施工有严格的施工措施、工艺和施工方法，施工过程中引起渗漏的原因一般有以下几条：

（1）止水片上的水泥渣、油渍等污物没有清除干净就浇筑混凝土。使得止水片与混凝土结合不好而渗漏。

（2）止水片有砂眼、钉孔或接缝不可靠而渗漏。

（3）止水片处混凝土浇筑不密实造成渗漏。

（4）止水片下混凝土浇筑得较密实，但因混凝土的泌水收缩，形成微间隙而渗漏。

（5）相邻结构由于出现较大沉降差造成止水片撕裂或止水片锚固松脱引起渗漏。

（6）垂直止水预留沥青孔沥青灌填不密实引起渗漏或预制混凝土凹形槽外周与周围现浇混凝土结合不好产生侧向绕流渗水。

2. 止水伸缩缝渗漏的预防措施

（1）止水片上污渍杂物问题。施工过程中，模板上脱模剂时易使止水片沾上脱模剂污渍，所以模板上脱模剂这道工序要安排在模板安装之前并在仓面外完成。浇筑过程中不断会有杂物掉在止水片上，故在初次清除的基础上还要强调在混凝土淹埋止水片时再次清除这道工序。另外，浇筑底层混凝土时就会有混凝土散落在止水片上，在混凝土淹埋止水片时先期落上的混凝土因时间过长而初凝，这样的混凝土会留下渗漏隐患应及时清除。

（2）止水片砂眼、钉孔和接缝问题。在止水片材料采购时，应严格把关。不但止水片材料的品种、规格和性能要满足规范和设计要求，对其外观也要仔细检查，不合格材料应及时更换。止水片安装时有的施工人员为了固定止水片采用铁钉把止水片钉在模板上，这样会在止水片上留下钉孔，这种方法应避免，而应采取模板嵌固的方法来固定止水片。止水片接缝也是常出现渗漏的地方，金属片接缝一定要采用与母材相同的材料焊接牢固。为了保证焊缝质量和焊接牢固，可以使用铆接加双面焊接的方法，焊缝均采用平焊，并且搭

接长度 ≥20mm。重要部位止水片接头应热压黏接，接缝均要做压水检查验收合格后才能使用。

（3）止水片处混凝土浇筑不密实问题。止水处混凝土振捣要细致谨慎，选派的振捣工既要有较强的责任心又要有熟练的操作技能。振捣要掌握"火候"，既不能欠振，也不能烂振，振捣时振捣器一定不能触及止水片。混凝土要有良好的和易性，易于振捣密实。

（4）止水处混凝土的泌水收缩问题。选用合适的水泥和级配合理的骨料能有效减小混凝土的泌水收缩。矿渣水泥的保水性较差，泌水性较大，收缩性也大，因此止水处混凝土最好不要用矿渣水泥而宜用普通硅酸盐水泥配制。另外混凝土坍落度不能太大，流动性大的混凝土收缩性也大，一般选 5 ~ 7cm 坍落度为佳。泵送混凝土由于坍落度大不宜采用。

（5）沉降差对止水结构的影响问题。沉降差很难避免，有设计方面的原因，也有施工方面的原因。结构荷载不同，沉降量一般也不同，大的沉降差一般出现在荷载悬殊的结构之间。水闸建筑中，防渗铺盖与闸首、翼墙间荷载较悬殊，会有较大的沉降差。小的沉降差一般不会对止水结构产生危害，因为止水结构本身有一定的变形适应能力。施工方面可采取预沉和设置二次浇筑带的施工措施和方法来减小沉降差：施工计划安排时先安排荷载大的闸首、翼墙施工，让它们先沉降，待施工到相当荷载阶段，沉降较稳定后再施工相邻的防渗铺盖，或在沉降悬殊的结构间预留二次浇筑带，等到两结构沉降较稳定后再浇筑二次混凝土浇筑带。

（6）垂直止水缝沥青灌注密实问题及混凝土预制凹槽与现浇混凝土结合问题。通常预留沥青孔一侧采用每节 1m 长左右的预制混凝土凹形槽，逐节安装于已浇筑止水片的混凝土墙面上，缝槽用砂浆密封固定，热沥青分节从顶端灌注。需要注意的是在安装预制槽时要格外小心，沥青孔中不能掉进杂物和垃圾。因为沥青孔断面较小，一旦掉进去很难清除干净，必将留下渗漏隐患，所以安装好的预制槽顶端要及时封盖，避免掉进杂物和垃圾。

三、水闸施工导流规定

（一）导流施工

1. 导流方案

在水闸施工导流方案的选择上，多数是采用束窄滩地修建围堰的导流方案。水闸施工受地形条件的限制比较大，这就使得围堰的布置只能紧靠主河道的岸边，但是在施工中，岸坡的地质条件非常差，极易造成岸坡的坍塌，因此在施工中必须通过技术措施来解决此类问题。在围堰的选择上，要坚持选择结构简单及抗冲刷能力大的浆砌石围堰，基础还要用松木桩进行加固，堰的外侧还要通过红黏土夯措施来进行有效的加固。

2. 截流方法

在水利水电工程工程施工中，我国在堵坝的技术上累积了很多成熟的经验。在截流方法上要积极总结以往的经验，在具体的截流之前要进行周密的设计，可以通过模型试验和现场试验来进行论证，可以采用平堵与立堵相结合的办法进行合龙。土质河床上的截流工程，戗堤常因压缩或冲蚀而形成较大的沉降或滑移，所以导致计算用料与实际用料会存在较大的出入，所以在施工中要增加一定的备料量，以保证工程的顺利施工。特别要注意，土质河床尤其是在松软的土层上筑戗堤截流要做好护底工程，这一工程是水闸工程质量实现的关键。根据以往的实践经验，应该保证护底工程范围的宽广性，对护底工程要排列严密，在护堤工程进行前，要找出抛投料物在不同流速及水深情况下的移动距离规律，这样才能保证截流工程中抛投料物的准确到位。对那些准备抛投的料物，要保证其在浮重状态及动静水作用下的稳定性能。

（二）水闸施工导流规定

1. 施工导流、截流及渡汛应制订专项施工措施设计，重要的或技术难度较大的须报上级审批。

2. 导流建筑物的等级划分及设计标准应按《水利水电枢纽工程等级划分及设计标准》（平原、滨海部分）有关规定执行。

3. 当按规定标准导流有困难时，经充分论证并报主管部门批准，可适当降低标准；但汛期前，工程应达到安全渡汛的要求。在感潮河口和滨海地区建闸时，其导流挡潮标准不应降低。

4. 在引水河、渠上的导流工程应满足下游用水的最低水位和最小流量的要求。

5. 在原河床上用分期围堰导流时，不宜过分束窄河面宽度，通航河道尚需满足航运的流速要求。

6. 截流方法、龙口位置及宽度应根据水位、流量、河床冲刷性能及施工条件等因素确定。

7. 截流时间应根据施工进度，尽可能选择在枯水、低潮和非冰凌期。

8. 对土质河床的截流段，应在足够范围内抛筑排列严密的防冲护底工程，并随龙口缩小及流速增大及时投料加固。

9. 合龙过程中，应随时测定龙口的水力特征值，适时改换投料种类、抛技强度和改进抛投技术。截流后，应即加筑前后戗，然后才能有计划地降低堰内水位，并完善导渗、防浪等措施。

10. 在导流期内，必须对导流工程定期进行观测、检查，并及时维护。

11. 拆除围堰前，应根据上下游水位、土质等情况确定充水、闸门开度等放水程序。

12. 围堰拆除应符合设计要求，筑堰的块石、杂物等应拆除干净。

四、水闸混凝土施工

（一）施工准备工作

大体积混凝土的施工技术要求比较高，特别在施工中要防止混凝土因水泥水化热引起的温度差产生温度应力裂缝。因此需要从材料选择上、技术措施等有关环节做好充分的准备工作，才能保证闸室底板大体积混凝土的施工质量。

1. 材料选择

（1）水泥

考虑本工程闸室混凝土的抗渗要求及泵送混凝土的泌水小，保水性能好的要求，确定采用 P.O42.5 级普通硅酸盐水泥，并通过掺加合适的外加剂可以改善混凝土的性能，提高混凝土的抗裂和抗渗能力。

（2）粗骨料

采用碎石，粒径 5～25mm，含泥量不大于 1%。选用粒径较大、级配良好的石子配制混凝土，和易性较好，抗压强度较高，同时可以减少用水量及水泥用量，从而使水泥水化热减少，降低混凝土温升。

（3）细骨料

采用机制混合中砂，平均粒径大于 0.5mm，含泥量不大于 5%。选用平均粒径较大的中、粗砂拌制的混凝土比采用细砂拌制的混凝土可减少用水量 10% 左右，同时相应减少水泥用量，使水泥水化热减少，降低混凝土温升，并可减少混凝土收缩。

（4）矿粉

采用金龙 S95 级矿粉，增加混凝土的和易性，同时相应减少水泥用量，使水泥水化热减少，降低混凝土温升。

（5）粉煤灰

由于混凝土的浇筑方式为泵送，为了改善混凝土的和易性便于泵送，考虑掺加适量的粉煤灰。粉煤灰对降低水化热、改善混凝土和易性有利，但掺加粉煤灰的混凝土早期极限抗拉值均有所降低，对混凝土抗渗抗裂不利，因此要求粉煤灰的掺量控制在 15% 以内。

（6）外加剂

设计无具体要求，通过分析比较及过去在其他工程上的使用经验，，混凝土确定采用微膨胀剂，每立方米混凝土掺入 23kg，对混凝土收缩有补偿功能，可提高混凝土的抗裂性。同时考虑到泵送需要，采用高效泵送剂，其减水率大于 18%，可有效降低水化热峰值。

2. 混凝土配合比

混凝土要求混凝土搅拌站根据设计混凝土的技术指标值、当地材料资源情况和现场浇筑要求，提前做好混凝土试配。

3. 现场准备工作

（1）基础底板钢筋及闸墩插筋预先安装施工到位，并进行隐蔽工程验收。

（2）基础底板上的预留闸门门槽底槛采用木模，并安装好门槽插筋。

（3）将基础底板上表面标高抄测在闸墩钢筋上，并作明显标记，供浇筑混凝土时找平用。

（4）浇筑混凝土时，预埋的测温管及覆盖保温所需的塑料薄膜、土工布等应提前准备好。

（5）管理人员、现场人员、后勤人员、保卫人员等做好排班，确保混凝土连续浇灌过程中，坚守岗位，各负其责。

（二）混凝土浇筑

1. 浇筑方法

底板浇筑采用泵送混凝土浇筑方法。浇筑顺序沿长边方向，采用台阶分层浇筑方式由右岸向左岸方向推进，每层厚 0.4m，台阶宽度 4.0m。每层每段混凝土浇筑量为 $20.5 \times 0.4 \times 4.0 \times 3 = 98.4m^3$，现场混凝土供应能力为 $75m^3/h$，循环浇筑间隔时间约 1.31h，浇筑日期为 9 月 10 日，未形成冷缝。

2. 混凝土振捣

混凝土浇筑时，在每台泵车的出灰口处配置 3 台振捣器，因为混凝土的坍落度比较大，在 1.2m 厚的底板内可斜向流淌 2m 远左右，1 台振捣器主要负责下部斜坡流淌处振捣密实，另外 1～2 台振捣器主要负责顶部混凝土振捣，为防止混凝土集中堆积，先振捣出料口处混凝土，形成自然流淌坡度，然后全面振捣。振捣时严格控制振动器移动的距离、插入深度、振捣时间，避免各浇筑带交接处的漏振。

3. 混凝土中泌水的处理

混凝土浇筑过程中，上部的泌水和浆水顺着混凝土坡脚流淌，最后集中在基底面，用软管污水泵及时排除，表面混凝土找平后采用真空吸水机工艺脱去混凝土成型后多余的泌水，从而降低混凝土的原始水灰比，提高混凝土强度、抗裂性、耐磨性。

4. 混凝土表面的处理

由于采用泵送商品混凝土坍落度比较大，混凝土表面的水泥沙浆较厚，易产生细小裂缝。为了防止出现这种裂缝，在混凝土表面进行真空吸水后、初凝前，用圆盘式磨浆机磨平、压实，并用铝合金长尺刮平；在混凝土预沉后、混凝土终凝前采取二次抹面压实措施。即用叶片式磨光机磨光，人工辅助压光，这样既能很好地避免干缩裂缝，又能使混凝土表面平整光滑、表面强度提高。

5. 混凝土养护

为防止浇筑好的混凝土内外温差过大，造成温度应力大于同期混凝土抗拉强度而产生裂缝，养护工作极其重要。混凝土浇筑完成及二次抹面压实后立即进行覆盖保温，先在混凝土表面覆盖一层塑料薄膜，再加盖一层土工布。新浇筑的混凝土水化速度比较陕，盖上塑料薄膜和土工布后可保温保湿，防止混凝土表面因脱水而产生干缩裂缝。根据外界气温条件和混凝土内部温升测量结果，采取相应的保温覆盖和减少水分蒸发等相应的养护措施，并适当延长拆模时间，控制闸室底板内外温差不超过 25℃。保温养护时间超过 14d。

6. 混凝土测温

闸室底板混凝土浇筑时设专人配合预埋测温管。测温管采用 Φ48×3.0 钢管，预埋时测温管与钢筋绑扎牢固，以免位移或损坏。钢管内注满水，在钢管高、中、低三部位插入 3 根普通温度计，人工定期测出混凝土温度。混凝土测温时间，从混凝土浇筑完成后 6h 开始，安排专人每隔 2h 测 1 次，发现中心温度与表面温度超过允许温差时，及时报告技术部门和项目技术负责人，现场立即采取加强保温养护措施，从而减小温差，避免因温差过大产生的温度应力造成混凝土出现裂缝。随混凝土浇筑后时间延长测温间隔也可延长，测温结束时间，以混凝土温度下降，内外温差在表面养护结束不超过 15℃时为宜。

（三）管理措施

1. 精心组织、精心施工，认真做好班前技术交底工作，确保作业人员明确工程的质量要求、工艺程序和施工方法，是保证工程质量的关键。

2. 借鉴同类工程经验，并根据当地材料资源条件，在预先进行混凝土试配的基础上，优化配合比设计，确保混凝土的各项技术指标符合设计和规范规定的要求。

3. 严格检查验收进场商品混凝土的质量，不合格商品混凝土料，坚决退场；同时严禁混凝土搅拌车在施工现场临时加水。

4. 加强过程控制，合理分段、分层，确保浇筑混凝土的各层间不出现冷缝；混凝土振捣密实，无漏振，不过振；采用"二次振捣法""二次抹光法"，以增加混凝土的密实性和减少混凝土表面裂缝的产生。

5. 混凝土浇筑完成后，加强养护管理，结合现场测温结果，调整养护方法，确保混凝土的养护质量。

第六章 水利水电工程建设

第一节 水利水电工程建设

一、水利水电建筑工程

水利水电建筑工程是培养掌握水利水电工程项目建设、现场施工的基本知识和技术，具备中小型水利水电工程勘测设计、施工组织与管理、工程运行管理、水工建筑物检测、从事中小型水利水电工程设计、水利水电工程施工与管理工作、检修及维护等能力的高素质技能型人才的课程。

"十二五"期间，在国务院批准的重点基础项目中，水利水电工程用地达 350 万亩，占比近 30%。按照党中央、国务院决策部署，"十三五"期间我国将集中力量建设一批重大水利水电工程，用地需求量很大。

2015 年中央一号文件明确规定"节水供水重大水利工程建设的征地补偿、耕地占补平衡实行与铁路等国家重大基础设施项目同等政策"。

允许先行用地。对于国家审批（核准）重点水利水电工程，在具备一定前提条件的情况下，允许工程建设范围内的道路、桥梁、生活营区等施工前期准备工程和控制工期的单体工程等申请办理先行用地。对于地方审批（核准）的项目，但纳入经批准的全国中型水库建设规划、并经有关流域机构审核同意的水利项目，以及纳入经批准的国家水电发展规划的水电项目，允许参照办理先行用地，合理适度地扩大了水利水电先行用地范围。

二、我国水电建设成就

炎黄子孙为了生存，早在 4000 年前就开始兴修水利，至春秋战国，水利工程已有相当规模，建设水科也非常先进。但是，现代化的水电建设起步很晚，直至 1910 年才开始在云南漠泡出口水道（螳螂洲）修建第一座水电站—石龙坝水电站，装机 472kW。到 1949 年底，全国水电装机仅 16.3 万 kW，占全国总装机 8.8%，水电装机总量居世界第 20 位。新中国成立后，尤其是改革开放以来，水电事业有了突飞猛进的发展，到 2000 年底，装机达到 7935 万 kW，占总装机 24.8%。20 世纪 90 年代的年均增长达 433 万 kW，更遥遥领先于世界其他国家。新中国水电建设的巨大成就主要表现在三方面。

（一）水电装机容量由世界第 20 位跃居世界第二

新中国成立后，在大规模经济建设的推动下，结合江河治理，我国水电事业持续快速发展。改革开放后，水电建设的步伐进一步加快。除中国外，水电增长最快的其他几个国家，如美国、巴西、曰本、加拿大，年均投产强度只有 90 ~ 100 万 kW。而我国自1993 年以后已连续 7 年投产强度超过 300 万 kW/ 年，其中 1994 年和 1997 年，超过 400万 kW，1998 年达到 533 万 kW，1999 年更创历史新高，达 790 万 kW。这样的发展速度，在世界水电建设史上是绝无仅有。截至 1999 年底，全国水电装机 7297 万 kW，比 1982 年全国电力总装机容量 7236 万 kW 还大，目前在世界的排位仅次于美国，居第二位。

（二）水电建设技术已具世界水平

新中国成立时，我国水电除东北伪满时期修建的丰满、水丰、镜泊湖水电站外，几乎没有什么大水电。从 20 世纪 50 年代起，我国自行设计和建设了浙江新安江水电站、甘肃刘家峡水电站、吉林白山水电站、湖北葛洲坝水电站、四川二滩水电站等一批大型水电站，目前正在建设当今世界最大的长江三峡水电站。50 年来，我们修建了 5 万多座水电站，其中大中型水电站 230 多座，已经建成发电的百万 kW 以上的电站就有 18 座。我国也是世界上筑坝最多的国家，建设各种类型的拦河坝 8 万多座。大规模的建设实践使中国的水电技术跻身世界水平，部分领域已进入世界先进行列，如我国正在兴建世界上最大的常规水电站（1820 万 kW 的三峡水电站），已经建成世界上最大的抽水蓄能电站（240 万 kW的广州抽水蓄能电站），在高坝技术方面也有独特建树。

（三）初步建立起适应市场经济的、有中国特色的水电开发、建设机制

1982 年吉林红石水电站建设开始试行投资、工期、质量等总承包 1984 年云南鲁布革水电站的隧洞施工，第一次引用外资，对世界银行贷款实行国际招标，1988 年广州抽水蓄能电站建设开始全面实施以业主责任制、招标承包制、建设监理制为主要内容的新的水电建设管理体制。这些体制创新理顺了生产关系，解放了生产力。

三、我国水电建设技术成就

新中国成立以来我国水电事业发展很快，坝工技术也有了长足的进步。除对常规坝型外，重点对碾压混凝土坝和钢筋混凝土面板堆石坝的设计和筑坝技术，开展了大规模的研究和广泛的应用。对在特定条件下建设高坝方面，如复杂地形、地质条件，高地震烈度区，在狭窄河谷宣泄大洪水等，进行过专题攻关。此外，还围绕设计与施工中的关键技术问题，开展了多学科的综合研究，取得了可喜的成就。

从我国的资源、建筑材料及劳动力优化出发，优选坝型可以达到优化利用资源、改善生态环境、提高社会和经济效益的目的。在碾压混凝土坝、钢筋混凝土面板堆石坝和高薄

拱坝等方面，应用广泛，成就突出。

我国自 1986 年成功地建成第一座碾压混凝土坝以来，已建和正在设计的该类坝约有 50 座。碾压混凝土坝是我国坝工发展有前景的坝型之一，已建、在建和即将开工建设的高度 100m 以上的碾压混凝土坝有龙滩 (216m)、江垭 (131m)、百色 (126m)、大朝山 (121m)、棉花滩 (111m)，其中碾压混凝土量均超过整个大坝混凝土量的 60% 以上。正在施工的龙滩水电站碾压混凝土量占 65% 左右，施工月高峰浇筑强度超过 25 万立方米，达到世界先进水平。

我国的碾压混凝土筑坝技术，创立了自己的独特经验，以高掺粉煤灰，低稠度、薄层、全断面、快速短间歇连续填筑为特点的我国碾压混凝土筑坝技术在国际上独树一帜。

混凝土面板堆石坝是近二三十年发展起来的一种新坝型，我国的混凝土面板堆石坝虽然起步晚，但起点高、发展快。10 多年来，已建、在建和拟建面板堆石坝坝高在 100m 以上的就有 10 多座，如在建的广西区南盘江天生桥一级面板堆石坝坝高 178m，贵州省乌江洪家渡面板堆石坝坝高 232m。

除面板堆石坝和面板沙砾石坝坝型外，我国还创新发展出土心墙与混凝土面板坝结合的堆石坝、喷混凝土堆石坝、溢流面板堆石坝和趾板建在深厚覆盖层上的面板堆石坝等新坝型，对建在强地震区的混凝土面板坝（如黑泉面板坝，按 8 度设防）也有独到之处。

高混凝土拱坝技术。我国已建成的高度超过 30m 以上的拱坝已有 300 多座，是世界上拱坝最多的国家之一。20 世纪 80 年代以来，我国陆续建成高度大于 100m 以上的拱坝多座。已建设的双曲拱坝有黄河李家峡（坝高 165m、B/H=0.163）、雅砻江二滩（坝高 250m、B/H=0.232），在建和拟建的有乌江构滩（坝高 225m）、黄河拉西瓦（坝高 250m）、澜沧江小湾（坝高 292m）金沙江溪浴渡（坝高 295m）。尤其是在 300m 级特高混凝土拱坝专门技术和在高地震烈度区高拱坝的合理体型研究方面，我国在高拱坝应力控制标准、高拱坝建设全过程仿真技术、高拱坝设计判据理论依据、高拱坝孔口配筋理论、设计方法等方面的研究已取得突破性进展，为在我国兴建 300m 高混凝土拱坝挺供了坚实的科学理论依据。

以小湾和溪浴渡为代表的我国建设中的混凝土双曲薄拱坝，代表了世界拱坝技术的最高水平。小湾水电站坝高 292m，装机 4200MW，泄洪总功率 46000MW（比二滩水电站多 7000MW），坝体受总水推力 170mN，地震基本烈度为 8 度。溪洛渡水电站坝高 295m，装机容量 15000MW，泄洪总功率为 100000MW，地震烈度 8 度。溪浴渡水电站坝体受总水推力为 200mN，比世界最高水平高出 2 ～ 3 倍。

在我国的大坝建设中，混凝土重力坝是主要的坝型之一，正在兴建的三峡水电工程大坝（坝高 175m）也是实体重力坝。三峡工程重力坝身泄洪量大，泄洪建筑物结构复杂，大坝下泄千年一遇流量是 68000m³/s，万年一遇加 10% 的洪水也都集中在坝身宣泄。坝身孔数之多、尺寸之大实属罕见。20 世纪 80 年代以来，我国重力坝的设计理论与施工技术取得新的进步，在坝工设计中广泛应用了有限单元分析法、可靠度设计理论、坝体优化、坝体温度应力仿真计算、断裂力学、坝体裂缝及扩展追踪、新的坝体泄洪消能工技术，为三峡工程等重力坝建设奠定了坚实的基础。

我国水电工程泄水建筑物的特点。一是高水头、大流量、窄河谷、单宽流量大；二是低水头、低佛氏数、宽河谷。这两种泄洪水流的消能技术都是非常难处理的。世界上最大的伊太普水电站的泄洪功率为 5 亿 MW，而我国的大型电站（如二滩、构皮滩、小湾和溪浴渡等工程）消能要求大都是在河床宽 80～110m 的范围内，其泄洪功率接近或超过了叫 5 亿 MW，如构皮滩 3.16 亿 MW，二滩 3.9 亿 MW，小湾 4.6 亿 MW，溪洛渡 9.8 亿 MW。

我国水电工程不仅泄洪功率大，而且泄洪、导流流量也大，泄洪建筑的单宽流量和流速均很大。我国还有多座水头超过 200m 以上的高坝的泄洪建筑物，流速大于 50m/s，泄洪建筑的单宽流量都大于 200m³/s 的黄河小浪底水电站，最大含沙量为 800kg/m³ 以上，泄洪建筑物的消能工设计不仅要考虑水头高、流量大，而且还要考虑高水头高遮水流空化和有泥沙磨蚀的情况。

在泄洪建筑物及消能工的研究方面，我国采取了多种途径和方式，如在设计泄洪安排上，采用联合消能工技术为一体，即坝身、坝上、隧洞和水垫塘联合消能，圆满地解决了实践中出现的技术难题。

在 20 世纪 60 年代，我国洪门口水电站引水管就采用了钢筋混凝土岔管。90 年代我国建成的广州天荒坪大型抽水蓄能电站，水头高达 700～800m，引水岔管主洞直径 8～9m、支洞直径 3.5～4.2m，由于充分利用围岩的支承作用，钢筋混凝土衬砌体厚仅为 0.6m。对抽水蓄能电站钢筋混凝土引水岔管的安全进行的大量科学实验，研究清楚了岔管和围岩联合受力，为今后设计和建造数量更多、难度更大的抽水蓄能电站积累了经验。

在混凝土坝修建过程中经常遇到不良地质条件，如断层破碎带、节理、裂隙等密集带或软弱夹层，需要进行处理。我国在坝基不良地质处理方面，有代表性的工程之一是黄河龙羊峡水电站坝基的 4 号断层。这一断层系伟晶岩劈理带，在经过高压水泥灌浆处理后，又进行环氧化学灌浆和聚氨醋灌浆处理，使劈理带变形模量、抗剪强度、单位吸水率都符合设计要求。其次是铜街子水电站，该工程地质复杂，断层、层间错动发育，含有较多软弱夹层，经过在坝部分全部采用深孔高压喷射冲洗，再进行固结灌浆处理，喷射压力、固结灌浆压力均达到施工要求。在坝基深厚覆盖层防渗处理方面，我国有代表性的工程是四川省南粒河冶勒水电站、二滩水电站上下游围堰河床和小浪底工程，防渗设计均有独到之处。

我国 1965 年在梅山水库大坝，首次采用顶应力锚索加固坝肩滑动岩体取得成功。大吨位的预应力锚索加固技术，已在水工建筑物中广泛应用，特别是在岩质高边坡处理中应用较多，在龙羊峡、天生桥二级、浸湾、隔河岩、五强溪、李家峡、小浪底及三峡工程上都广为应用。另外，对顶应力锚固结构、锚固体系、内外锚头型式、拖拉设备、钻孔工艺、灌浆材料及锚索、锚杆防腐等，也进行许多研究，取得了良好的效果。

据统计，我国已建和在建的水工隧洞有 400 余条，长达 400km，地下厂房 40 多座。如云南鲁布革水电站，其地下洞室群上下重叠，交错布置，共有 42 个洞室，总长 3.12km，开挖量为 238 万立方米，地下厂房尺寸为 18m×38.4m×125m。目前在建的二滩水电站，导流隧洞尺寸 17.5m×23m，是我国目前开挖尺寸最大的隧洞。溪洛波水电站，两岸各有 8 条泄洪、引水、交通、变电室等地下洞室群，地下厂房有 18 台机组，单机 800MW，两座地下厂房分别布置在左右两岸山体内，将成为世界上规模最大的地下厂房。

在技术难度具有特色的小浪底工程，其泄洪、排沙、引水、发电、灌溉工程均为地下洞室，集中布置在左岸山体内，洞群密集、纵横交错，堪称世界地下工程建筑奇观。另外，拉西瓦、龙滩、小湾水电站的地下工程的规模及十三陵、天荒坪、广州抽水蓄能电站的地下洞室群工程规模也很大。

第二节　水利水电工程建设程序

一、建设程序

建设程序可分为常规程序与非常规程序两大类。常规的建设程序已流行百余年，其间虽有变化，但其基本模式没变。它以业主→建筑师→承包商的三边关系为基础，基本的程序是：设计→发包→营造。非常规建设程序是二战后发展起来的，主要有两种形式，一种是常规程序的延伸，仍以业主→建筑师→承包商的三边关系为基础，但设计与施工可以适当交叉。

基本建设程序是建设项目从设想、选择、评估、决策、设计、施工到竣工验收、投入使用整个建设过程中，各项工作必须遵守的先后次序的法则。按照建设项目发展的内在联系和发展过程，建设程序分成若干阶段，它们各有不同的工作内容，有机地联系在一起，有着客观的先后顺序，不可违反，必须共同遵守，这是因为它科学地总结了建设工作的实践经验，反映了建设工作所固有的客观自然规律和经济规律，是建设项目科学决策和顺利进行的重要保证。

我国目前对基本建设项目的管理，规定大中型项目由国家计委审批，小型及一般地方项目由地方计委审批。随着投资体制的改革和市场经济的发展，国家对基本建设程序的审批权限几经调整，但建设程序始终未变，我国现行的基本建设程序分为：立项、可行性研究、初步设计、开工建设和竣工验收。基本建设程序始终是国家对建设项目管理的一项重要内容，1998 年 9 月国务院明传电报"关于加强建设项目管理确保工程建设质量的通知"中再次强调"进一步加强建设项目管理，要严格执行国家关于基本建设项目审批的各项规定。任何单位和个人都不得越权审批项目，也不得降低标准批准项目。按照规定，需报国务院审批的项目，必须报国务院审批；需报国家计委审批的项目，必须报国家计委审批。对前期工作达不到深度要求的项目，一律不予审批。"

按照国家有关规定，我市基本建设项目的立项、可行性研究、初步设计、开工建设、竣工验收等审批管理职能，由市计委统一管理。基本建设项目的项目建议书、可行性研究报告、初步设计等，均由项目建设单位委托有资质的单位按国家规定深度编制和上报，开工报告、竣工验收报告等由项目建设单位负责编写上报。市环保、消防、规划、供电、供水、防汛、人防、劳动、电信、防疫、金融等各有关部门和单位按各自的管理职能参与项目各程序的工作，并从行业的角度提出审查意见，但不具备对项目审批的综合职能。市计委在审批项目时应尊重和听取有关管理部门的审查意见。

现将国家规定的基本建设五道程序流程及内容、审批权限分述如下：

（一）立项

项目建议书是对拟建项目的一个轮廓设想，主要作用是为了说明项目建设的必要性，条件的可行性和获利的可能性。对项目建议书的审批即为立项。根据国民经济中长期发展规划和产业政策，由审批部门确定是否立项，并据此开展可行性研究工作。

1.项目建议书主要内容

（1）建设项目提出的必要性和依据。

（2）产品方案、拟建规模和建设地点的初步设想。

（3）资源情况、建设条件、协作关系等的初步分析。

（4）投资估算和资金筹措设想。

（5）经济效益和社会效益初步估计。

2.立项审批部门和权限

（1）大中型基本建设项目，由市计委报省计委转报国家计委审批立项。

（2）总投资3000万元以上的非大中型及一般地方项目，需国家、市投资、银行贷款和市平衡外部条件的项目，由市计委审批立项。

（3）总投资3000万元以下，符合产业政策和行业发展规划的，自筹资金，能自行平衡外部条件的项目，由区县计委或企业自行立项，报市计委备案。

（二）可行性研究

可行性研究的主要作用是对项目在技术上是否可行和经济上是否合理进行科学的分析、研究，在评估论证的基础上，由审批部门对项目进行审批。经批准的可行性研究报告是进行初步设计的依据。

1.可行性研究报告主要内容因项目性质不尽相同，但一般应包括以下内容：

（1）项目的背景和依据。

（2）建设规模、产品方案、市场预测和确定依据。

（3）技术工艺、主要设备和建设标准。

（4）资源、原料、动力、运输、供水等配套条件。

（5）建设地点、厂区布置方案、占地面积。

（6）项目设计方案，协作配套条件。

（7）环保、规划、抗震、防洪等方面的要求和措施。

（8）建设工期和实施进度。

（9）投资估算和资金筹措方案。

（10）经济评价和社会效益分析。

（11）研究并提出项目法人的组建方案。

2.可行性研究报告审批部门和权限

（1）大中型基本建设项目，由市计委报省计委转报国家计委审批．

（2）市计委立项的项目由市计委审批。

（3）区县和企业自行立项的项目由区县和企业审批。

（三）初步设计审批

初步设计的主要作用是根据批准的可行性研究报告和必要准确的设计基础资料，对设计对象所进行的通盘研究、概略计算和总体安排，目的是为了阐明在指定的地点、时间和投资内，拟建工程技术上的可能性和经济上的合理性。初步设计由市计委负责审批或上报国家。环保、消防、规划、供电、供水、防汛、人防、劳动、电信、卫生防疫、金融等有关部门按各自管理职能参与项目初步设计审查，从专业角度提出审查意见。初步设计经批准，项目即进入实质性阶段，可以开展工程施工图设计和开工前的各项准备工作。

1.各类项目的初步设计内容不尽相同，大体如下：

（1）设计依据和指导思想。

（2）建设地址、占地面积、自然和地质条件。

（3）建设规模及产品方案、标准。

（4）资源、原料、动力、运输、供水等用量和来源。

（5）工艺流程、主要设备选型及配置。

（6）总图运输、交通组织设计。

（7）主要建筑物的建筑、结构设计。

（8）公用工程、辅助工程设计。

（9）环境保护及"三废"治理。

（10）消防。

（11）工业卫生及职业安全。

（12）抗震和人防措施。

（13）生产组织和劳动定员。

（14）施工组织及建设工期。

（15）总概算和技术经济指标。

2.初步设计审批部门和权限

（1）大中型基本建设项目，由市计委报省计委转报国家计委审批。

（2）市计委立项的项目由市计委审批初步设计。

（3）区县和企业自行立项的项目由区县和企业审批。

（四）开工审批

建设项目具备开工条件后，可以申报开工，经批准开工建设，即进入了建设实施阶段。项目新开工的时间是指建设项目的任何一项永久性工程第一次破土开槽开始施工的日期，不需要开槽的工程，以建筑物的正式打桩作为正式开工。招标投标只是项目开工建设前必须完成的一项具体工作，而不是基本建设程序的一个阶段。

1.项目开工必须具备的条件

（1）项目法人已确定。

（2）初步设计及总概算已经批准。

（3）项目建设资金（含资本金）已经落实并经审计部门认可。

（4）主体施工单位已经招标选定。

（5）主体工程施工图纸至少可满足连续三个月施工的需要。

（6）施工场地实现"四通一平"（即供电、供水、道路、通信、场地平整）。

（7）施工监理单位已经招标选定。

2.开工审批部门和权限

（1）大中型基本建设项目，由市计委报省计委转报国家计委审批；特大项目由国家计委报国务院审批。

（2）1000万元以上的项目由市计委经报请市人民政府签审后批准开工。

（3）1000万元以下市管项目，由市计委批准开工。

（4）1000万元以下区管项目，由区审批。

（5）1000万元以上的区管项目，报市计委按程序审批。

（五）项目竣工验收

项目竣工验收是对建设工程办理检验、交接和交付使用的一系列活动，是建设程序的最后一环，是全面考核基本建设成果、检验设计和施工质量的重要阶段。在各专业主管部门单项工程验收合格的基础上，实施项目竣工验收，保证项目按设计要求投入使用，并办理移交固定资产手续。竣工验收要根据工程规模大小、复杂程度组成验收委员会或验收组。验收委员会或验收组应由计划、审计、质监、环保、劳动、统计、消防、档案及其他有关部门组成，建设单位、主管单位、施工单位、勘察设计单位参加验收工作。

1.项目竣工验收必须具备的条件

（1）建设项目已按批准的设计内容建完，能满足使用要求。

（2）主要工艺设备经联动负荷试车合格，形成生产能力，能生产出合格的产品。

（3）工程质量经质监部门评定质量合格。

（4）生产准备工作能适应投产的需要。

（5）环境保护设施、劳动安全卫生设施、消防设施已按设计要求与主体工程同时建成使用。

（6）编好竣工决算，并经审计部门审计。

（7）对所有技术文件材料进行系统整理、立卷，竣工验收后交档案管理部门。

2.组织竣工验收部门和权限

（1）大中型基本建设项目，由市计委报国家计委由国家组织验收或受国家计委委托由市计委组织验收。

（2）地方性建设项目由市计委或委托项目主管部门、区县组织验收。

二、水利水电工程基本建设程序

（一）基本建设程序

基本建设程序是基本建设项目从决策、设计、施工到竣工验收整个工作过程中各个阶段必须遵循的先后次序。水利水电基本建设因其规模大、费用高、制约因素多等特点，更具复杂性及失事后的严重性。

1.流域（或区域）规划

流域（或区域）规划就是根据该流域（或区域）的水资源条件和国家长远计划对该地区水利水电建设发展的要求，该流域（或区域）水资源的梯级开发和综合利用的最优方案。

2.项目建议书

项目建议书又称立项报告。它是在流域（或区域）规划的基础上，由主管部门提出的建设项目轮廓设想，主要是从宏观上衡量分析该项目建设的必要性和可能性，即分析其建设条件是否具备，是否值得投入资金和人力。项目建议书是进行可行性研究的依据。

3.可行性研究

可行性研究的目的是研究兴建本工程技术上是否可行，经济上是否合理。其主要任务是：

（1）论证工程建设的必要性，确定本工程建设任务和综合利用的主次顺序。

（2）确定主要水文参数和成果，查明影响工程的主地质条件和存在的主要地质问题。

（3）基本选定工程规模。

（4）选定基本坝型和主要建筑物的基本型式，初选工程总体布置。

（5）初选水利工程管理方案。

（6）初步确定施工组织设计中的主要问题，提出控制性工期和分期实施意见。

（7）评价工程建设对环境和水土保持设施的影响。

（8）提出主要工程量和建材需用量，估算工程投资。

（9）明确工程效益，分析主要经济指标，评价工程的经济合理性和财务可行性。

4. 初步设计

初步设计是在可行性研究的基础上进行的，是安排建设项目和组织施工的主要依据。

初步设计的主要任务是：

（1）复核工程任务及具体要求，确定工程规模，选定水位、流量、扬程等特征值，明确运行要求。

（2）复核区域构造稳定，查明水库地质和建筑物工程地质条件、灌区水文地质条件和设计标准，提出相应的评价和结论。

（3）复核工程的等级和设计标准，确定工程总体布置以及主要建筑物的轴线、结构型式与布置、控制尺寸、高程和工程数量。

（4）提出消防设计方案和主要设施。

（5）选定对外交通方案、施工导流方式、施工总布置和总进度、主要建筑物施工方法及主要施工设备，提出天然（人工）建筑材料、劳动力、供水和供电的需要量及其来源。

（6）提出环境保护措施设计，编制水土保持方案。

（7）拟定水利工程的管理机构，提出工程管理、保护范围以及主要管理措施。

（8）编制初步设计概算，利用外资的工程应编制外资概算。

（9）复核经济评价。

5. 施工准备阶段

项目在主体工程开工之前，必须完成各项施工准备工作。其主要内容包括：

（1）施工现场的征地、拆迁工作。

（2）完成施工用水、用电、通信、道路和场地平整等工程。

（3）必需的生产、生活临时建筑工程。

（4）组织招标设计、咨询、设备和物资采购等服务。

（5）组织建设监理和主体工程招投标，并择优选定建设监理单位和施工承包队伍。

6. 建设实施阶段

建设实施阶段是指主体工程的全面建设实施，项目法人按照批准的建设文件组织工程建设，保证项目建设目标的实现。

主体工程开工必须具备以下条件：

（1）前期工程各阶段文件已按规定批准，施工详图设计可以满足初期主体工程施工需要。

（2）建设项目已列入国家或地方水利水电建设投资年度计划，年度建设资金已落实。

（3）主体工程招标已经决标，工程承包合同已经签订，并已得到主管部门同意。

（4）现场施工准备和征地移民等建设外部条件能够满足主体工程开工需要。

（5）建设管理模式已经确定，投资主体与项目主体的管理关系已经理顺。

（6）项目建设所需全部投资来源已经明确，且投资结构合理。

7. 生产准备阶段

生产准备是项目投产前要进行的一项重要工作，是建设阶段转入生产经营的必要条件。项目法人应按照建管结合和项目法人责任制的要求，适时做好有关生产准备工作。

生产准备应根据不同类型的工程要求确定，一般应包括如下主要内容：

（1）生产组织准备。

（2）招收和培训人员。

（3）生产技术准备。

（4）生产物资准备。

（5）正常的生活福利设施准备。

（6）及时具体落实产品销售合同协议的签订，提高生产经营效益，为偿还债务和资产的保值、增值创造条件。

8. 竣工验收，交付使用

竣工验收是工程完成建设目标的标志，是全面考核基本建设成果、检验设计和工程质量的重要步骤。竣工验收合格的项目即可从基本建设转入生产或使用。

当建设项目的建设内容全部完成，并经过单位工程验收，符合设计要求并按水利基本建设项目档案管理的有关规定，完成了档案资料的整理工作，在完成竣工报告、竣工决算等必需文件的编制后，项目法人按照有关规定，向验收主管部门提出申请，根据国家和部颁验收规程，组织验收。

竣工决算编制完成后，须由审计机关组织竣工审计，其审计报告作为竣工验收的基本资料。

（二）基本建设项目审批

1. 规划及项目建议书阶段审批

规划报告及项目建议书编制一般由政府或开发业主委托有相应资质的设计单位承担，并按国家现行规定权限向主管部门申报审批。

2. 可行性研究阶段审批

可行性研究报告按国家现行规定的审批权限报批。申报项目可行性研究报告，必须同时提出项目法人组建方案及支行机制、资金筹措方案、资金结构及回收资金办法，并依照有关规定附具有管辖权的水行政主管部门或流域机构签署的规划同意书。

3. 初步设计阶段审批

可行性研究报告被批准以后，项目法人应择优与本项目相应资质的设计单位承担勘测设计工作。初步设计文件完成后报批前，一般由项目法人委托有相应资质的工程咨询机构或组织有关专家，对初步设计中的重大问题进行咨询论证。

4. 施工准备阶段和建设实施阶段的审批

施工准备工作开始前，项目法人或其代理机构须依照有关规定，向行政主管部门办理报建手续，项目报建须交验工程建设项目的有关批准文件。工程项目进行项目报建登记后，方可组织施工准备工作。

5. 竣工验收阶段的审批

在完成竣工报告、竣工决算等必需文件的编制后，项目法人应按照有关规定，向验收主管部门提出申请，根据国家和部颁验收规程组织验收。

第三节　施工导流与截流

一、水利水电工程施工导流技术

（一）水利工程施工导流技术及其特点

所谓施工导流也就是在对水利工程进行施工的过程中，为了能够使江河水流绕过需要施工的区域流向下游而采用的一种导向水流的技术，这种方法有利于为建筑施工提供一个相对干燥的环境，使其能够快速而有效的进行施工。施工导流技术就是为了控制以及引导水流而采取的技术方式，一般包括导流建筑物修建、截流、基坑排水、工程施工、导流建筑物封堵、下闸蓄水等阶段。施工导流技术是水利工程施工中的重要组成部分，它与工程设计方案、施工时短以及施工质量等有着密切关系。所以在工程施工过程中，必须根据工程实际情况以及项目特点来进行施工导流设计，从而保证水利工程施工的质量。

（二）水利工程施工导流方式及确定原则

1. 施工导流方式

水利水电工程施工导流通常划分为束窄河床分段分期围堰导流和一次拦断河床的全段围堰导流两种方式，与之配合的施工临时建筑包括导流明渠、隧洞、涵洞（管）以及施工过程中利用坝体预留缺口、水库放空底孔和不同泄水建筑物的组合导流等。

2. 施工导流方式选择原则

（1）适应河流水文特性和地形、地质条件。

（2）工程施工期短，发挥工程效益快。

（3）工程施工安全、灵活、方便。

（4）结合、利用永久建筑物，减少导流工程量和投资。

（5）适应通航、排冰、供水等要求。

（6）技术可行、经济合理。

（7）河道截流、围堰挡水、坝体度汛、导流孔洞封堵、水库蓄水和发电供水等在施工期各个环节能合理衔接。

（三）水利水电工程施工导流的影响因素

1. 地形地貌因素

在选取导流计划时，编制导流方案时，被保护的施工区域附近的地理环境、工程地质条件是关键的影响要素。假如江河河床较宽，并且建筑时间有船只需要航行，就要采用分段围堰方式实施导流，可以充分利用河床沙洲或石岛作好分段围堰布置，能形成竖直方向围堰则更加便利；当遇到山石坚硬、河流较窄同时两侧陡峻的山形，就适合采用一次拦断河床的隧洞导流方式；假如江河一侧岸边或两边都较平整或具备低矮山凹垭口等，则可以选择明渠导流方式。

2. 水文因素

河流的水文特性，在很大程度上影响着导流方式的选择。针对导流计划来讲，水文要素是对其形成直接作用的最关键要素之一，包含严寒季节冰冻和流冰状态、泥沙、洪汛阶段、枯水期时间长短、水位改变幅度和流量过程线等。一般状况下，假如河流河床较宽，适宜选择的导流计划是分段围堰方式，水位起伏较大、洪峰历时短而峰形尖瘦的河流有可能使用汛期基坑淹没方式，这两类方式都可以使河流的洪峰期水流能够及时排放。含沙量很大的河流，一般不允许淹没基坑。还有，假如江河的干涸时间较长，就应该尽可能使用干涸时间进行施工，确保工程建筑物施工质量及进度。假如江河具有流冰情况，就要重视对流冰排放情况的处置，选择明流导流为好，束窄河床和明渠有利于排冰，隧洞、涵管和底孔不利于排冰，重点在于防止流冰阻塞、泄流不畅。

3. 枢纽类型及布置

水利水电工程项目中水工构筑物的布置及其型式与导流计划拟定直接相关，在决定建筑结构型式及工程布置方案时，就要把导流方式及相应计划安排一并考虑进去，包含水工构筑物的长期泄水设施，包含渠道、隧洞、涵管以及泄水孔等。如混凝土大坝是使用分段围堰方式开展进行浇筑，就要把先行施工的坝段、取泄水设施或水电站等之间的隔离墙体当做竖直方向围堰中的组成结构，从而能够减少施工导流方案投资。

分期导流方式适用于混凝土坝施工。因土石坝不宜分段修建，且坝体一般不允许过水，故土石坝施工几乎不采用分期导流，而多采用一次拦断法。高水头水利枢纽的后期导流常需多种导流方式的组合，导流程序比较复杂。例如，峡谷处的混凝土坝，前期导流可用隧洞，但后期（完建期）导流往往利用布置在坝体不同高程上的泄水孔。高水头土石坝的前后期导流，一般是在两岸不同高程上布置多层导流隧洞。如果枢纽中有永久性泄水建筑物，如隧洞、涵管、底孔、引水渠、泄水闸等，应尽量加以利用。

4. 河流综合利用要求

分期导流和明渠导流较易满足通航、过木、排冰、过鱼、供水等要求。采用分期导流方式时，为了满足通航要求，有些河流分为多期束窄。我国某些峡谷地区的工程，原设计为隧洞导流，但为了满足过木要求，用明渠导流取代了隧洞导流。这样一来，不仅可能遇到了高边坡深挖方问题，而且导流程序复杂，工期也大大延长了。由此可见，在选择导流方式时，必须解决好河流综合利用要求的问题。

（四）水利水电工程施工导流技术应用要求

水利水电工程施工导流技术的应用是工程顺利实施的重要环节，直接影响着被保护建筑设施的修建质量。所以，在工程进行施工准备的过程中，就要把工程的工期、成本以及相关的影响因素考虑在内。为了更好的提高工程的建设质量，一方面要对工程进行细致的分析，另一方面也要对施工的技术加以严格控制。

由于每个水利水电工程项目所处的自然地理环境、水文气象、地形地质、交通运输等方面的条件各有差异，以致施工导流方式千差万别，无固定模式，仅限于历史经验推广应用，比如我国水利水电工程施工一直以来大多沿袭了都江堰水利枢纽工程传统的施工导流方式。

从实际情况来看，导流方案的科学制订也确实发挥着越来越重要的作用，对工程施工的整体推进和保证工程质量方面都有着重要的意义。施工过程中，导流施工方案编制要严格的按照相关规程规范来进行，同时满足水利工程建设的基本要求，即技术可行、经济合理。从此角度考虑，应尽可能避免采用全年洪水导流方案，对一个枯水期能将永久建筑物（或临时挡水断面）修筑至坝体度汛标准的汛期洪水位以上，或汛期虽淹没基坑但对工程进度影响较小且淹没损失不大的，适宜采用枯水期围堰挡水导流方式。

另外需要注意的是，导流技术不仅要合理的进行规划，也要以工程的整体标准为前提，才能够更好的达到其应有的效果。

（五）主要施工导流建筑物的适用条件

1. 导流明渠

明渠导流是在河岸或滩地上开挖渠道，在基坑上下游修筑围堰，江河水流经渠道下泄。它用于岸坡平缓或有宽广滩地的平原河道上。如果当地河流附近有老河道也可充分利用老河道进行明渠导流，不仅可以减少施工作业量，也降低了工程成本。

明渠导流的布置主要包括明渠进出口位置、明渠导流轴线的布置和高程确定。渠身轴线要伸出上下游围堰外坡脚，水平距离要满足防冲要求，一般为 50 ~ 100m；明渠导流在明渠导流轴线的布置中应在较宽台地、垭口或古河道的沿岸布置；明渠轴线布置应当尽可能缩短明渠长度，也要尽量避免深挖；明渠进出口应与上下游水流相衔接，与河道主流的交角以不超过 30° 为宜；明渠的转弯半径为保证水流畅通，应不小于 5 倍渠底宽度。

2. 导流围堰

应该根据被保护对象型式、泄水建筑物的具体情况、导流时段及河道水流流态、河谷地形及地质条件等，确定围堰的布置方案、围堰型式等。如根据围堰是否允许过水，则围堰可采用过水围堰或不过水围堰；如河床和河槽较窄，河流水量相对较大，则可采用一次拦断河床的横向围堰布置方式，相应泄水建筑物可以采用明渠、隧洞、涵洞（管）；如河床和河槽宽缓、岸坡平坦，工期较长，则可采用束窄河床分段导流的纵横向围堰布置方式，可以充分利用已施工的水工建筑物结合围堰将河流拦截成多段，逐段分期实施，最终完成整个工程。

当采用分期围堰导流方式时，一期围堰位置应在分析水工枢纽布置、纵向围堰所处地形、地质和水力学条件、施工场地及进入基坑的交通道路等因素后确定。发电、通航、排冰、排沙及后期导流用的永久建筑物宜在第一期施工。

3. 导流隧洞

山区河流，一般两岸地形陡峻、河谷狭窄、山岩坚实，较为普遍的是采用隧洞导流，其适用条件为：导流量不大，坝址河床比较狭窄，两岸地形比较陡峭，沿岸或两岸地形、地质条件良好。但由于隧洞造价较高，泄水能力有限，一般在汛期泄水时均采用淹没基坑方案或利用水工建筑物的预留缺口、放空底孔过流等。导流隧洞设计时，应尽量与永久隧洞相结合，以节省工程投资。当导流隧洞的使用经过不同导流分期时，应根据控制阶段的洪水标准进行设计。导流隧洞断面尺寸和数量视河流水文特性、岩石完整情况以及围堰运行条件等因素确定。

4. 导流涵洞（管）

涵洞（管）是指在水利工程引水系统通过已建工程设施，为了避免对已建工程的影响，兼顾保护已建工程和在建工程施工的一种设施。具体到水利水电工程中的导流涵洞（管），通常会在分期导流中采用该种导流方式，适用于中小型水利水电工程建设。从地形地质条件方面来说，涵洞（管）导流施工工作面相对隧洞导流较宽，对工程地质条件要求不高，且具有施工灵活、施工速度较快、成本较低等优点，因而在施工导流方式选择上采用频率较高。

（六）提高水利水电工程施工导流技术的策略

1. 注重水利人才的培养

人才是科技创新的根本，因此，在吹响技术创新号角的同时，需大力进行水利人才的培养。现阶段的水利施工队伍中缺乏新生力量，而原有的骨干施工技术人员缺乏创新能力，所以既要注重创新人才的引进与培养，又要团结骨干技术人员；既要发挥引进人才的技术创新能力，又要吸取技术骨干在实际水利工程的施工经验，两者有机结合，以老带新，共同促进水利施工导流技术的革新。

2. 施工进度计划

水利水电工程项目的差异性决定了施工导流方式各有千秋。根据施工导流方案的不同，所制订的施工进度计划各不相同，或许要根据施工进度计划，调整施工导流方案。首先要对施工进度中各个时间控制节点，包括开工、拦洪、截流、下闸蓄水、封孔、首台发电机组发电等时间节点以及其他工程的受益时间等进行深入的分析研究，只要合理掌握这些时间控制节点，就能根据实际情况安排出最为恰当的控制性施工进度计划。其次，以各单项工程与控制性施工进度计划为依据，对工程整体的总进度计划进行编制或调整，并对完建时间与受益时间进行论证，科学合理的进行施工导流及工程度汛安排。

3. 完善企业管理机制

水利科学技术的创新，直接影响企业的效益，只有管理机制不断完善，才能为水利技术的创新保驾护航。现阶段我国大多数水利企业内部机制不完善，缺乏行之有效的施工工程质量监管体系，缺乏工程施工经验的积累。在市场经济环境下，水利施工企业面临巨大的市场压力，只有积极推进水务体制改革、水管体制改革、水利投融资体制改革，才能不断提高水利施工技术水平，提高工程施工质量，增强市场竞争力。

二、水利水电工程截流技术

截流工程是指在泄水建筑物接近完工时，即以进占方式自两岸或一岸建筑戗堤（作为围堰的一部分）形成龙口，并将龙口防护起来，待曳水建筑物完工以后，在有利时机，以最短时间将龙口堵住，截断河流。下面就截流施工技术展开论述。

（一）截流的方式

从目前的施工技术情况上看，截流的基本方式有两种，即立堵法和平堵法。

1. 立堵法

所谓的立堵法截流就是把截流材料从龙口一端，或者两端向中间抛投进占，实现逐渐束窄河床，最终全部拦断的目的。

一般而言，立堵法截流无需架设浮桥，具有准备工作比较简单，造价较低的特点。但其缺点是其在截流时，水力条件是不利的，龙口单宽流量很大，而出现的流速也比较大，而且水流绕截流戗堤端部，也会产生强烈的立轴旋涡，这就会在水流分离线附近形成紊流，起结果是河床被冲刷，同时，由于其流速分布不均匀，所以需要抛投单个质量较大的截流材料。截流因为工作前线狭窄，其抛投强度会受到很大的限制。

立堵法截流主要是适用于大流量、岩基或覆盖层较薄的岩基河床，如果遇到软基河床那就需要根据实际情况采用护底措施后才能使用。

2. 平堵法

平堵法截流就是沿整个龙口宽度全线抛投，抛投料堆筑体全面上升，直到露出水面。一般而言，这种方法的龙口是部分河宽，也可能是全河宽。所以，合龙前应该在龙口架设浮桥，因为其是沿龙口全宽均匀地抛投，因此，其具有单宽流量较小，出现的流速也较小，需要的单个材料的重量也较轻，抛投强度较大，施工速度快的优点，但其缺点是碍于通航。这种方法在软基河床，河流架桥方便且对通航影响不大的河流上使用比较合适。

3. 综合方式

（1）立平堵

为了又降低架桥的费用，同时充分发挥平堵水力学条件较好的优点，部分工程采用先立堵，后在栈桥上平堵的方式。比如说前苏联布拉茨克水电站，在截流流量 3600m³/s、最大落差 3.5m 的条件下，就是采用先立堵进占，把龙口缩窄到 100m，然后再通过管柱栈桥全面平堵合龙。

又如，多瑙河上的铁门工程，其也是对各种方案进行比较之后，最后采取立平堵方式的，其主要是立堵进占结合管柱栈桥平堵。立堵段首先进占，完成长度 149.5m，平堵段龙口 100m，最后由栈桥上抛投完成截流，其落差达 3.72m。

（2）平立堵

如果是软基河床，采用单纯立堵会很容易造成河床冲刷，一般来说，会先采用平抛护底，再立堵合龙，而平抛一般是利用驳船进行。比如说丹江口、青铜峡、大化及葛洲坝等工程，一般都是采用这种方法，而且，都取得了较为满意的效果。因为其护底均为局部性，所以这类工程本质上同属立堵法截流。

（二）截流施工的设计流量

1. 截流时间的确定

枢纽工程施工控制性进度计划或总进度计划，是截流时间的确定因素。至于时段选择，通常需要考虑以下原则，在进行全面分析比较后再确定。

（1）尽量在流量较小时截流，但是需要注意的是，必须全面考虑河道水文特性和截流应完成的各项控制工程量，充分合理的使用枯水期。

（2）对于具有灌溉、供水、通航、过木等特殊要求的河道，就必需要全面兼顾这些要求，尽可能的减少截流对河道综合利用的影响。

（3）有冰冻的河流，通常不在流冰期截流，这样才能避免截流和闭气工作复杂化。当然，如果有特殊情况需要在流冰期截流时，就需要成立相关的技术小组进行充分论证，同时还需要有周密的安全措施。

根据以上论述，截流时间必需要按照气候条件、河流水文特征、围堰施工及通航、过木等因素综合分析确定。一般情况是在枯水期初进行，在流量已有显著下降的时候，严寒地区应该尽可能的避开河道流冰及封冻期。

2. 设计水流和流量确定

设计截流量是指一定的截流时间通过该断面水流总量。需要根据施工现场的水文环境和设计流程等特点。正常情况下，可以根据水文气象预测校正方法重现年或确定的设计流量，一般可按 5 ~ 10 年、一个月或年平均流量的截流期作为依据，也可以用其他分析方法确定。一般的设计流程是由频率方法确定，根据已选定的封闭期，由时间频率确定设计流程，按照规定，除了频率方法选定截流设计标准，还有其他方法确定。如测量数据分析法，对水文资料系列较长，水文特性比较稳定，可以用于该方法。对于预测期短，一般不会最初应用，但据预测流动特性设计可能在前夕关闭。在一些重大的施工截流设计，一般会选择一个流程，然后分析较大和较小流程发生频率，研究闭包计算和几个流模型试验。

3. 龙口位置与宽度

龙口设在截流戗堤的轴线上，戗堤轴线是依据对两岸与河床的地形、地质、水运状况等各方面因素与对相关数据的分析，再综合各方面的考虑之后而得出。戗堤轴线一经确定则表示龙口位置也就决定。在通常情况下，龙口位置应建设较为宽阔，以便大量施工材料能够储存其中，同时还能够方便众多来往车辆的运输，继而满足交通的便利需求。在选择地质的时候，应满足覆盖层教薄的龙口位置需求，且具备有天然保护设施从而进一步降低水流对其的冲击，使其使用寿命得以提高。就水利条件方面而言，应将龙口的位置设在正对主流，以便大量洪水泄流，促使工程安全性能够得以全面提高。在对龙口的宽度进行确定的时候要充分考虑戗堤束窄河床后所形成的水力条件，两侧裹头部位的冲刷影响以及截流期通航河流在安全上的具体要求。

（三）水利工程控制截流施工难度

1. 加大分流量，改善分流条件

确定合理导流结构截面尺寸，以断面标高形式；注意下游引航道开挖爆破和下游围堰结构是提高截流的关键环节。工程实践证明，由于水下开挖困难，往往使上游和下游引航道规模不够，或回水影响剩余围堰，截流落差大大增加，工作遇到了许多困难；在永久溢洪道尺寸不足时，可以专门修建河闸或其他类型的泄洪分流建筑物。门挡水闸完全关闭后，完成截流工作。

2. 转变龙口水力条件

在截流施工过程中，水文落差在 3.0m 以内，一般不过出现较差现象，不过当落差达 4.0m 以上时用单戗堤截流，一般都是因为流量比较少所以完成的。对于载流量比较大的时候，采用单戗堤截流的困难大大增加，这个时候多数工程采用双戗堤、三戗堤或宽戗堤来分散落差，并以此来完成截流任务。

3. 增大投抛料的稳定性，减少块料流失

这种情况一般采用葡萄串石、大型构架和异型人式投抛体。也可以采用投抛钢构架、比重大的矿石等，并以这些为骨料进行稳定，还可以在龙口下游，平行于戗堤轴线设置一排拦石坎防止块料的流失，以达到抛料的稳定。

（四）截流施工中材料的使用

在具体的施工过程中，如果截流水文条件相对较差，可以使用钢筋混凝土四面体构造，这种构造很容易产生良好的施工效果。抛石材料的选择一般应具有以下特征。首先，铸造材料要有一定的能力，比较容易起重运输建设；其次，应根据运输条件选择抛填截留量，对可能发生的损失和其他水文情况，地质等因素，相应增加一定抛投量。

第四节　土石坝施工

一、土石坝的概述

（一）土石坝的定义

土石坝主要就是指要利用当地的涂料和石料，或者是混合料在经过了相应的碾压处理之后所建设成的具有挡水和截水作用的大坝。如果采用的施工材料是土和沙砾，这种大坝就被人们称作土坝，如果所选用的材料是石渣或者是乱石，人们就将这种坝体成为石坝，如果按照坝高对这种大坝进行分类，通常可以将其分成高坝、中坝和低坝三种，土石坝的施工方式也有很多中但是最常使用的就是碾压式土石坝，土石坝在水利工程的建设中之所以能够得以广泛的应用是因为其的优点非常显著，在施工的过程中，其对施工地点的地质要求并不是很高，而且这种大坝的结构也相对比较简单，在施工技术的采用上也不需要使用很先进的技术，施工的速度也比较快，不需要担心会出现延期的情况。

（二）水利水电工程中采用土石坝的优缺点

1. 土石坝的优点

首先是施工时所需要的原料是土料或者是石料，这些材料在施工地点的市场就可以购买到，这样就可以减少施工中对钢材和水泥等材料的使用，在节约了能源的基础上也更好的保证材料在进场时能够满足施工的要求，同时也不需要从远距离的地点运输到施工现场，这样就能够有效的节约在运输过程中所消耗的费用。其次，土石坝是一种松散的颗粒结构，所以对建设过程中所产生的结构变形能够得以有效的控制，选择土坝坝基形式时就可以放宽对地质的限制，再次，土石坝结构和其他的结构相比，结构形式不是特别复杂，因此，如果工程要进行维护或者是扩建，就不需要非常烦琐的工序。最后是这种结构在施工当中，流程本身也不是很多，所以施工简单，可操作性也比较强。

2. 土石坝的缺点

土石坝本身也会有很多的缺陷，首先，在施工的过程中比较容易受到天气变化的影响，如果在施工的过程中遇到了比较不好的天气或者是连雨天，为了保证施工的质量，就必须要暂停施工，在天气转好之后，才能继续施工，这样就会在一定程度上增加了工程的建设成本。其次，土石坝这种结构自身不能够实现溢流，所以在施工的过程中必须要导流隧洞将多余的水排出，这样就会给施工造成一定的麻烦。再次，这种坝体结构自身并没有泄洪的功能，所以还需要另外建设有泄洪功能的建筑设施。最后，这种坝体结构在运行的过程中也会显现出很多自身的特点，所以在实际的施工中经常会出现沉降量不均匀的现象。

二、土石坝的施工技术

（一）料场规划

料场的规划和使用不仅关系到土石坝的建造工期和质量，而且可能对周围的农林产业造成影响，因此是土石坝施工中需要格外注意的技术要点之一。必须通过充分的实地勘察对各种料场都有了很好的总体规划之后，做出开采计划。使各种用料都能够有规划地得到开采和利用，使坝体施工得到充足供应。

另外，所选用料的质量必须要满足坝体的使用要求，应该充分考虑用料的含水量等因素，比如含水量高的材料旱季用，而含水率低的材料则在雨季使用。尽可能选择储量集中而且丰富的、距离施工地点近的地方进行开采，这样就避免了开采所用机械的转移，降低了建筑用料开采和运输的成本。此外，还应该考虑环保的因素，渣料应该尽量做到无污染，取料时应该尽量避免占用农田和山林。总而言之，取料时应该综合考虑多种因素，不断优化取料规划，若在施工过程中发生不合适则要实时进行合理调整，取得最优的经济和安全效果。

（二）土石料的开采与加工

料场开采前的准备工作：划定料场范围；分期分区清理覆盖层；设置排水系统；修建施工道路；修建辅助设施。

1. 土料的开采

土料开采一般有立采和平采两种。立面开采方法适用于土层较厚，天然含水量接近填筑含水量，土料层次较多，各层土质差异较大时。平面开采方法适用于土层较薄，土料层次少且相对均质、天然含水量偏高需翻晒减水的情况下，宜采用。规划中应将料场划分成数区，进行流水作业。

2. 土料加工

调整土料含水量，降低土料含水量的方法有挖装运卸中的自然蒸发、翻晒、掺料、烘烤等方法。提高土料含水量的方法有在料场加水，料堆加水，在开挖、装料、运输过程中加水。掺合、超径料处理，一般掺合办法有：

（1）水平互层铺料——立面（斜面）开采掺合法。

（2）土料场水平单层铺放掺料——立面开采掺合法。

（3）在填筑面堆放掺合法。

（4）漏斗——带式输送机掺合法。

第①、④种方法采用较多。

砾质土中超径石含量不多时，常用装耙的堆土机先在料场中初步清除，然后在坝体填筑面上进行填筑平整时再作进一步清除；当超径石的含量较多时，可用料斗加设篦条筛（格筛）或其他简单筛分装置加以筛除，还可采用从高坡下料，造成粗细分离的方法清除粗粒径。粗粒径较大的过渡料宜直接采用控制爆破技术开采，对于较细的、质量要求高的反滤料，垫层料则可用破碎、筛分、掺和工艺加工。

3. 沙砾石料和堆石料开采

沙砾石料开采主要有陆上开采：一般挖运设备即可。水下开采：采用采砂船和索铲开采。当水下开采沙砾石料含水量高时，需加以堆放排水；还有块石料开采：结合建筑物开挖或由石料场开采，开采的布置要形成多工作面流水作业方式。开采方法一般采用深孔梯段爆破，特定目的使用洞室爆破。

4. 超径处理

超径块石料的处理方法主要有浅孔爆破法和机械破碎法两种。浅孔爆破法是指采用手持式风动凿岩机对超径石进行钻孔爆破。机械破碎法是指采用风动和振冲破石、锤破碎超径块石，也可利用吊车起吊重锤，利用重锤自由下落破碎超径块石。

（三）土石料开挖运输方案

坝料的开挖与运输，是保证上坝强度的重要环节之一。开挖运输方案主要根据坝体结构布置特点、坝料性质、填筑强度、料场特性、运距远近、可供选择的机械设备型号等多种因素，综合分析比较确定。土石坝施工设备的选型对坝的施工进度、施工质量以及经济效益产生重大影响。

1. 设备选型的基本原则

（1）所选机械的技术性能能适应工作的要求、施工对象的性质和施工场地特征，保证施工质量，能充分发挥机械效率，生产能力满足整个施工过程的要求。

（2）所选施工机械应技术先进、生产效率高，操作灵活、机动性好，安全可靠，结构简单，易于检修保养。

（3）类型比较单一，通用性好。

（4）工艺流程中各供需所用机械应成龙配套，各类设备应能充分发挥效率，特别应注意充分发挥主导机械的效率。

（5）设备购置费和运行费用较低，易于获得零、配件，便于维修、保养、管理和调度，经济效果好。对于关键的、数量少且不能替代的设备，应使用新购置的，以保证施工质量，避免在一条龙生产中卡壳影响进度。

2. 土石坝施工中开挖运输方案主要有以下几种

（1）正向铲开挖，自卸汽车运输上坝正向铲开挖、装载，自卸汽车运输直接上坝，通常运距小于10km。自卸汽车可运各种坝料，运输能力高，设备通用，能直接铺料，机动灵活，转弯半径小，爬坡能力较强，管理方便，设备易于获得。在施工布置上，正向铲一般都采用立面开挖，汽车运输道路可布置成循环路线，装料时停在挖掘机一侧的同一平面上，即汽车鱼贯式地装料与行驶。

（2）正向铲开挖、胶带机运输国内外水利水电工程施工中，广泛采用了胶带机运输土、砂石料。胶带机的爬坡能力大，架设简易，运输费用较低，比自卸汽车可降低运输费用1/3～1/2，运输能力也较高。胶带机合理运距小于10km，可直接从料场运输上坝；也可与自卸汽车配合，作长距离运输，在坝前经漏斗由汽车转运上坝；与有轨机车配合，用胶带机转运上坝作短距离运输。

（四）将土石料压实

这一道工序在土石坝的施工中是关键的一步。对土石坝的自身稳定有维持作用的土料内部的主力以及防渗性能，都会随着土料的密实程度的增加而有所提高。

1. 土料压实的特性

土料的自身性质，颗粒的组成以及级别特点还有含水量的大小，另外还有压实的功能等，这些方面都与土料压实的特性有一定的关系。根据土质的不同，土料的压实也有很大的差别，主要有黏性土和非黏性土两种。一般情况下，黏性土有较大的黏结力，摩擦力较小，压缩性比较大，然而它的透水性太小，排水相对比较困难，压缩的过程比较慢，因此，要达到固结压实的效果比较困难。非黏性土与其是相反的，它的黏结力比较小，但摩擦力比较大，压缩性较小，可是其透水性较大，对排水比较有利，压缩的过程比较快，很快就可以完成压实。

压实的效果也会受到上料的粒径影响。粒径越小，其空隙就会越大，那么含有水分的矿物质就不容易扩撒，压实就比较困难。因此黏性土压实的干表观密度要比非黏性土的低。颗粒比较均匀的细砂要比颗粒不均匀的沙砾料所达到的密度低。土料含水量的多少，也会影响到压实的效果。

非黏性土料有较大的透水性，排水相对比较容易，压实的过程比较快，可以很快压实，没有最优含水量的问题存在，不用专门的做含水量控制。这一点，也是黏性土和非黏性土之间的根本差别。压实的功能大小，也会影响到压实的效果，击实的次数增加，其效果就会越好，含水量也就会减少。一般的情况下，压实功能的增加可以使压实的效果增加，这种性质，在含水量较低的土料上会有更明显的表现。

2. 进行土石料压实要达到的标准

土石料的压实效果越好，其力学性能的指标也就越高，就越能够保证坝体填筑的质量。但是如果土料的压实太过，会导致压实的费用增加，还会破坏剪力。所以，在压实的过程中，要有一定的压实标准，使压实达到最理想的状态。压实的标准要根据坝料的不同性质类确定。

（五）填筑土石坝的坝体

对土石坝的填筑一定要组织严密，要保证每一道工序都可以相互衔接，一般是采用分段流水的方式来进行作业。分段流水作业是以施工的工序数目为依据，将坝体分成几段，组织专业的施工队伍，对每一段工程依次施工。这种方法，对提高施工队伍的技术水平有很大的帮助，保证施工中的你一种资源都可以充分的利用，避免施工中的干扰，对坝面的连续施工比较有利。

1. 卸料和平料

在这一方面，主要是使用自卸汽车来进行卸料，然后再用推土机铺成所要求的厚度。在施工的过程中，铺筑防渗体涂料的方向要和坝轴线的方向平行，这样有利于碾压施工。

2. 进行碾压施工的方法

在施工的过程中，要按照一定的次序来对坝面进行填筑压实，避免漏压以及超压的情况出现。碾压防渗体土料的方向要和坝轴线的方向平行，不可以在和坝轴线相垂直的方向碾压，避免因局部漏压而造成横穿坝体出现集中渗流带。碾压的机械在行驶过的每一行之间，都要有大约 20 ~ 30cm 的重叠，避免出现漏压。另外，在坝料的分区边界处，也比较容易出现漏压的情况，所以，在碾压的时候，要注意重叠碾压。若使用的碾压机械是羊角碾或者时候气胎碾，可以使用进退错距或者是转圈套压的方法来进行碾压。

（六）结合部位施工

土石坝施工中，坝体的防渗土料不可避免地与地基、岸坡、周围其他建筑的边界相结合：由于施工导流、施工方法、分期分段分层填筑等的要求，还必须设置纵横向的接坡、接缝。这些结合部位会影响到整个坝体的整体性以及质量，因为接坡以及接缝如果过多的话，还会对整个坝体的填筑强度产生影响，尤其是影响到机械化的施工。所以对于施工所以说对于坝体的结合部位的施工，一定要采取合理并且可靠的技术措施，同时还要加强对质量的控制和管理，一定要确保坝体的质量能够符合预先的设计要求。

（七）反滤层的施工

反滤层的填筑方法，大体可分为削坡体、档板法及土、砂松坡接触平起法三类。土、砂松坡接触平起法能适应机械化施工，填筑强度高，可做到防渗体、反滤料与坝壳料平起填筑，均衡施工，被广泛采用。根据防渗体土料和反滤层填筑的次序，搭接形式的不同，可分为先土后砂法和先砂后土法。

无论是先砂后土法或先土后砂法，土砂之间必然出现犬牙交错的现象。反滤料的设计厚度，不应将犬牙厚度在内，不允许过多削弱防渗体的有效断面，反滤料一般不应伸人心墙内，犬牙大小由各种材料的休止角所决定，且犬牙交错带不得大于其每层铺土厚度的1.5 ~ 2 倍。

第五节　隧洞与水闸施工

一、水利水电工程隧洞施工要点

（一）开挖方式

隧洞开挖方式有全断面开挖法和导洞开挖法两种。开挖方式的选择主要取决于隧洞围岩的类别、断面尺寸、机械设备和施工技术水平。合理选择开挖方式，对加快施工进度，节约工程投资，保证施工质量和施工安全意义重大。

1. 全断面开挖法

全断面开挖法是将整个断面一次钻爆开挖成洞，待全洞贯通后或待掘进相当距离以后，根据围岩允许暴露的时间和具体施工安排再进行衬砌和支护；这种施工方法适用于围岩坚固完整的场合。全断面开挖，洞内工作面较大，工序作业干扰相对较小，施工组织工作比较容易安排，掘进速度快。全断面开挖可根据隧洞断面面积大小和设备能力采用垂直掌子掘进或台阶掌子掘进。垂直掌子掘进因开挖面直立，作业空间大，当具有大型施工机械设备时，作业效率高，施工进度快；台阶掌子掘进是将整个断面分为上下两层，上层超前于下层一定距离掘进，为了方便出渣，上层超前距离不宜超过 2 ~ 3.5m，且上下层应同时爆破，通风散烟后，迅速清理上台阶并向下台阶扒渣，下台阶出渣的同时，上台阶可以进行钻孔作业。由于下台阶爆破是在两个临空面情况下进行的，可以节省炸药；当隧洞断面面积较大，但又缺乏钻孔台车等大型施工机械时，可以采用这种开挖方式。

2. 导洞开挖法

导洞开挖法就是在开挖断面上先开挖一个小断面洞（即导洞）作为先导，然后再扩大至设计要求的断面尺寸和形状。这种开挖方式，可以利用导洞探明地质情况，解决施工排水问题，导洞贯通后还有利于改善洞内通风条件，扩大断面时导洞可以起到增加临空面的作用，从而提高爆破效果。

根据导洞与扩大部分的开挖次序，有导洞专进和导洞并进两种方法。导洞专进法是将导洞全部贯通后，再进行扩大部分开挖，有利于通风和全面了解地质情况，但洞内施工设施一般要进行二次铺设，费工费事；除地质情况复杂外，一般不采用。导洞并进法是将导洞开挖一段距离（一般为 10 ~ 15m）后，导洞与断面扩大同时并进。导洞开挖法一般是在工程地质条件恶劣、断面尺寸较大、不利于全断面开挖时才采用的开挖方法。

（1）上导洞开挖法

导洞布置在隧洞的顶部，断面开挖对称进行。这种方法适用于地质条件较差，地下水不多，机械化程度不高的情况。其优点是安全问题比较容易解决，如顶部围岩破碎，开挖后可先行衬砌，从而安全施工；缺点是出渣线路需二次铺设，施工排水不方便，顶拱衬砌和开挖相互干扰，施工速度较慢。

对开马口是将同一衬砌段的左右两个马口同时开挖，随即进行衬砌。为安全起见，每次开挖马口不应过长，一般以 4 ~ 8m 为宜。在地质条件较好，围岩与拱圈黏结较牢的条件下，采用对开马口，可以减少施工干扰，避免爆破打坏对面边墙。当围岩较松散破碎时，应采用错开马口方法。即每个衬砌段两个马口的开挖不同时进行，一个马口开挖后立即进行衬砌混凝土浇筑，待其强度达到设计强度的 70% 时，再开挖和浇筑另一个马口，各段马口的开挖可交叉进行。也有把隧洞顶拱挖得大一些，使顶拱衬砌混凝土直接支承在围岩上，而不需要再挖马口。

（2）下导洞开挖法

导洞布置在断面的下部。这种开挖方法适用于围岩稳定、洞线较长、断面不大、地下水比较多的情况。其优点是洞内施工设施只铺设一次，断面扩大时可以利用上部岩石的自重提高爆破效果，清理方便，排水容易，施工速度快；缺点是顶部扩大时钻孔比较困难，石块依自重坠落，岩石形状不易控制，如遇不良地质条件，施工不够安全。

（3）中间导洞开挖法

导洞在断面的中部，导洞开挖后向四周扩大。这种方法适用于围岩坚硬，不需临时支撑，且具有柱架式钻机的场合。柱架式钻机可以向四周钻辐射炮眼，断面扩大快，但导洞与扩大部分同时并进，导洞出渣困难。

（4）双导洞开挖法

双导洞开挖又分为两侧导洞法和上下导洞法两种。两侧导洞开挖法是在设计开挖断面的边墙内侧底部分别设置导洞，这种开挖方法适用于围岩松软破碎、地下水严重、断面较大，需边开挖边衬砌的情况。上下导洞法是在设计开挖断面的顶部和底部分别设置两个导洞，这种方法适用于开挖断面很大、缺少大型设备、地下水较多的情况，其上导洞用来扩大，下导洞用于出渣和排水，上下导洞之间用竖井连通。

导洞一般采用上窄下宽的梯形断面，这样的断面受力条件较好，并且可以利用断面的两个底角布置风、水、电等管线；导洞的断面尺寸应根据开挖、支撑、出渣运输工具的大小和人行道布置的要求确定；在方便施工的前提下，导洞尺寸应尽可能小一些，以便加快施工进度，节省炸药用量；导洞高度一般为 2.2 ~ 3.5m，宽度为 2.5 ~ 4.5m（其中人行道宽度可取 0.7m）。

（二）隧洞塌方预防和处理措施

在水利水电工程隧洞施工中最易出现的安全事故就是隧洞塌方。对待水利水电工程隧洞塌方，认真搞好预防工作，将会取得良好的效益。预防隧洞塌方，主要从以下三点着手：

1.认真搞好勘测设计。在隧洞工程的勘测设计工作中，深入细致调查和勘探隧洞所在区域的地质环境，详细掌握隧洞轴线和进出口的地质资料，对隧洞穿越垭口、沟谷和山体认真分析，尽可能全面掌握所有可能发生塌方的不良地质情况。选择洞线时，尽量避开断层、溶洞、堆积体流砂、地下水和软弱破碎带等不良地层，若必须通过时，应事先考虑相应的技术措施，正确选定施工方法，认真搞好施工组织设计，以便指导工程施工。

2. 施工中应正确合理选择施工方法和防塌技术措施，准备必要的材料和工具。防塌措施有：搞好施工排水、采用弱爆破或不爆破开挖技术、合理掌握开挖进度、加强支撑和衬砌进度等。

3. 施工过程中应经常进行检查，及时发现发生塌方的种种预兆，及时采取工程技术措施，防止塌方事故的发生。

（三）隧洞塌方处理措施

塌方发生后，应首先加固未塌地段，以防塌方蔓延，让抢险工作有一个安全的空间；同时，要组织相关人员到塌方现场调查研究，查明塌方的范围、性质以及塌方区围岩的地质构造和地下水活动情况，认真分析形成塌方的原因，及时制订出可行的塌方处理方案。

根据塌方的规模和塌碴的补给情况，塌方可分为大塌方和小塌方。当塌方体厚度大，范围长，已将开挖坑道堵死，或塌方还继续不停的扩展，人员不能或不易进入塌穴的，属于大塌方；反之，当塌方体不足以将坑道全部堵塞，塌方在较长的时间内不再发展或基本停止，人员有可能进入塌穴观察处理的，属于小塌方。根据塌方的危害程度，塌方亦可分为严重塌方和轻微塌方。对于塌方后造成很大的人员伤亡或损失的，属于严重塌方；反之，属于轻微塌方。无论是何种塌方，我们都应认真对待，并根据塌方的实际情况制定相应的塌方处理技术措施。

二、水利水电工程中的水闸施工

（一）水闸工程的重要性

在国内的水利电力项目中，水闸的建筑措施对电能的变换有着关键的作用，具有综合性能的项目设施建筑，搞好水利电力项目的水闸建筑管制对水利电力项目的品质有着直接影响。水利水电是绿色的能再生的资源，是我国走永续前进道路的需求，而水闸项目执行措施是确保水能能够完全发挥的前提，搞好水闸项目的建筑才能够完成水利项目的宗旨。综上所述，要完全使用水利水电项目的性能，就必须在水闸建筑中使用高技能。

（二）水闸施工工艺要点

水闸是目前水利工程中普及率最广的水利建筑工程，在河渠、水库甚至湖波等地区都有应用。水闸的主要作用为挡水与泄水，通过闸室以及上下游连接段完成对水流的控制调节。水闸建设地址相对复杂，加上其复杂的工程结构，导致其施工过程的复杂以及质量控制的困难。水闸施工工艺的先进以及质量控制的好坏，直接影响到水闸工程后期应用效果的好坏。

水闸施工工艺流程必须要严格按照水闸工程设计要求以及相关的工程类型特点来进行施工方案的设计，其设计原则基本遵循先下后上先重后轻的施工过程在此基础上，其工艺流程基本如下：首先需要进行水闸施工的前期准备，包括方案优化、建材购入、施工地址勘探等，同时做好岩堰围堰的预留工作，接下来便可进行基坑的开挖和处理工作，开挖前要进行相关的地形测量与地形描述，在征得监管部门审批后，并可进行基坑的开挖与排水，并依据水闸工程闸室的结构特点与技术要求，完成基坑的处理工作。基坑的处理工作包括对闸室底板的固结灌浆，灌浆过程需要注意压力控制，避免混凝土的开裂等现象的发生。与固结灌浆同时进行的还有闸墩、胸墙、闸室交通桥的安装以及上下游消力池、护坦的建设保证工作，完成上下游翼墙以及交通桥台、护坡的施工安装。阀门工程主要在水闸上下游护坦上进行，施工过程需注意钢筋、钢模按照设计进行施工以及阀门张拉预应力的选取。以上工程完成之后，便可进行阀门的工作调试，调试完成之后，即可进行围堰的撤除以及后期的框架安装、装饰修饰以及外围的施工地面平整、道路连接等后续工作，最终进行水闸工程的验收与投入使用。

（三）水利水电工程中水闸施工技术方法

1. 水闸施工前的技术

（1）要明确水闸施工中容易出现问题的关键位置，使得管理具有针对性。一般来说，水闸施工中需要考虑其自身的稳定性、抗渗性和可靠性，因此需要对地基、伸缩缝、止水工程、混凝土工程、闸门等进行重点关注。

（2）要做好方案设计工作。工程项目的施工离不开设计图纸和施工图纸的指导，而设计的质量直接影响着工程的施工质量。在水利工程确定后，要切实做好水闸的设计工作，结合实际情况，选择合适的设计方案，并组织专业技术人员对方案进行严格的审核，确保设计的科学合理，符合实际。

（3）要建立专业的施工管理队伍。工程的施工管理需要涉及的方面是众多的，仅仅依靠少数人是不可能实现全面管理的。为了避免遗漏，在施工开始前，要成立专门的施工管理队伍，并根据施工的具体情况，制定出相应的施工管理制度，切实保证工程施工的质量和效率。

2. 水闸施工过程中的技术

在水闸的建筑程序中要搞好各个工作程序的品质掌控作业，必须对品质进行严格把关才能够确保水闸品质的完成。建筑中加强对各类物料品质以及强度的检验，对水闸的建筑技术进行整体的掌控，不仅要做好质量的检查并且对水闸项目关键位置的措施管制作业也要搞好。

（1）开挖工程

通常情况下，水利工程的水闸面积较大，施工范围广，在开挖阶段的工程量也相对较大，而开挖工程的质量对于水闸工程的整体质量有着极大的影响。如果开挖的断面过大，需要运用大量的混凝土进行填补，从而认识的工程的成本增加；如果开挖的断面过小，会直接影响到水闸自身的强度，难以抵御大型洪峰的侵袭。因此，水闸工程的施工单位必须根据工程的设计方案，对其进行严格的计算和限制，确保实际开挖工程与设计保持一致，同时进行严格的质量验收。

（2）混凝土工程

水闸项目建筑对混凝土的需求量较多，因此一定要搞好混凝土物料的品质掌控作业。要留意时常检查以及抽样检查，在频繁的检查下符合对混凝土品质的掌控程序。在混凝土的搅拌中，要严格按照合理的比例进行调配，据此对构造物混凝土建筑全面的掌控。对建筑中重要的位置还要开展钻芯取样的检测，这样才能够在最大程度上确保混凝土构造物的品质。

（3）金属结构工程

由于水闸使用的闸门面积巨大，为了便于运输，一般都是采用现场组装的形式。在对闸门进行选择时，要对其质量进行严格管理和控制，确保其使用的材料拥有相应的合格证明书和质量检测报告，同时对其进行抽样检测，切实保证材料的质量。而为了保证闸门的质量，防止制作时出现变形，要选择信誉好、质量有保证的厂家进行制作，并按照工程的施工进度进行焊接，确保焊接质量。

3. 导流施工

（1）导流方案

在水闸施工导流方案的选择上，多数是采用束窄滩地修建围堰的导流方案。水闸施工受地形条件的限制比较大，这就使得围堰的布置只能紧靠主河道的岸边，但是在施工中，岸坡的地质条件非常差，极易造成岸坡的坍塌，因此在施工中必须通过技术措施来解决此类问题。在围堰的选择上，要坚持选择结构简单及抗冲刷能力大的浆砌石围堰，基础还要用松木桩进行加固，堰的外侧还要通过红黏土夯措施来进行有效的加固。

（2）截流方法

在水利水电工程施工中，我国在堵坝的技术上累积了很多成熟的经验。在截流方法上要积极总结以往的经验，在具体的截流之前要进行周密的设计，可以通过模型试验和现场试验来进行论证，可以采用平堵与立堵相结合的办法进行合龙。土质河床上的截流工程，戗堤常因压缩或冲蚀而形成较大的沉降或滑移，所以导致计算用料与实际用料会存在较大的出入，所以在施工中要增加一定的备料量，以保证工程的顺利施工。特别要注意，土质河床尤其是在松软的土层上筑戗堤截流要做好护底工程，这一工程是水闸工程质量实现的关键。根据以往的实践经验，应该保证护底工程范围的宽广性，对护底工程要排列严密，在护堤工程进行前，要找出抛投料物在不同流速及水深情况下的移动距离规律，这样才能保证截流工程中抛投料物的准确到位。对那些准备抛投的料物，要保证其在浮重状态及动静水作用下的稳定性能。

（四）后期管理

在工程施工后期，应该安排专业的技术人员，对分项工程的质量进行全面细致的检查，对于关键位置要加强检查力度。为了切实保证工程的质量，可以先由施工单位进行自我检测，之后交由监理单位进行复检，确认无误后，才能进行工程的交接工作。对于工程中的关键位置或者容易出现质量问题的部位，要强化检测力度，确保检测结构的准确性和真实性。在整体检测完成后，要根据检测的数据和结果，制订相应的质量检测报告书，由监理单位确认后，与工程一起交付给建设单位，对工程的施工质量进行保证。

第六节　混凝土坝施工

一、水利水电工程混凝土施工

（一）水利水电工程混凝土的施工特点

1. 工期长且工程量大

对多数水利水电工程而言，混凝土的施工是贯穿于整个水电工程项目的。一般情况下，水利水电工程都具有三到五年的施工周期，且所使用混凝土量有时几十万，有时达到上百万立方米。因此，为了有效保障混凝土的施工周期和质量，多采用一些先进的手段和施工技术是很有必要的。

2. 施工技术复杂

水利水电工程受施工环境和特殊用途的影响，使其施工技术具有一定的复杂性，而且混凝土工程所涉及到的混凝土种类多种多样。同时，水利水电工程除了混凝土施工，还包括设备安装和地基挖掘等工作，机械设备和施工工种复杂，容易产生施工矛盾。

3. 受季节影响较大

水利水电工程施工过程中，施工单位应认真考虑施工现场所在地的降雨、气温、灌溉用水和抗洪度汛等因素的影响。水利水电工程是户外工程，整个施工受季节影响较大。

4. 施工温度要求严格

水利水电工程的混凝土施工大多是体积和面积较大的混凝土，往往使用分块浇筑的方法进行。施工过程中，为了避免混凝土浇筑后出现表面冻害和温度裂缝等质量问题，首先应对施工现场的温度条件进行认真的考虑，对混凝土进行必要的表面保护、接缝灌浆以及温度控制等预防措施。

（二）水利水电工程混凝土的施工现状

水利水电工程的混凝土施工，引起混凝土质量问题的因素有很多。一些因素是通过人工环节控制的，而另一些因素则需要政府相关部门的严加管理和大力规范。而混凝土的施工现状主要体现在：

1. 水利水电工程监理行业的专业人才相对缺乏，需要进一步完善监理工程师的培养制度和考核制度，可以借鉴国内外工程的成功经验。

2. 专业技术人员的严重缺乏，则应从管理作用着手，督促施工单位加大人才引进、技术更新的力度，使水利水电工程具有更广阔的提升空间。

3. 混凝土的质量波动较大。对此施工单位应适当加大混凝土配合比例，科学配置水灰比含量，对混凝土各种原材料的引进、检测等环节进行严抓严控，并定期检测各种外加剂、掺合料等，避免不合格材料的进场使用。

（三）存在的问题

1. 技术水平有待提高

这里有两个方面的问题。一是一些施工单位现场施工人员对混凝土的性能不是很熟悉，对影响混凝土质量的要素不是十分了解，在现场难以控制工程施工质量；二是新材料、新技术的应用不多，水利水电行业的混凝土施工基本上还停留在相对比较低的技术水平上，尤其是在中小型水利水电工程施工中。一些对提高混凝土质量比较有效且相对成熟的技术，比如掺加外加剂、矿物掺合料等，在工程中应用也不是很普遍。搞好如何因地制宜选择合适的骨料、水泥、外加剂、掺合料以及恰当的施工工艺，才能保证混凝土施工质量。

2. 施工工艺水平不高

中小型水利水电工程混凝土施工大体上还是小作坊式作业，投料、运输多为人工操作，机械化及电子化水平较低，专业化程度不高，除了大城市周围，商品混凝土应用很少。人为因素造成混凝土质量波动较大。

3. 混凝土设计强度等级偏低

目前，水利水电工程设计中，主要将是否满足构件的安全作为混凝土设计强度的依据，有的虽然考虑了混凝土构件的耐久性要求，但也不是很充分。为了满足混凝土设计强度、耐久性、抗渗性等要求和施工和易性的需要，有关水工混凝土施工规范不仅规定了胶凝材料和水泥熟料的最低用量，还对混凝土的水胶比（水灰比）作了规定。

4. 质监、监理机构监督力度不够

由于中小型水利水电工程大多远离城市，施工、生活条件艰苦，质监部门很少主动下去检查，主要是以抽查的方式进行监督，很难全面发现施工过程中工程质量问题。监理单位在现场监理人员较少，有些监理单位监理人员工作责任心不强、怕吃苦；工地上缺乏有长期从事利水电工程建设施工经验的监理人员，在实际工作中不能有效地进行施工过程的旁站监理，对控制工程质量、造价和工期，管理建设工程合同的履行等监理工作不能很好地完成。造成了工程质量控制方面存在实际的漏洞。

（四）混凝土生产过程中存在的主要问题

1. 原材料的问题

（1）水泥。笔者多年来在室内检测试验过程中，不时发现有些送检的水泥没有达到有关国家标准的技术要求，其中多为产量较小，且生产工艺为立窑的小型企业的产品，产品质量稳定性差。水泥不合格主要表现在抗压强度、抗折强度和安定性没有达到技术要求。在水利水电工程质量抽检过程中还发现，一些工地水泥仓库的防雨防潮措施不是很到位，贮存时间过长等问题。

（2）骨料。有关水工混凝土施工规范规定，混凝土施工中宜将粗骨料按粒径分级组合使用。笔者发现水利水电工程混凝土施工中大多采用规格为 5 ～ 40mm 或 5 ～ 80mm 的混合粗骨料。由于料场开采的部位不断变化，或采用人工骨料时料场的破碎机多为效能较低的锷式破碎机，致使这些混合粗骨料的颗粒级配、堆积密度及空隙率、针、片状颗粒含量和超逊径含量的在施工过程中差别比较大，这就给混凝土施工质量带来比较大的波动。此外，还有一个问题比较突出，在对某些股份制合营的小水电站进行质量抽检时，发现一些"四无"电站为了节省投资，将厂房基础或输水隧洞施工挖掘出来的石渣（有些还是强风化的岩石）未经任何筛选就直接破碎用作混凝土骨料，不按规定进行相关检验；使用前也未经严格的清洗和脱水，骨料岩质的硬度和含泥量等都可能不符合质量要求。相对而言，股份制合营小水电站的工程质量更令人担忧。

2. 配合比误差较大

由于现场多为人工投料，尽管施工现场多备有配合比投料标牌，但混凝土生产过程中投料误差还是比较大，主要有两个方面的问题：一是拌和用水量控制不好，水灰比偏大，极个别工地的施工人员缺乏水灰比的概念，为了减少拌和时间、提高混凝土溜槽入仓进度和减少振捣时间，对混凝土的用水量不加以控制，甚至为了让混凝土尽快入仓，而在溜槽顶部直接加水，将振捣器放入混凝土中稍为振捣一下；二是混凝土的砂率偏大。如上所述，由于混合粗骨料的颗粒级配、堆积密度及空隙率，针、片状颗粒含量和超逊径含量变化较大，为了满足混凝土的施工性能，混凝土的砂率就必然要增大。按照混凝土的填充包裹理论，就应适当调整配合比，增加水泥和用水量，而受技术能力和生产成本所限，这些都难以做到，混凝土的质量就必然下降了。尤其是浇筑泵送混凝土时，为了使骨料不塞管而将混凝土顺利输送到仓面，有的工地不是从掺加高效减水剂、泵送剂、粉煤灰和选择合适的骨料等技术手段着手，而是尽可能加大混凝土的砂率和用水量，以此来满足混凝土施工性能的要求，因此，经常使用泵送混凝土的水工结构如隧洞等混凝土质量也相对较差。

3. 混凝土拌和不均匀

水利水电工程多处边远山区，混凝土拌和多使用较老旧的小容量的自落式搅拌机，而非拌和效果较好的强制式搅拌机，搅拌效果自然差一点。加之，一些工地盲目赶进度，监督管理不严，混凝土拌和有的时间不足，有的拌和不均匀。工程质量抽检过程中也发现同一部位的混凝土抗压强度值相差较大。

4. 钢筋

在施工工地上有时看到钢筋网位移或变形较严重，工程质量抽检对混凝土钻芯取样时也发现，有的钢筋保护层不足 10mm 甚至露筋。

（五）建议

1. 一些水利水电工程施工管理不到位，原因是多方面的。有一个现象，就是水利工程在招投标中基本上是实行低价中标，有的还在概算定额单价基础上优惠 8% 左右再签订施工合同。这样就严重压缩了施工企业的正常利润。本身施工定额标准就低，又长期不能调整，这几年定额人工单价同市场人工单价严重背离；而有的工程还存在转包现象，加之人工费的不断上涨（极个别的工程甚至连材料价差都不补），这样，真正做工程的利润就非常非常薄，施工单位投入的管理和技术人员就严重不足了。笔者认为，应该尽快调整施工定额标准，适应市场的要求；支持和鼓励施工单位获取合法的利润，这样水利施工企业才能留住和引进人才，更新设备，更好地服务于业主并保证工程的质量和安全，整个水利行业才能得到良性发展。

2. 目前，由于待遇低，工作条件艰苦，水利水电行业的施工和监理单位优秀的技术人员相对缺乏，这是一个值得有关部门注意的问题。关于培养监理工程师，国外曾有"三三年"的说法，即成为监理工程师，要经过 3 年的工程设计，3 年的试验检测，3 年的施工，有这样的经历才可能作为一个合格的监理工程师。如今，活跃在施工现场的施工和监理人员多为老少结合，即已将要退休的年长的技术人员带领刚毕业的年轻技术员，年长的技术人员有经验有技术有责任心，但很多不懂电脑，无法独立完成技术资料的整理，有时工地施工紧张身体也吃不消，年轻的技术人员在经验、技术和责任心方面均有所欠缺，整体上缺乏 40 岁左右年富力强又有经验的技术人员。

3. 针对水利水电工程施工中人为因素造成混凝土质量波动较大的现象，现场应尽可能使用商品混凝土。自制混凝土时，则应加强对施工过程的控制。如施工方对一些工程关键部位混凝土施工没有把握时，不妨适当加大混凝土配合比的配制系数或减小 0.05 水灰比再配制混凝土。

4. 应在混凝土施工前 1 ~ 2 个月将水泥、掺合料、外加剂和骨料等原材料送检，坚决杜绝不合格的原材料进入施工现场。现场应尽可能使用产量高、生产工艺为旋窑的大企业的水泥产品。同一料场的骨料要有稳定供应和稳定的品质，并分级组合使用，如使用混合料时，则应加强对混凝土施工过程的控制，切实按配合比投料并保证混凝土搅拌时间。

5. 在混凝土工程中尽可能应用掺加外加剂和矿物掺合料等比较成熟的技术，提高混凝土的质量。

6. 由于股份制合营小水电站报建手续大多不全，设计比较粗糙，施工不规范，监管不到位。因此，工程质量相对比较差，去年以来多座小型水电站施工过程中发生坍塌并造成人员伤残事故，建议有关部门应加强对股份制合营小水电站工程监管和工程质量抽检的力度。

二、水利水电工程混凝土坝施工技术

大中型水利水电工程混凝土坝占有很大比重，特别是重力坝、拱坝应用更为普遍。其特点是工程量大、质量要求高、与施工导流关系密切、施工季节性强、浇筑强度大、温度控制严格、施工条件复杂等。在混凝土坝施工中，大量砂石骨料的采集、加工，水泥和各种掺和料、外加剂的供应是基础，混凝土制备、运输和浇筑是施工的主体，模板、钢筋作业是必要的辅助。

（一）混凝土浇筑施工工艺

混凝土浇筑是保证混凝土工程质量的最重要环节。混凝土浇筑刘筑前的准备工作，混凝土浇筑及养护等。

1. 施工准备

浇筑前的准备作业包括基础面的处理、施工缝处理、立模、钢筋和全面检查与验收等。对于土基，应将预留的保护层挖除，并清除杂物；然后铺碎石再压实。对于沙砾石地基，应先清除有机质杂物和泥土，平整后浇筑 -200mm 厚的 C15 混凝土，以防漏浆。于岩基，必须首先对基础面的松动、软弱、尖角和反坡部分用高压水冲洗岩面上的油污、泥土和杂物。岩面不得有积水，且保持润状态。浇筑前一般先铺浇一层 10 ~ 30mm 厚的砂浆，以保证基础与滑好结合。如遇地下水时，应作好排水沟和集水井，将水排走。

2. 施工缝处理

施工缝是指浇筑块之间临时的水平和垂直结合缝，即新老混凝土之面。对需要接缝处理的纵缝面，只需冲洗干净可不凿毛，但须进行接缝平缝的处理，必须将老混凝土面的软弱乳皮清除干净，形成石子半露而清洁表面，以利新老混凝土结合。高压水冲毛。高压水冲毛技术是一项高效、经济而又能保证质处理技术，其冲毛压力为 20 ~ 50MPa，冲毛时间以收仓后 24 ~ 36h 为宜，掌握开始冲毛的时间是施工的关键，过早将会浪费混凝土，并造成石子松动。

过迟却又难以达到清除乳皮的目的，可根据水泥的品种、混凝土的强度等级和外界气温等进行选择。风砂枪喷毛。用粗砂和水装入密封的砂箱，再通过压缩空气(0.4 ~ 0.6MPa)将水、砂混合后，经喷射枪喷向混凝土面，使之形成麻面，最后再用水清洗冲出的污物。一般在混凝土浇筑后 24 ~ 48h 内进行。钢刷机刷毛。这是一种专门的机械刷毛方式，类似街道清扫机，其旋转的扫帚是钢丝刷，其质量和工效高。人工或风镐凿毛。对坚硬混凝土面可采用人工或风镐凿除乳皮，施工质量好，但工效较低。风镐是利用空气压缩机提供的风压力驱动震冲钻头，震动力作用于混凝土面层，凿除乳皮；人工则是用铁锤和钢钎敲击。

3. 振捣

振捣是指对卸人浇筑仓内的混凝土拌合物进行振动捣实的工序。振捣按其工作方式分为插入振捣、表面振捣、外部振捣 3 种，常用的为插入式振捣。插入式振捣器工作部分长度与铺料厚度比为 1 ：(0.8 ~ 1)，应按一定顺序间距。间距为振动影响半径的 1.5 倍，插入下层混凝土 5cm，每点振捣时间约 15 ~ 25s。以振捣器周围见水泥浆为准，振捣时间过短，得不到密实；振捣时间过长，粗骨料下沉影响质量的均匀性。

4. 混凝土养护

混凝土浇筑完毕后，为使其有良好的硬化条件，在一定的时间内，对外露面保持适当的温度和足够的湿度所采取的相应措施。养护时间一般从浇筑完毕后 12 ~ 18h 开始在炎热干燥天气情况下还应提前进行。持续养护 14 ~ 28d，具体要求根据当地气候条件、水泥品种和结构部位的重要性而定。在常温下，混凝土的养护方法通常是在垂直面定时洒水或自动喷水，水平面用水或潮湿的麻袋、草袋、木屑及湿沙等物覆盖。还可在混凝土表面，喷涂一层高分子化学溶液养护剂，阻止混凝土表面水分的蒸发，该层养护剂在相邻层浇筑以前用水冲洗掉，有时也能在以后自行老化脱落。在寒冷地区的严寒季节，为防止混凝土表层冻害，应在温度不低于 5℃下养护 5 ~ 7d，采取的保温措施有暖棚法、表面喷涂一定厚度的水泥珍珠岩、表面覆盖聚乙烯气垫膜和延缓拆模时间等。

（二）混凝土温度控制

国内通常把结构厚度大于 1m 的称为大体积混凝土。大体积混凝土承受的荷载巨大，结构整体性要求高，如大型设备基础、高层建筑基础底板等。一般要求混凝土整体浇筑，不留施工缝。在混凝土浇筑早期，受水泥水化热的影响，产生较大的温度应力，易产生有害的温度裂缝。虽然混凝土大坝坝体施工速度快，但与常态混凝土大坝一样，混凝土坝也需要采取严格的温度控制措施，以确保坝体内的最高温度和断面上温度变化梯度不超过设计值，避免由于温度变化和混凝土体积收缩而在坝面和坝体内部出现裂缝，影响大坝的防渗性能和耐久性，为此，需要对混凝土大坝内部的温度场及其发展变化过程有很好的了解。施工过程仿真分析需要知道坝体内的实际温度场，无论是出于直接采用还是标定程序的目的，而各种温控措施的效果也只有通过坝体内的实际温度场来反映。另外，通过监测大坝内部混凝土最高温度，可以动态调整施工进度；通过监测温度上升的速度，可以判断异常的混凝土配合比，以便在混凝土初凝前采取补救措施；通过监测断面上温度变化梯度，可以调整上下游坝面和仓面养护措施，避免产生裂缝。所以，及时和准确地获得坝体内的实际温度场是混凝土大坝施工进度和质量控制的重要前提。

1. 温度控制标准：混凝土块体的温度应力、抗裂能力、约束条件，是影响混凝土发生裂缝的主要原因。而温度应力的大小与各类温差的大小和约束条件有关，因此温度控制就是要根据混凝土的抗裂能力和约束条件，确定一般不致发生温度裂缝的各类允许温差，此允许温差即为相应条件下的温度控制标准。

2. 温度控制措施：温度控制的具体措施通常从混凝土的减热和散热两方面入手。所谓减热就是减少混凝土内部的发热量，如通过降低混凝土的抖来降低入仓浇筑温度；或者通过减少混凝土的水化热温升来降低混频的最高温度；所谓散热就是采取各种散热措施，如增加混凝土的散热，温升期采取人工冷却降低其最高温升。

3. 坍落度检测和控制：混凝土出拌合机以后，需经运输才能到达仓内，不同环境条件和不同运输工具对于混凝土的和易性产生不同的影响。由于水泥水化作用的进行，水分的蒸发以及砂浆损失等原因，会使混凝土坍落度降低。如果坍落度降低过多，超出了所用振捣器性能范围，则不可能获得振捣密实的混凝土。因此，仓面应进行混凝土坍落度检测，每班至少 2 次，并根据检测结果，调整出机口坍落度，为坍落度损失预留余地。

4. 混凝土初凝质量检控：在混凝土振捣后，上层混凝土覆盖前，混凝土的性能也在不断发生变化。如果混凝土已经初凝，则会影响与上层混凝土的结合。因此，检查已浇混凝土的状况，判断其是否初凝，从而决定上层混凝土是否允许继续浇筑，是仓面质量控制的重要内容。此外，混凝土温度的检测也是仓面质量控制的项目，在温控要求严格的部位则尤为重要。

5. 混凝土的强度检验：混凝土养护后，应对其抗压强度通过留置试块做强度试验判定。强度检验以抗压强度为主，当混凝土试块强度不符合有关规范规定时，可以从结构中直接钻取混凝土试样或采用非破损检验方法等其他检验方法作为辅助手段进行强度检验。

三、水利水电工程建筑中的混凝土拱坝施工

（一）布置混凝土生产系统

主要从制冷系统、拌合系统两个方面布置混凝土生产系统

1. 混凝土制冷系统。先进行一次风冷，然后在拌和楼料仓中对骨料进行冷却，将骨料冷却到 12℃ 左右，然后转移地方，对骨料进行继续冷却，直至冷却到 10℃ 左右。对混凝土进行拌合过程中，加入少量片冰，以进一步降低混凝土温度，在出机口的温度降到大约11.5℃。需要注意的是，对入仓温度要进行控制，最高温度不能超过 13℃。混凝土通过冷水冷却，最大的通水量为 $180m^3$/小时，对制冷水的温度有一定的要求，需要控制在 6 ~ 8℃之间。

2. 混凝土拌和系统。在拌合系统布置的时候，需要为混凝土生产强度，留有一定的空间，按照混凝土强度考虑进行设计，拌合系统设计为 $101.1m^3$/小时。

（二）拱坝的施工过程控制

1. 首先，在基层或调平层上进行模板控制，然后将上面的灰尘杂物清扫干净，最后立模板。将基层与立好的模板要牢固紧贴，经得起振动且不走样，如果模板底部与基层间有空隙，应把模板垫衬起，把间隙堵塞，以免振捣混凝土时漏浆。立好模板后，应再检查一

次模板高度和板间宽度是否正确。为便于拆模，立好的模板在浇捣混凝土之前，其内侧涂隔离剂或铺上一层塑料薄膜，铺薄膜可防止漏水、漏浆，使混凝土板侧更加平整美观，无蜂窝，保证了水泥混凝土板边和板角的强度、密实度。

2. 入场材料是否合格应在入场前进行检查，以防不合格的材料入场。拌制混凝土严格按施工配合比通知单要求进行，现场拌制混凝土，一般先汇集计量好的原材料在上料斗中，以上料斗进入搅拌筒。水及液态外加剂以计量后，在往搅拌筒中进料的同时，直接进入搅拌筒。混凝土施工配料是保证混凝土质量的重要环节之一，必须加以严格控制。原材料汇集入上料斗的顺序：当无外加剂和混合料，依次进入上料斗的顺序为石子、水泥、砂。

要石子、水泥、混合料、砂这样的先后顺序掺混合料，按照石子、外加剂、水泥、砂子的顺序掺干粉状外加剂。在不小于规定的混凝土搅拌的时间内完成混凝土拌制工作。拌和过程中，应随时检查拌和深度，重点检查拌和底部是否有"素土"夹层。施工必须按规定的坍落度拌制混凝土，不得随意减少或增加材料用量，不浇筑不合格的混凝土。为保证混凝土具有良好的流动性、黏聚性和保水性，不泌水、不离析，当混凝土符合要求时，拌合物搅拌均匀、颜色一致。如果不符合要求应当及时的找出问题所在，迅速给予调整。对于混凝土的浇筑工作，要求振捣密实，不漏振或过振，尤其要注意内模有漏振和模板跑浆现象。混凝土停止下沉，不再冒出气泡，表面呈现平坦泛浆，表明已经振动密实，这时要迅速覆盖以防水份蒸发。等混凝土有足够强度时，还需要人工凿毛，去皮露骨。另外拣除土块、超尺寸颗粒及其他杂物要有专人负责。对于原材料每盘称量的偏差范围控制标准，粗细骨料允许偏差 ±3%，水泥掺合料允许偏差 ±2%，水外加剂允许偏差 ±2%；每当含水率有显著变化时，还要增加含水率检测次数，同时尽快调整水和骨料的用量，每个工作班抽查至少 1 次。混凝土运输、浇筑及间歇的全部时间不应超过混凝土的初凝时间。

将运至浇筑现场的混合料直接倒向安装好模板的槽内，并人工搅拌均匀，若出现离析时应重新搅拌。摊铺的工作流程应该这样：先用铁钯把混合料钯散，然后用刮子、铲子把料钯散、铺平，在模板周围运用扣铲法撒铺混合料，然后再插入捣几次，这样将砂浆捣出，可以避免有空洞蜂窝。松散混凝土一般比模板顶面设计高度高 10% 左右。如果需要歇息暂停施工，应将时间控制在 1 小时以内，同时还要做好一些辅助工作，如用麻袋覆盖好已捣实的混凝土表面，继续工作时将此混凝土钯松再铺筑。

第七节　水电站厂房施工

一、水电站厂房施工技术

一般来说，水电站厂房工程，包括多个部分，如主厂房、副厂房、开关站和尾水渠等。

而其中有以主厂房的混凝土工程最为关键。因为，其施工量最大，工序多，施工复杂，而且工期较长，这也就决定了其是控制水电站工程施工以至整个水利枢纽施工进度的关键所在。因此，本章节主要是介绍水电站主厂房的施工。

（一）厂房施工特点

1.上部结构和下部结构的施工特点

上部结构是指水电站厂房发电机层以上的结构；下部结构是指发电机层以下的结构。上部结构由承重构架与不承重的砖墙组成。承重构架一般是钢筋混凝土结构，通常是进行现场浇筑或预制安装，当然要是有必要，也可考虑采用钢结构。

上部结构的施工方法与一般工业厂房基本相同。基础板、尾水管、蜗壳、机墩和上下游墙等是下部结构主要组成部分。其特点是形状不规则，结构尺寸大，埋件多，因此，我们可以注意其承重的荷载比较复杂，对施工技术要求也很高。大中型水电站多机组厂房，一般是分期施工安装和分期投入运转，所以，在厂房结构设计和施工进度计划中，必须要考虑分期施工的问题。

（1）多机组厂房的下部结构，有条件的话，尽量一次建成，只需要把后期安装机组段的二期混凝土部分，留作以后浇筑。副厂房和辅助设备，必须要符合分期施工各时期正常运行的要求。中央控制室、副厂房的急需部位，有条件就需要一次建成。另外，厂房上部结构也需要一次建成。假如后期投入运转的机组段，无条件在一期修建，就需要把需开挖的边坡、危岩处理以及处于水下的基础开挖等，在一期发电前完成，这样才能有效避免后期施工影响运行机组段安全的情况。

（2）后期运行机组段的一期混凝土强度，必须要符合初期运行阶段的要求，适应初期运行期间各种可能的尾水位情况。否则，就需要根据相关规定采取措施，进一步加强一期混凝土结构的承载能力。

（3）后期的施工通道，应该尽可能的与初期的运行通道分开，防止人员穿行于已投入运转的主、副厂房部位。如果不能避免时，就需要采取切实可靠的安全措施。

2.厂房形式对施工的影响

厂房的布置形式可分为六种类型，即坝后式厂房、河床式厂房、引水式厂房、坝内式厂房、坝后厂房顶溢流式厂房和地下厂房。当然，不同形式的厂房对施工有不同的影响。

（1）坝后式厂房。发电厂房布置在坝下游，厂房没有办法起到挡水作用。因为厂坝分开，两者施工的干扰很小；不过压力钢管施工与相应坝段混凝土浇筑的干扰较大。所以，在厂房混凝土施工场地布置及运输浇筑方案的选择中，应该适当考虑与混凝土坝浇筑结合；也可在厂坝之间和厂房下游侧另行布置。厂房施工对主体工程的工期通常是不起控制作用的。

（2）河床式厂房。的厂房本身就可以起到挡水作用，是挡水建筑物。通常来说，因为流量较大，水头较低，所以都采用钢筋混凝土蜗壳。尽管其尺寸较大，不过埋件、安装工作量比钢蜗壳要少得多。这类厂房因为上下游方向尺寸大，所以基础开挖量及高差都是比较大的。要想加快施工进度，就需要对厂房进行分段施工，混凝土浇筑运输方案，可与挡水坝（闸）作为一个整体考虑；在厂房的下游侧，通常还会另外布置浇筑设施。

（3）引水式厂房。厂房通常都远离挡水、取水建筑物，所以，工程量较大、引水建筑物的路线长，对施工工期起控制性作用。厂房、引水和挡水建筑物，可以分别设置施工系统，使其施工互不干扰。

（4）坝内式厂房。坝内式厂房的引水道和尾水道都比较短，同时坝体内留有空腔，一方面可以节省厂房基础大量的开挖量与混凝土工程量，另一方面利于混凝土的散热，加快坝体冷却。但其也有缺点：厂坝同时施工，相互干扰大；钢筋用量较多，施工较困难，封拱要求高；机组埋件安装及二期混凝土在厂房封拱后进行，施工条件较差。

（5）坝后厂房。顶溢流式厂房要求厂房顶部能通过高速水流，厂房和边墙一般为厚而重的钢筋混凝土结构。溢流面施工要求平滑，模板结构较复杂，工期较长、施工难度大。混凝土的运输浇筑布置与坝后式厂房基本相似。

（6）地下厂房。地下厂房为地下工程中的大洞室，通常布置是较为集中的，形成各种组合形式的洞室群。工程地质和水文地质条件对施工的影响较大，比其他形式的水电站厂房施工均较困难和复杂，对工程进度起控制作用。

3. 混凝土的施工特点

水电站厂房混凝土施工特点主要有：

（1）要求的基础开挖高程低，施工出渣和基坑排水较困难，因而对混凝土的施工带来一定的影响。

（2）结构形状较为复杂，混凝土品种很多，标号高，水泥用量多，必须要严格控制温度。

（3）混凝土浇筑往往与厂房的机电埋件安装工作平行进行，在施工中遭受干扰较大。

（4）许多部位断面尺寸小，钢筋密，吊罐无法直接入仓，浇筑混凝土设备综合生产能力较低，大概是浇筑大体积混凝土的 50% ~ 70%。

（5）内部结构过流面的平整度和金属结构、机电埋件安装精度要求高。

（6）模板量大而且形状多，同时其结构又复杂，对制作安装有高精度的要求。

（7）设有宽槽、封闭块和灌浆缝时，必须妥善安排施工进度，保证混凝土回填和灌浆时间，否则将影响工期。

（二）施工布置和工序

1. 施工布置

水电站厂房混凝土的施工布置，必须要按照厂房形式、地形及水文条件、导流方式等，再结合施工布置统筹安排。在厂坝相连的枢纽中，要尽量的与坝体混凝土的施工布置相结合；如果是单独的厂房系统，那就需要按照规定进行专门的施工布置。当然，不管是哪种布置方式，都需要对其施工道路、施工场地、施工机械、临时设施等进行合理选择，保证在施工前形成生产能力，以便能够符合施工条件要求。

混凝土的水平运输，一般选择用机车立罐、自卸汽车、汽车卧罐等；垂直运输一般都选择塔机、门机或缆机。其主要的大型运输机械，应根据厂房的浇筑范围和起重机械的工作特性，并结合混凝土的水平运输方式，进行平面位置和立面高程的布置。施工初期，塔机或门机都布置在厂房的上下游，一般不设栈桥；后期根据施工需要，将塔机或门机转移至尾水平台或厂坝间等部位。

缆机由于机械特性及厂房结构特点，很少专门用于厂房混凝土浇筑。在坝体施工中若布置有缆机，可结合进行厂房下部结构的混凝土浇筑，但上部结构，仍需配备塔机或门机。厂房混凝土施工中，主要起重机械难以达到的部位，也可采用胶带运输机和混凝土泵输送混凝土。

2. 施工程序

厂房施工中的工序较多，如基础填塘、立模、扎筋、埋件、金属结构及机组安装、混凝土浇筑等。各工序必须密切配合，减少干扰。基础开挖处理完毕后，按温控要求进行基础填塘，满足间歇期后，浇筑底板混凝土。弯管段和扩散段底板混凝土，一般浇筑层厚为 1~2m，尽可能做到短间歇连续上升。

如果边墙后有后浇块，则先浇长块，满足间歇期后再浇短块；第 1 层，根据顶板模板承载能力、结构尺寸大小，确定浇筑层厚度。

尾水扩散段的墩、墙，分一层或几层浇筑，如采用倒"T"形梁作为顶板支承模板，须待墩顶混凝土达到设计要求强度后，再架设倒"T"形梁，浇筑梁裆混凝土，待达到设计要求强度后，方可浇筑上层混凝上。

钢蜗壳侧墙浇筑层厚 3~5m，混凝土蜗壳侧墙浇筑层厚 2~4m。蜗壳侧墙以上至屋顶以下的上下游墙，一般有重型和轻型结构两种。重型结构在吊车梁牛腿部位可作一浇筑层，其他各层高度 3~5m；牛腿以上至层顶以下为一层。各层间设水平键槽，凿毛清洗后，再浇上层混凝土。轻型结构的柱、梁为现浇或预制的钢筋混凝土构件，墙身多为砖砌体。混凝土浇筑过程中，应及时纠正模板变形，严格控制高程。

二、水电站地下厂房开挖施工

（一）地下厂房的开挖施工措施

地下厂房的开挖要从上到下进行分层施工、逐步成型，应该将每一层的厚度控制在 8~10m 范围内。工程技术人员在进行分层时要充分考虑到设备作业空间、施工通道、爆破振动控制以及钻孔精度等因素。发电机层的下部界面应兼顾引水隧洞洞脸加固的要求来进行控制，上部界面则要充分考虑到母线洞洞脸的加固要求来进行控制。岩壁吊车梁层应尽量控制在 10m 左右，其下部界面控制应按照比下拐点高程短 3.5m，上部界面控制则应按照比梁顶设计高程高 0.5m。根据诸多地下厂房开挖工程的时间经验显示，高边墙围岩的位移会随着中下部深孔梯段的开挖施工而急剧增加，因此在施工时要特别注意控制爆破的孔深，从而降低开挖施工对高边墙位移的影响。

地下厂房拱顶层下部的开挖大多采用光面爆破和预裂爆破来控制开挖轮廓线，再用深孔梯段微差爆破的方法对中间岩体进行清除。目前，主要采用两种方法对这一部分进行施工：一是采用深孔预裂爆破技术对轮廓线进行分批开挖，采用此种方法可以将超挖控制在 8 ~ 15cm 的范围内，且对于变形的控制要优于后者，因此如果没有条件限制，应尽量采用这种方法。二是根据爆破试验所取得的数据选择预留保护层的厚度，然后先开挖中间拉槽部分，再用小型炸药分层对预留保护层进行清除，对下层利用光面爆破成型，上层轮廓线则通过预裂爆破进行控制，利用这种方法可以将超挖控制在 15 ~ 20cm 的范围内。

（二）工程实例

1. 工程概况

宜兴水电站地下厂房埋深在 280 ~ 370m 之间，地下厂房围岩为茅山组中段地层，岩体破碎较严重，大多呈微风化。厂房区地下水丰富，地质构造发育，地下厂房洞室所在区域为Ⅳ - Ⅲ类围岩，工程地质条件差。厂房北端墙及其顶拱以Ⅲ类围岩为主，边墙以Ⅲ类围岩为主；南端墙及其顶拱以Ⅳ类围岩为主，局部为Ⅴ类围岩。

2. 岩壁吊车梁开挖施工方法

主厂房岩壁吊车梁位于厂房第Ⅱ层。根据本工程的地质情况和设计要求，对厂房第Ⅱ层进行开挖前需要对其进行围岩顶固结灌浆，从而增强开挖效果，提高岩壁梁围岩的抗剪强度和完整性。同时为了使岩壁吊车梁开挖能够有效地进行，保证岩壁吊车梁壁座的开挖及成型质量，需要严格控制其爆破布孔和线装药密度。

3. 爆破参数选择及爆破试验

根据本工程的实际岩石情况，在正式施工前需要进行相应的开挖爆破试验，对岩壁吊车梁座角开挖炮孔布置、炮孔参数、炮孔深度、装药量和装药结构进行合理的选择，从而保证岩壁吊车梁部位岩壁开挖成型良好。因此选取厂房第二层下游侧保护层段内厂右 0+30.03 至厂右 0+36.2 约 6m 长作为试验段。

开挖前的爆破试验经测量检查，岩壁吊车梁试验段最小超挖 2cm，最大超挖 13cm，平均超挖 4.6cm。垂直孔和上斜孔的孔位能够保持在同一直线上，完整性好的岩石残孔率达到 95% 以上，壁座外观成型效果较好。

首先中部拉槽开挖高度为 15.56m，随后在上下游两侧各预留 5m 的岩壁保护层，①②孔采用光面爆破，并与中部拉槽开挖同时进行爆破。然后岩壁吊车梁壁座外侧分两次进行第Ⅰ、Ⅱ块开挖，每块开挖高度为 4m，每块布置炮孔两排，垂直孔采用手风钻造孔，其中③④号孔为光爆孔，间距为 50cm，按 180g/m ~ 230g/m 的线装药密度进行装药，采用绑导爆索进行爆破。岩壁吊车梁壁座开挖共布置了垂直向下和上倾 62.8° 的两排炮孔，即是⑤⑥号孔，钻孔孔距均为 30cm。钻孔时，孔位向外适当位移 10cm，且尽量使每两个孔在同一断面上。

炮孔采用绑扎导爆索进行爆破，堵塞长度为 20cm ~ 40cm；崩落孔采用 φ32 岩石乳化炸药连续装药，单卷重量为 150g；光爆孔选用 φ25 岩石乳化炸药间隔不偶合装药的方式，不偶合系数为 1.68，单卷重量为 125g，在竹片上用胶带固定药卷，将竹片放置在靠非崩落区方向上；在⑤⑥号孔钻孔结束后要先检查其实际孔深，再按 80g/m 及 95g/m 的线装药密度进行装药，两排孔同时装药引爆。

通过采用以上的技术措施和严格的质量控制，开挖后的岩壁吊车梁成型效果较好，能够满足设计的要求，为类似工程提供参考和借鉴。

第七章 工程项目的施工管理

第一节 工程项目进度管理与控制

一、项目进度管理方法

进度管理作为项目管理的重要组成，对于工程的按质按量完成起着不可忽视的作用。项目的进度管理（又称项目的时间管理）是确保项目按质按量完成的一系列管理活动和过程。具体地将，就是在项目规定时间内统筹安排各项任务工作以及相关任务。

（一）项目进度管理的几个相关概念

1. 制订项目任务

每一个项目都由许多任务组成。用户在进行项目时间管理前，必须首先定义项目任务，合理地安排各项任务对一个项目来说是至关重要的。定义企业项目任务及设置企业项目中各项任务信息．包括设置任务工作的结构、限制条件范围信息、任务分解、模板、任务清单和详细依据等，创建一个任务列表是合理安排各项任务不可缺少的。通过 Project 创建任务列表可为项目策划者节省许多宝贵的时间。

2. 任务历时估计

任务通常按尽可能早的时间进行排定，在项目开始后，只要后面列出的因素允许它将尽可能早地开始，如果是按一个固定的结束早期排定，则任务将尽可能晚地排定即尽可能地靠近固定结束日期，系统默认的排定方法是按尽可能早的时间。任务之间的关系有很多种，例如链接关系表明一项任务在另一项任务完成后立即开始这些链接称作任务相关性，Microsoft Project 自动决定依赖其他任务日期的任务的开始和完成时间。相关性或链接任务的优势是在某个任务被改变之后，与之链接的任务也会自动重新安排日程，在工作暂时停小时，可以利用限侧、重叠或延迟任务利拆分任务精细地调整任务的日期安排。

3. 任务里程碑

里程碑是一种用于识别日程安排中重要文件的任务，用户在进行任务管理时，可以通过将某些关键性任务设置成里程碑，来标记被管理项目取得的关键性进展。

（二）进度计划的表示方法

1. 横道图进度计划

横道图进度计划法是传统的进度计划方法。横道图计划表中的进度线（横线）与时间坐标相对应，这种表达方式较直观，易看懂计划编制的意图。

它的纵坐标根据项目实施过程中的先后顺序自上而下排列任务的名称以及编号，为了方便计划的核查使用，同时在纵坐标上可同时注明各个任务的工作计划量等。图中的横道线各个任务的工作开展情况，持续时间，以及开始与结束的日期等，一目了然。它是一种图和表的结合形式，在工程中被广泛使用。

当然，横道图进度计划法也存在一些缺点：工作之间的逻辑关系可以设法表达，但不易表达清楚；尽适合于手工编织计划，不方便；没有通过严谨的时间参数计算，不能确定计划的关键工作，关键路线与时差；计划调整只能用手工方式进行，其工作量大，难以适应大的进度计划系统。

2. 网络计划技术

网络图是指由箭线和节点组成的，用来表示工作流程的有向、有序网络图形。这种利用网络图的形式来表达各项工作的相互制约和相互依赖关系，并标注时间参数，用以编制计划，控制进度，优化管理的方法统称为网络计划技术。

（1）我国《工程网络计划技术规程》(JGJ/T121—99) 推荐的常用的工程网络计划类型如下。

①双代号网络计划——以箭线及其两端节点的编号表示工作的网络图。工作之间的逻辑关系包括工艺关系和组织关系。关键线路法是计划中工作与工作之间逻朗关系肯定，且每项工作估计一定的持续的时间的网络计划技术。以下重点解释时间参数的汴算及表达方式。

②双代号时标网络计划——以时间坐标为尺度编制的双代号网络计划。

③单代号网络图——以节点及其编号表示工作，以箭线表示工作之间逻辑关系的网络图。工作之间的逻辑关系和双代号网络图一样，都应正确反映工艺关系和组织关系。

④单代号搭接网络计划——指前后工作之间有多种逻辑关系的肯定型（工作持续时间确定）单代号网络计划。

（2）总的来说，网络计划技术是目前较为理想的进度计划和控制方法。与横道图比较之下，它有不少优点。

①网络计划技术把计划中各个工作的逻辑关系表达得相当清楚，这实质上表示项目工程活动的全流程，网络图就相当于一个工作流程图。

②通过网络分析，它能够给本项目组织者提供丰富的信息或时间参数等。

③能十分清晰地判断关键工作，这一点对于工程计划的调整和实施中的控制来说非常重要。

④能很方便地进行工期、成本和资源的最优化调整。

⑤网络计划方法具有普遍的适用性，特别是对复杂的大型工程项目更能显现出它的优越性。对于复杂点的网络计划，网络图的绘制、分析、优化和使用都可以借助于计算机软件来完成。

在施工中，一般这两种方式均采用。在编制施工组织设计时，多采用网络图编制整个工程的施工进度计划；在施工现场，多采用横道图编制分部分项工程施工进度计划。

二、项目进度控制方法

进度是指活动顺序、活动之间的相互关系、活动持续时间和过程的总时间。工程施工项目可以是多个，也可以是很多个，其所对应的竣工日期也可以是一个或多个。进度控制在项目施工中是非常重要的，项目负责人要保证在合同规定的竣工日期前，使项目达到实质性的竣工目标，否则，可能会引起法律事件。因此，项目负责人应以合同约定的竣工日期指导和控制行动。总之，进度控制为保证施工项目在合同规定的竣工日期前使项目达到实质性的竣工，在整个工程项目的实施过程的连续时间内，通过协调每一分部工程之间的逻辑关系和人员的组织关系连续地、反复地对每一阶段或每一分部工程进行项目实施持续时间控制的过程。

（一）项目进度控制的基本作用和原理

1.进度控制的基本作用

（1）能够有效地缩短工程项目建设周期。

（2）落实承建单位的各项施工规划，保障施工项目的成本，进度及质量目标的顺利完成。

（3）为防止或提出项目施工索赔提供依据。

（4）能减少不同部门和单位之间的相互干扰。

工程项目进度控制的主要任务主要包括两个方面：一方面，业主方进度控制的主要任务是，控制整个项目实施阶段的进度，以及项目动用之前准备阶段工作的进度；另一方面，施工方进度控制的任务是，依据施工任务承包合同对施工进度的要求进行控制施工进度。

2.项目进度控制的基本原理

进工程项目进度控制的一般原理有：

（1）系统控制原理

①项目施工进度计划系统包括施工项目总进度计划，单位工程的施工度计划，分部分项工程进度计划，月施工作业计划。这些项目施工进度计划由粗到细，编制是应当从总体计划到局部计划，逐层按目标计划进行控制，用以保证计划目标的实现。

②项目施工进度实施系统包括施工项目经理部和有关生产要素管理职能部门，这些部门都要按照施工进度规定的施工要求进行严格地管理，落实完成各自的任务，从而形成严

密的施工进度实施系统，用以保证施工进度按计划实现。

（2）动态控制原理

项目施工进度控制是一个不断进行的动态控制，也是一个循环进行的过程，实际进度与计划进度两者经常会出现超前或延后的偏差，因此，要分析偏差的原因并采取措施加以调整，施工进度计划控制就是采用动态循环的控制原理进行的。

（3）信息反馈原理

信息反馈是项目施工进度控制的依据，要做好项目施工进度控制的协调工作就必须加强施工进度的信息反馈，当项目施工进度比现偏差时，相应的信息就应当反馈到项目进度控制的主体。然后由该主体进行比较分析并做出纠正偏差的反应，使项目施工进度仍朝着计划的目标进行、并达到预期效果。这样就使项目施工进度计划执行、检查和调控过程成为信息反馈控制的实施过程

（4）弹性控制原理

项目施工进度控制涉及因素较多、变化较大且持续时间长，因此不可能十分精确地预测未来或做出绝对准确的项目施工进度安排，也不能期望项目施工进度会完全按照规划日程而实现；因此在确定项目施工进度目标时必须留有余地，而使进度目标具有弹性，使项目施工进度控制具有较强的应受能力。

（5）循环控制原理

项目施工进度控制包括项目施工进度计划的实施、检查、比较分析和调整四个过程，这实质上构成一个循环控制系统。

（二）进度控制的主要影响因素和方法及措施

1.影响进度控制的主要因素

（1）项目施工技术的因素

前一节已经简单介绍了工程项目的一些技术方法，但是在与实际施工过程联系运用起来也许会出现一些不是理论能解释，也许在技术的一些小方面可以稍作调整。

（2）施工条件变化的因素

在施工的过程中，会出现一些并非施工人员能够控制的人为或非人为地因素，如天气等。

（3）有关单位的影响

在施工过程可能会与一些单位的工作出现相矛盾的冲突，这将影响项目施工按计划完成。

（4）不可预见的因素

有句话说得好，计划不如变化，所以在施工的实际过程中会出现一些在计划中未预见的现象，从而影响项目计划目标的按时完成。

2. 进度控制的主要控制方法

工程项目进度控制的主要工作环节首先是确定（确认）总进度目标和各进度控制子目标，并编制进度计划；其次在工程项目实施的全过程中，分阶段进行实际进度与计划进度的比较，出现偏差则及时采取措施予以调整，并编制新计划；第三是协调工程项目各参加单位、部门和工作队之间的工作节奏与进度关系。简单说，进度控制就是规划（计划）、检查与调整、协调这样一个循环的过程，直到项目活动全部结束。

3. 工程项目进度的控制措施

工程项目进度控制采取的主要措施有组织措施、管理措施、经济措施、技术措施等。

（1）组织措施

组织是目标能否实现的决定性因素，为实现项目的进度目标，应充分重视项目管理的组织体系。

①落实工程项目中各层次进度目标的管理部门及责任人。

②进度控制主要工作任务和相应的管理职能应在项目管理组织设计分工表和管理职能分工表中标示并落实。

③应编制项目进度控制的工作流程，如确定项目进度计划系统的组成；各类进度计划的编制程序、审批程序、计划调整程序等。

④进度控制工作往往包括大量的组织和协调工作，而会议是组织和协调的重要手段，应进行有关进度控制会议的组织设计，以明确会议的类型；各类会议的主持人及参加单位和人员；各类会议的召开时间（时机）；各类会议文件的整理、分发和确认等。

（2）管理措施

建设工程项目进度控制的管理措施涉及管理的思想、管理的方法、管理的手段、承发包模式，合同管理和风险管理等。在理顺组织的前提下，科学和严谨的管理显得十分重要。

①在管理观念方面下述问题比较突出。一是缺乏进度计划系统的观念，分别编制各种独立而互不联系的计划，形成不了系统；二是缺乏动态控制的观念，只重视计划的编制，而不重视计划执行中的及时调整；第三是缺乏进度计划多方案比较和择优的观念，合理的进度计划应体现资源的合理使用，空间（工作面）的合理安排，有利于提高建设工程质量，有利于文明施工和缩短建设周期。

②工程网络计划的方法有利于实现进度控制的科学化。用工程网络计划的方法编制进度计划应仔细严谨地分析和考虑工作之间的逻辑关系，通过工程网络的计划可发现关键工作和关键线路，也可以知道非关键工作及时差。

③承发包模式的选择直接关系到工程实施的组织和协调。应选择合理的合同结构，以避免合同界面过多而对工程的进展产生负面影响。工程物资的采购模式对进度也有直接影响，对此应做分析比较。

④应该分析影响工程进度的风险，并在此基础上制订风险措施，以减少进度失控的风险量。

⑤重视信息技术（包括各种应用软件、互联网以及数据处理设备等）在进度控制中的应用。信息技术应用是一种先进的管理手段，有利于提高进度信息处理的速度和准确性，有利于增加进度信息的透明度，有利于促进相互间的信息统一与协调工作。

（3）经济措施

建设工程项目进度控制的经济措施涉及资金需求计划、资金供应的条件及经济激励措施等。

①应编制与进度计划相适应的各种资源（劳力、材料、机械设备和资金等）需求计划，以反映工程实施的各时段所需的资源。进度计划确定在先，资源需求量计划编制在后，其中，资金需求量计划非常重要，它同时也是工程融资的重要依据。

②资金供应条件包括可能的资金总供应量、资金来源以及资金供应的时间。

③在工程预算中应考虑加快工程进度所需要的资金，其中包括为实现进度目标将要采取的经济激励措施所需要的费用。

（4）技术措施

建设工程项目进度控制的技术措施涉及对实现进度目标有利的设计技术和施工方案。

①不同的设计理念、设计技术路线、设计方案会对工程进度产生不同的影响。在设计工作的前期，特别是在设计方案评审和择优选用时，应对设计技术与工程进度尤其是施工进度的关系作分析比较。在工程进度受阻时，应分析是否存在设计技术的影响因素，以及为实现进度目标有无设计变更的可能性。

②施工方案对工程进度有直接的影响。在选择施工方案时，不仅应分析技术的先进与合理，还应考虑其对进度的影响。在工程进度受阻时，应分析是否存在施工技术的影响因素，以及为实现进度目标有无变更施工技术、施工流向、施工机械和施工顺序的可能性。

（三）项目进度管理的基础工作

为了保障工程项目进度的有序进行，进度管理的基础工作必须全部做好到位。

1.资源配备，施工进度的实施的成功取决于人力资源的合理配置，动力资源的合理配置，设备和半成品供应，施工机械配备，环境条件要求，施工方法的及时跟踪等应当与施工计划同时进行，同时审核，这样才能使施工进度计划的有序进行，是项目按时完成的保障。

2.技术信息系统，信息收集和管理工作，利用现在科技的发展，实时关注工程进度，并将其搜集整理，系统地分析与整个工程施工的关系，及时调整实施细节，高效快速地完成工作。

3.统计工作，工程在实施的过程中，有些工作做的不止一次，需要的材料不止一套，因此需要施工人员及时做好相应的统计工作，已施工多少个，已用多少材料，剩余工作量及材料，以便个别材料有质量问题，补充新的质量过关的材料。

4.应对常见问题的准备措施，根据以往相似工程的施工过程，预测在施工时是否会发生以往的问题。根据这些信息，准备相应的方案，资源设施。

三、工程项目进度的调整

（一）调整的方法

项目实施过程中工期经常发生工期延误，发生工期延误后，通常应采取积极的措施赶工，以弥补或部分地弥补已经产生的延误。主要通过调整后期计划，采取措施赶工，修改（调整）原网络进度计划等方法解决进度延误问题。发现工期延误后，任其发展，或不及时采取措施赶工，拖延的影响会越来越大，最终必然会损害工期目标和经济效益。有时刚开始仅一周多的工期延误，如任其发展或采取的是无效的措施，到最后可能会导致拖期一年的结果，所以进度调整应及时有效。调整后编制的进度计划应及时下达执行。

1. 利用网络计划的关键线路进行调整

（1）关键工作持续时间的缩短，可以减小关键线路的长度，即可以缩短工期，要有目的去压缩那些能缩短工期的工作的持续时间，解决此类问题最接近于实际需要的方法是"选择法"。此方法综合考虑压缩关键工作的持续时间对质量的影响、对资源的需求增加等多种因素，对关键工作进行排序，优先缩短排序靠前，即综合影响小的工作的持续时间，具体方法见相关教材网络计划"工期优化"。

（2）一切生产经营活动简单说都是"唯利是图"，压缩工期通常都会引起直接费用支出的增加，在保证工期目标的前提下，如何使相应追加费用的数额最小呢？关键线路上的关键工作有若干个，在压缩它们持续时间上，显然有一个次序排列的问题需要解决，其原理与方法见相关教材网络计划"工期——成本优化"。

2. 利用网络计划的时差进行调整

（1）任何进度计划的实施都受到资源的限制，计划工期的任一时段，如果资源需要量超过资源最大供应量，那样的计划是没有任何意义的，它不具有实践的可能性，不能被执行。受资源供给限制的网络计划调整是利用非关键工作的时差来进行，具体方法见相关教材网络计划"资源最大——工期优化"。

（2）项目均衡实施，是指在进度开展过程中所完成的工作量和所消耗的资源量尽可能保持的比较均衡。反映在支持性计划中，是工作量进度动态曲线、劳动力需要量动态曲线和各种材料需要量动态曲线尽可能不出现短时期的高峰和低谷。工程的均衡实施优点很多，可以节约实施中的临时设施等费用支出，经济效果显著。使资源均衡的网络计划调整方法是利用非关键工作的时差来进行，具体方法见相关教材网络计划"资源均衡——工期优化"。

（二）调整的内容

进度计划的调整，以进度计划执行中的跟踪检查结果进行，调整的内容包括：工作内容、工作量、工作起止时间、工作持续时间、工作逻辑关系以及资源供应。

可以只调整六项其中之一项，也可以同时调整多项，还可以将几项结合起来调整，以求综合效益最佳。只要能达到预期目标，调整越少越好。

1. 关键路线长度的调整

（1）当关键线路的实际进度比计划进度提前时，首先要确定是否对原计划工期予以缩短。如果不拟缩短，可以利用这个机会降低资源强度或费用，方法是选择后续关键工作中资源占用量大的或直接费用高的予以适当延长，延长的长度不应超过已完成的关键工作提前的时间量，以保证关键线路总长度不变。

（2）当关键线路的实际进度比计划进度落后（拖延工期）时，计划调整的任务是采取措施赶工，把失去的时间抢回来。

2. 非关键工作时差的调整

时差调整的目的是充分或均衡地利用资源，降低成本，满足项目实施需要，时差调整幅度不得大于计划总时差值。

需要注意非关键工作的自由时差，它只是工作总时差的一部分，是不影响工作最早可能开始时间的机动时间。在项目实施工程中，如果发现正在开展的工作存在自由时差，一定要考虑是否需要立即利用，如把相应的人力、物力调整支援关键工作或调整到别的工程区号上去等，因为自由时差不用"过期作废"。关键是进度管理人员要有这个意识。

3. 增减工作项目

增减工作项目均不应打乱原网络计划总的逻辑关系。由于增减工作项目，只能改变局部的逻辑关系，此局部改变不影响总的逻辑关系。增加工作项目，只是对原遗漏或不具体的逻辑关系进行补充；减少工作项目，只是对提前完成了的工作项目或原不应设置而设置了的工作项目予以删除。只有这样才是真正调整而不是"重编"。增减工作项目之后应重新计算时间参数，以分析此调整是否对原网络计划工期产生影响，如有影响应采取措施消除。

4. 逻辑关系调整

工作之间逻辑关系改变的原因必须是施工方法或组织方法改变。但一般说来，只能调整组织关系，而工艺关系不宜调整，以免打乱原计划。

5. 持续时间的调整

在这里，工作持续时间调整的原因是指原计划有误或实施条件不充分。调整的方法是重新估算。

6. 资源调整

资源调整应在资源供应发生异常时进行。所谓异常，即因供应满足不了需要，导致工程实施强度（单位时间完成的工程量）降低或者实施中断，影响了计划工期的实现。

第二节　工程项目施工成本管理

一、水利工程项目施工成本概述

水利工程项目施工成本是指在水利工程项目施工过程中产生的直接成本费用和间接成本费用的总和。

直接成本指施工企业在施工过程中直接消耗的活劳动和物化劳动，由基本直接费和其他直接费组成。其中，基本直接费包括人工费、材料费、机械费；其他直接费包括夜间施工增加费、冬雨季施工增加费、特殊地区施工增加费、施工工具用具使用费、检验试验费、安全生产措施费、临时设施费、工程项目及设备仪表移交生产前的维护费、工程验收检测费。

间接成本指施工企业为水利工程施工而进行组织与经营管理所发生的各项费用，由规费和企业管理费组成。其中，规费包括社会保险费和住房公积金；企业管理费包括差旅办公费、交通费、职工福利费、劳动保护费、工会经费、职工教育经费、管理人员工资、固定资产使用费、保险费、财务费、工具用具使用费等。

水利工程项目成本在成本发生和形成过程中，必然会产生人力资源、物资资源和费用开支，针对产生成本的各项费用应采取一系列行之有效的措施，深入成本控制的各个环节，对各个环节进行有效合理地控制，使各项费用控制在成本目标之内。

（一）水利工程项目施工成本的划分

根据水利工程的特点和成本管理的要求，水利工程项目施工成本可按不同的标准的应用范围进行划分。

1. 水利工程项目施工成本按成本计价的定额标准划分为预算成本、计划成本和实际成本。

2. 水利工程项目施工成本按计算项目成本对象划分为单项工程成本、单位工程成本、分部工程成本和单元工程成本。

3. 水利工程项目施工成本按工程完成程度的不同划分为本期施工成本、已完施工成本、未完工程成本和竣工施工工程成本。

4. 水利工程项目施工成本按生产费用与工程量关系划分为固定成本和变动成本。

5. 水利工程项目施工成本按成本的经济性质划分为直接成本和间接成本。

（二）水利工程项目施工成本的特征

水利工程项目同其他项目如建筑工程项目、市政工程项目等具备了相同的特点，但其成本有着区别于其他项目的显著特征：

1. 特殊性

由于水利工程建设项目的周期长，建设阶段多，投资规模大，包含的建筑群体种类繁多，技术条件复杂，尤其会受到自然环境以及气候条件的影响，使得每个水利工程项目的每个建设阶段成本也有所差别，从而导致了在项目实施过程中针对不同的建设阶段，无法形成具有水利行业标准的、高效的成本管理体系和施工成本管理手段。

2. 施工工期长、分布区域广

水利工程项目建设涉及的专业和部门多，包括房建、交通、市政、电力等，工作环节错综复杂。水利工程项目实体体形大，工程量大，资源消耗大，有些分布在农村、山区、河流，其配套的基础设施不够完善，加上施工周期长等各种因素的影响，使得项目实施起来难免成本会形成动态的变化，因此项目施工成本控制工作变得更加复杂。

3. 施工的流动性

水利工程施工生产过程中人员、工具和设备的流动性比较大。主要表现有以下几个方面：同一工地不同工序之间的流动；同一工序不同工程部位之间的流动；同一工程部位不同时间段之间流动；施工企业向新建项目迁移的流动。这几方面的情况都可能会造成施工成本的增加，给企业管理层的管理带来很大的挑战。

4. 施工成本项目多变

水利工程中水工建筑物较多，一般规模大，技术复杂，工种多，工期较长，施工常受水的推力、浮力、渗透力、冲刷力等的作用限制。因此施工阶段的组织管理工作十分重要，应对施工中遇到的具体情况要具体分析，运用科学、合理的方法选择切实可行的施工方案，同时对施工方案所涉及到的材料、机械、人工等问题制定严格的管理措施。还要求项目管理层对项目的施工组织设计进行优化、提高员工素质和采用科学的管理等措施，进而将降低成本和科学的管理有机结合起来，形成一个完整的、系统的工程成本管理控制体系。

二、施工项目成本管理的主要内容与措施

（一）施工项目成本管理的主要内容

施工项目成本管理是指在保证工程质量的前提下，以目标成本为核心所采取的一系列科学有效的管理手段和方法。施工项目成本管理的主要内容有：

1. 施工项目成本预测

施工项目成本预测是通过取得历史资料和环境调查，选择切实可行的工程项目预测方法，对施工项目未来成本进行科学的估算。

2. 施工项目成本计划

施工项目成本计划是根据施工项目责任成本确定施工项目中的施工生产耗费计划总水平及主要经济技术措施的计划方案，该计划是项目全面计划管理的核心。

3. 施工项目成本控制

施工项目成本控制是依据施工项目成本计划规定的各项指标，对施工过程中所发生的各种成本费用采取相应的成本控制措施进行有效的控制和监督。

4. 施工项目成本核算

施工项目成本核算是对项目施工过程中所直接发生的各种费用而进行的会计处理工作。是按照成本核算的程序进行成本计算，计算出全部工程总成本和每项工程成本的过程，是施工项目进行成本分析和成本考核的基本依据。

5. 施工项目成本分析

施工项目成本分析是依据施工项目成本核算得到的成本数据，对成本发生的过程、成本变化的原因进行分析研究。

6. 施工项目成本考核

施工项目成本考核是对施工项目成本目标完成情况和成本管理工作业绩所进行的总结和评价，是实现成本目标责任制的保证和实现决策目标的重要手段。

（二）施工项目成本控制的措施

施工项目成本控制的措施包括组织措施、技术措施、经济措施、合同措施。通过这几方面的措施来进行施工成本控制，使之达到降低成本的目标。

1. 组织措施

组织措施是为落实成本管理责任和成本管理目标而对企业管理层的组织方面采取的措施。项目经理应负责组织项目部的成本管理工作，组织各生产要素，使各生产要素发挥最大效益。严格管理下属各部门，各班组，围绕增收节支对项目成本进行严格的控制；工程技术部在项目施工中应做好施工技术指导工作，尽可能采取先进技术，避免出现施工成本增加的现象；做好施工过程中的质量、安全监督工作，避免质量事故及安全事故的发生，减少经济损失。经营部按照工程预算及工程合同进行施工前的交底，避免盲目施工造成浪费；对分包工程合同应认真核实，落实执行情况，避免因合同漏洞造成经济损失；对现场签证严格把关，做到现场签证现场及时办理；及时落实工程进度款的计量及支付。材料部应根据市场行情合理选择材料供应商，做好进场材料、设备的验收工作，并实行材料定额储备和限额领料制度。财务部应及时分析项目在实施过程中的财务收支情况，合理调度资金。

2. 技术措施

（1）根据项目的分部工程或专项工程的施工要求和施工外部环境条件进行技术经济分析，选择合适的项目施工方案。

（2）在施工过程中采用先进的施工技术、新材料、新开发机械设备等降低施工成本的措施。

（3）根据合同工期或业主单位的要求合理优化施工组织设计。

（4）制定冬雨季施工技术措施，组织施工人员认真落实该措施的相关规定。

3. 经济措施

（1）人工费成本控制。加强项目管理，选择劳务水平高的队伍，合理界定劳务队伍定额用工，使定额控制在造价信息范围内，同时制定科学、合理的施工组织设计和施工方案，合理安排人员，提高作业效率。

（2）材料费成本控制。对材料的采购应进行严格的控制，要确保价格、质量、数量达到降低成本的要求，还要加强对材料消耗的控制，确保消耗量在定额总需要量内。

（3）机械费成本控制。根据施工情况和市场行情确定最合适的施工机械，建立机械设备的使用方案，完善保养和检修制度。

4. 合同措施

首先要选择适合工程技术要求和施工方案的合同结构模式，其次对于存在风险的工程应仔细考虑影响成本的因素，提出降低风险的改进方案，并反映在合同的具体条款中，还要明确合同款的支付方式和其他特殊条款，最后要密切注视合同执行的情况，寻求合同索赔的机会。

三、水利工程项目施工成本管理流程

水利工程项目施工成本管理工作主要内容包括：成本预测、成本计划、成本控制、成本核算、成本分析、成本考核等。

项目部按照施工项目成本管理流程对工程项目进行施工成本管理。首先，项目投标成本估算与审核应在充分理解招标文件的基础上，进行拟建工程的现场考察后进行。其次，项目部成立后，应立即确定项目经理的责任成本目标，并由公司和项目部签署项目成本目标责任书。在施工进场之前，项目经理主持并组织有关部门对施工图进行充分的估算和预算。组织编制项目施工成本计划和施工组织设计，确定目标成本总控指标。根据施工成本计划的成本目标值对施工全过程进行有效控制。对产生的成本数据进行收集整理、计算、核算。同时开展成本计划分析活动，促进项目的生产经营管理。同时，项目部建立考核组织，对项目部各岗位进行成本管理考核。最后，项目竣工时，各成本管理的有关部门核算项目的实际成本和开展竣工项目成本总结，并及时将书面材料上报。

四、水利工程项目施工成本管理存在的问题

目前水利工程项目施工成本管理还存在着许多问题，这不利于施工项目的正常建设，并会直接影响到施工企业的稳定发展和生存。其主要存在以下几个方面的问题。

（一）企业缺乏内部劳动定额

目前，我国的施工企业内部劳动定额主要依据的是国家的有关法律、法规、政府的价

格政策等来进行制订，在水利行业，国家颁布实施的预算定额相对于其他行业具有一定的滞后，这就使得企业在生产经营活动中缺乏自己的内部劳动定额。由于企业没有自己的内部劳动定额，在进行投标报价时往往会压低报价以取得工程的中标，这样会导致在工程项目上施工企业无法进行准确的测算和控制，使得项目的成本也得不到很好的控制，企业得不到应有的充足的利润。同时，如果缺乏内部劳动定额，施工前则无法准确测算施工的成本，企业在进行成本核算时，核算的每一项工程将得不到准确的测算，也无法达到效益最大化的目的。

（二）成本管理缺乏全员观念

目前不少施工企业工程技术人员只懂管理和技术但是不懂成本，因此对工程所采取的成本降低措施，将对工程成本起多大的作用和影响，一般不会去在意。因此，要提高施工企业工程技术人员对成本管理的认识，培养企业全员成本意识，企业应积极宣传或举办关于成本管理方面的内容，安排企业职工参加成本方面的培训班，加强企业职工的技术培训和多种施工作业技能的培训。

（三）施工成本管理方法落后，不适应当前水利工程建设的需求

目前的水利施工企业在施工项目中没有形成一套有效的、科学的管理方法，管理方法相对落后。其主要表现为以下几方面：

1. 在结合市场行情时对施工材料的控制方面不能进行科学合理的利用和控制。

2. 对某个项目没有明确的成本控制目标，无法确定合适的施工成本控制方案，分部工程成本和单元工程成本的控制难以落实到位。

3. 施工企业在制订成本控制目标时，对质量和工期成本不够重视，导致出现质量问题而引起的赶工期、返工、返修等现象。

（四）成本管理队伍缺乏人才

目前水利施工企业成本管理的在职人员匮乏、专业素质普遍不高，缺乏现代管理观念，不能充分发挥成本管理在水利工程施工管理中的作用。首先，成本管理人员缺乏相应的财务会计知识，对成本管理的方法掌握不熟。同时，技术人员在施工中采用先进的技术方案和材料没有同成本管理人员形成有效的沟通，从而影响工期成本、质量成本、管理成本，造成工期、质量、管理方面成本的浪费。

五、水利工程项目施工成本控制管理现状

目前在水利企业施工项目管理中，最终是要使项目达到质量高、工期短、消耗低、安全好等目标，而成本是这四项目标经济效果的综合反映。因此，施工项目成本是施工项目管理的核心。施工项目成本管理是水利施工企业项目管理系统中的一个子系统，这一系统的具体工作内容包括成本控制、成本决策、成本计划、成本核算、成本分析和成本检查等。

施工项目经理部在项目施工过程中，对所发生的各种成本信息，通过有组织、有系统地进行预测、计划、控制、核算和分析等一系列工作，促使施工项目系统内各种要素，按照一定的目标运行，使施工项目的实际成本能够控制在预定的计划成本范围内。

当前水利工程施工项目的成本控制，通常是指在项目成本的形成过程中，对生产经营所消耗的人力资源、物质资源和费用开支，进行指导、监督、调节和限制，及时纠正将要发生和已经发生的偏差，把各项生产费用，控制在计划成本的范围之内，以保证成本目标的实现。

水利工程施工企业中标获取水利施工项目，施工队伍进场前，首先制订施工项目的成本目标，其目标有企业下达或内部承包合同规定的，也有项目经理部自行制订的。但这些成本目标，一般只有一个成本降低率或降低额，即使加以分解，也不过是相对明细的降本指标而已，难以具体落实，以致目标管理往往流于形式，无法发挥控制成本的作用。因此，当前水利施工企业注重根据施工项目的具体情况，就工程本身，制订明细而又具体的成本计划。而这种成本计划，包括每一个分部分项工程的资源消耗水平，以及每一项技术组织措施的具体内容和节约数量金额，用于指导项目管理人员有效地进行成本控制，作为企业对项目成本检查考核的依据。

为实现成本目标多采用偏差控制法、成本分析表法、进度—成本同步控制法和施工图预算控制法等多种形式的成本控制方法。有些不确定性成本，则通过加强预测、制订附加计划法和设立风险性成本管理储备金等方法进行成本控制和管理。但当前施工项目成本控制的目的，仅局限以降低项目成本，来提高经济效益控制方法局限于工程学及其常规理论，要实现成本目标，存在不确定性。

六、水利工程项目施工成本控制管理主要环节

（一）施工项目成本预测

通过成本信息和施工项目的具体情况，并运用一定的专门方法，对未来的成本水平及其可能发展趋势作出科学的估计，其实质就是工程项目在施工以前对成本进行核算。通过成本预测，可以使项目经理在满足业主和企业要求的前提下，选择成本低、效益好的最佳成本方案，并能够在施工项目成本形成过程中，针对薄弱环节，加强成本控制，克服盲目性，提高预见性。

（二）施工项目成本计划

施工项目成本计划是项目经理部对项目施工成本进行计划管理的工具。它是以货币形式编制施工项目在计划期内的生产费用、成本水平、成本降低率以及为降低成本所采取的主要措施和规划的书面方案。一般来说，一个施工项目成本计划应包括从开工到竣工所必需的施工成本，它是施工项目降低成本的指导文件，是设立目标成本的依据。

（三）施工项目成本控制

施工项目成本控制是指在施工过程中，对影响施工项目成本的各种因素加强管理，并采取各种有效措施，将施工中实际发生的各种消耗和支出严格控制在成本计划范围内，随时揭示并及时反馈，严格审查各项费用是否符合标准、计算实际成本和计划成本之间的差异并进行分析，消除施工中的损失浪费现象，发现和总结先进经验。通过成本控制，使之最终实现甚至超过预期的成本目标。

施工项目成本控制应贯穿在施工项目从招投标阶段开始直到项目竣工验收的全过程，它是企业全面成本管理的重要环节。因此，必须明确各级管理组织和各级人员的责任和权限，这是成本控制的基础之一，必须给以足够的重视。

（四）施工项目成本核算

包括两个基本环节：一是按照规定的成本开支范围对施工费用进行归集，计算出施工费用的实际发生额；二是根据成本核算对象，采用适当的方法，计算出该施工项目的总成本和单位成本。施工项目成本核算所提供的各种成本信息，是成本预测、成本计划、成本控制、成本分析和成本考核等各个环节的依据。因此，加强施工项目成本核算工作，对降低施工项目成本、提高企业的经济效益有积极的作用。

（五）施工项目成本分析

施工项目成本分析是在成本形成过程中，对施工项目成本进行的对比评价和剖析总结工作，它贯穿于施工项目成本管理的全过程，主要利用施工项目的实际成本核算资料成本信息，与目标成本计划成本、预算成本以及类似的施工项目的实际成本等进行比较，了解成本的变动情况，同时也要分析主要技术经济指标对成本的影响，系统地研究成本变动的因素，检查成本计划的合理性，并通过成本分析，深入揭示成本变动的规律，寻找降低施工项目成本的途径，以便有效地进行成本控制，减少施工中的浪费。

（六）施工项目成本考核

施工项目完成后，对施工项目成本形成的各责任者，按施工项目成本目标责任制的有关规定，将成本的实际指标与计划、定额、预算进行对比和考核，评定施工项目成本计划的完成情况和各责任者的业绩，做到有奖有惩，赏罚分明，有效调动企业的每一个职工在各自的施工岗位上努力完成目标成本的积极性，为降低施工项目成本和增加企业的积累，做出自己的贡献。

施工项目成本管理系统中每一个环节都是相互联系和相互作用的。成本预测是成本决策的前提，成本计划是成本决策所确定目标的具体化。成本控制则是对成本计划的实施进行监督，保证决策的成本目标实现，而成本核算又是成本计划是否实现的最后检验，它所提供的成本信息又对下一个施工项目成本预测和决策提供基础资料。成本考核是实现成本目标责任制的保证和实现决策的目标的重要手段。

已有的水利工程项目施工成本控制和管理模型贯穿了项目施工成本控制事前、事中和事后全过程，运行多年，就水利工程成本控制方面取得了一定的效果，但也暴露了一些新得问题和不适用之处，应对其管理模型具体方法和内容架构进一步优化和升级，以适应当前情况下水利工程成本管理现状。

七、传统水利工程施工项目成本控制与管理方法存在的主要问题

传统水利工程施工项目成本管理系统看上去似乎是完备的，但随着工程项目管理的不断发展，传统的项目成本管理方法中一些好的做法正在逐渐被市场经济的洪流所冲刷，新的有效的工程项目成本管理方法一时未能形成或有效到位，从而导致工程项目成本管理中存在的不足日益明显。当前的水利工程成本管理的实施中，还存在着一定的问题，具体表现为：

（一）成本管理意识的误区

长期以来，在施工项目成本管理中，存在"三重三轻"问题，即重实际成本的计算和分析，轻全过程的成本管理和对其影响因素的控制重施工成本的计算分析，轻采购成本、工艺成本和质量成本重财务人员的管理，轻群众性的日常管理。因此，为确保不断降低施工项目成本，达到成本最低化目的，必须实行全面成本管理。

工程成本管理是全员参与、渗透在项目全过程的管理，其目标成本控制要通过施工组织和实施来实现。其主体是施工组织和直接生产人员，而不是财务会计人员。施工管理和财务管理工作的混杂，其结果是技术人员只负责技术和工程质量，工程组织人员只负责施工生产和工程进度，材料管理人员只负责材料的采购和点验、发放工作。这样表面上看起来分工明确、职责清晰和各司其职，实质无人承担成本管理责任。实际上，财务人员是成本管理的组织者，而不是成本管理的主体。不走出这个认识上的误区，就不可能搞好工程成本管理。

（二）工程成本控制依据的不完备

工程施工成本的合理控制要依据一定的标准来进行。通常由于工程结构、规模和施工环境各不相同，各工程成本之间缺乏可比性。因而，如何针对单体工程项目制订出可操作的工程成本控制依据十分关键。很多施工企业对于工程目标成本的制订过于简单化和表面化，甚至有些施工企业只是简单地按照经验工程成本降低率确定一个目标成本，而忽略了该工程的现场环境以及施工条件和工期的要求。在项目成本管理措施方面，只有简单的规章制度，这样的目标成本由于没有和实际施工程序结合起来，可操作性差，起不到控制作用，更无法分析出成本差异产生的原因，使得目标成本永远停留在口号上。

传统成本的控制技术方法，多采用从工程技术角度去寻找降低工程成本的方法和途径，通过采用新技术或新工艺，提高生产效率，加快施工进度去实现"减支增收"的目标，但

建筑市场竞争日益加剧，加之信息传递的便捷和越来越透明，工程技术更新速度加快，一项新的工程技术很快就会被竞争对手获悉并突破，继而甚至被另一项新技术所淘汰，因此仅从工程技术的角度去进行工程成本控制管理，显能有些力不能及，因此，应对传统的成本控制方法进行更新和升级，把工程技术方法同经济、管理技术方法以及数理方法进行结合，优化成本控制技术方法。

（三）成本控制理念的落后

传统成本控制内容的重点是放在内部挖潜方面，忽视或轻视对外增收方面，传统成本控制方法相对较为单一，没有全面或综合性考虑内部的、外部的各种影响因素，致使一些合理索赔没有所得，一些理应由建设单位或他人埋单的，也被强加到施工企业，从而增加项目施工成本。

传统的水利工程项目成本管理方法效力正逐渐减弱或丧失，需要对水利工程项目施工成本控制流程进行重新审核，并提出水利工程项目施工成本管理优化建议，对传统项目成本控制和管理模式、方法及技术进行升级，值得我们认真地研究和探讨。

第三节　水利工程安全管理

一、认知水利项目施工中的危险源

（一）危险源与危险源的识别内涵

由我们国家出台的相关议案及国际劳工大会提出的预防重大事故公约，我们可以得出，危险源是指短期或者长期生产、运输、储存或者加工危险物质，并且其数量大于或者等于临界量的单元。这里的单元一般指整体的生产装备、器材或者生产厂房；另外，有些物质可以引起中毒、产生爆炸、引发火灾等隐患，由一类或者多类的混合体组成，这种物质便是所谓的危险物质；它们是一种或者说一类危险物质的数量级且由我国出台标准所定义即所谓的临界量。水利项目施工中存在危险源一般可以分为三个方面：

1. 危险的潜在性

危险源一般可以放出强大的能量亦或有毒有害的物质，在事故发生后均会带来或多或少的损失以及形成不同的危险程度，这便是危险的潜在性。释放能量的大小或有毒有害物质的多少均可以用来衡量危险的潜在性，放出的能量愈巨大，危险的潜在性也就愈高。由于这一因素的存在，便决定了危险源产生隐患事故的危险程度。

2. 危险源存在的具体条件

危险源是以多种多样的形式存在的，如危险源的物理状态和化学组成，根据温度的不同可以以固态、液态和气态的形式存在，还有燃点的不同，爆炸极限参差不齐等；由数量的多少，储存环境的良优以及堆放形式的不同均可以形成危险源；施工单位管理责任是否落实到人，对危险品的控制、运输、组织、是否协调到位也会形成危险源；另外还有对危险物品的防护措施是否到位，是否安放相应的表示牌以及是否有安全装置等亦可构成危险源的存在条件。

3. 危险源的触发

一般主要由以下几个方面出发危险源：自然环境的不可抗拒影响：施工地点的水文地质环境以及自然气候的不同均可以使危险源爆发，如：闪电、雷暴、强降雨导致的滑坡泥石流，随之而来的温度对养护的影响等，均会成为出发危险源的契机，因此我们在施工过程中应及时发现环境的不利因素，采取行之有效的措施进而避免事故的发生。

事在人为：未经过培训而存在操作违规、不当，工作人员是否积极进取以及生理对人心态的影响等。

管理缺陷：如，技术知识的选用是否得当，施工过程中各单位的协调是否存在问题，设计是否存在偏差，决策有误与否等等。

若要行之有效的对危险源进行控制，对危险源进行辨识是必不可少的，因为通过对危险源进行辨识我们才能了解什么因素能对其产生影响，我们才能有的放矢。

（1）因为我们必须多方面的了解以下知识：

①深入了解国家出台的各类规范、标准，采纳前辈们优秀的系统设计经验、维护方法以及运行方案等。

②针对系统广泛收集危险源可能造成危害的知识并加以利用。在水电项目施工中要充分了解危险源存在的种类，它们的数量以及事故引发的临界点进而形成可能产生损失的程度，然后再融合施工的技术工艺，制定行之有效的方案进行实施，对设备进行合理操作从而为防止安全隐患的发生奠定基础。

③进行施工的对象系统：如以水利项目的整体施工环境为系统，了解其构成、系统中能量的传递、物质的运输和信息的流动以及该系统是否处于一个良好的运行状态等。

（2）此外还应尽可能多的了解水电项目危险源辨识知识，如：

①国家出台的法律法规和规范：例如严格的国家设计标准，地方出台的施工规范，水利水电工程项目设计规范、作业流程规范等。

②水电项目施工资料：如施工前技术人员设计的施工初期的图纸、施工地区的水文地质检测汇报表、整体施工图纸、子项目设计图纸、改善的结果报告、危险隐患整改方案等等。

③前车之鉴：收集以往与目标水电项目类似的项目事故资料并进行整理总结。

（二）施工过程中常见危险源的类型及危险源的界定

为了制订有效措施对危险源进行掌控，我们可以由已掌握的技术及知识对危险源进行分类规划。危险源的类型有许多，且储存条件和存在的条件各不相同，由于危险源的这种特性，标准相异导致的分类结果也会千差万别。在此笔者介绍三种方法将其归类。

1. 引发事故的直接因素

当前，我国对危险源领域的一个热点研究就是以引发事故的直接因素为基础对施工中存在的危险源进行分类的，具体可以参考"《生产过程危险和危害因素分类代码》(GB/T13861-1992)"，在此我们将其分成六类：

（1）以物理状态存在的危险源

其中有选址在地质活动频繁或者节理裂隙存在较多的地区，未设置警告标志，设备看管不利，养护或者施工中的可以导致人员伤亡的异于常温的物体等。

（2）以化学状态存在的危险源

这里的化学危险源主要为以因地质开采为主的容易燃烧且发生爆炸的气体，如天然气，煤气等和以施工需要为主储备的易发生中毒或腐蚀的物质如易腐蚀性化学原材料和化工原料等。

（3）生理、心理性危险源

包括由于工作压力繁重而产生的负面情绪以及由于施工人员心理健康状况而产生的不良影响等。

（4）以生物形式存在的危险源

如具蚊子、跳骚、牲畜所携带的致病微生物（各类致病细菌、病毒等），或者存在极大危险性的动物和植物等等。

（5）行为性危险源

如对施工器材的操作违规或者看管不到位亦或是主管人员存在的重大决策失误等从主观上出现的偏差。

（6）其他危险源

2. 以水电项目施工安全事故为主划分

从施工人员生命财产遭到损失出发的角度出发，依据危险源的触发原因，可令危险源划分成 20 种，具体可以参照国家出台的标准"《企业职工伤亡事故分类标准》"。

3. 以隐患转化为损失时危险源所起到的作用划分

以隐患转化为损失时危险源所起到的作用划分的过程，同时也是不可控能量无意发射到外界理论的深层次演绎。此时危险源又被叫作固有危险源与失效危险源。这是在 20 世纪末由陈宝智教授提及的两类危险源原理。

（1）第一类危险源

第一类危险源是工程项目施工中必定存在的不同物体与具有能量的集合体，是万物正常运行的助推力，它的存在是不能被忽视的，就像机械能，热能抑或具有放射性的物质和能释放能量的爆炸物等等。由此我们可以将第一类危险源看作施加于人体的过载能量或者它们能够阻碍人体与其外进行能量的互相转化的物体。在水电项目施工作业中如起重机，塔吊、传送带等机械设备，另外还有作为容器存放危险物品的设施或者厂房。因此第一类危险源又叫作固有危险源，无论器械还是厂房，它们贮藏的能量愈多，则将隐患转化为事故的可能性就愈大，第一类危险源直接影响着隐患变为事故损失的概率以及后果的危险程度，它们作为能量的集合体若看管不当将造成施工企业的财产损失甚至工作人员的生命财产损失，是隐患转换为损失的条件。

（2）第二类危险源

第二类危险源是在第一类危险源的基础之上产生的，在操作过程中，为了确保第一类危险源能够安全渡过危险期并有效运转，一般是采取必要的约束措施制约能量的级数已达到限制能量的目的，但是这种约束措施很可能会因为各种原因而没有产生效力，最后导致安全事故的发生，我们把各种导致不能约束能量而使破坏产生的原因称为不安全因素，而这种因素统称为第二类危险源，又称为失效危险源。第二类危险源（失效危险源）是产生安全事故的必要条件。

施工环境中不良的作业条件、器械的失灵以及人为的操作不当均可称为第二类危险源。物的故障是指本身的不安全设计、机械自身故障和安全防护设施的设置存在问题等等；对施工机械使用不当，形成安全隐患的均属于人为效应；而水电施工现场厂房储存有毒有害物或易挥发刺激性物质，又或者施工地区经常出现刮风下雨等自然灾害而导致施工人员的工作无法正常进行的，都属于不良环境。

我们可以通过所做表格如下表格 7-1，来对水电施工系统中的"选购材料、施工方法、工作人员、机械设备、以及施工环节"做一个危险源解析从而对危险源进行有效认知。可以看出第一类与第二类危险源的危险程度与施工人员的人身素质和上层领导的管理水平成反比的，即它们的素质与管理水平愈高，危险源的危险程度则愈低，是可以变化的。将水电施工的大系统作为分析点，以表 7-1 为积淀可以更深层次的将危险源划分为两大块：

①水电施工系统性危险源（施工开始前）：例如水电企业内部是否有一个成熟的对项目进行管理和协调运作的体制。水电项目的选址是否妥当，是否处于平坦或者节理裂隙较少可以用现有技术进行加工处理以弥补不足，从而满足开工的要求。

②水电项目运作建设危险源（施工进行时）：如"选购材料、施工方法、工作人员、机械设备、以及施工环节"，都属于水电项目建设运作阶段的目标，据此可以对危险源做一个初步总结以达到认知、辨别的目的。

表 7-1　水电项目系统中危险源类别表

模式	第一类危险源		第二类危险源		状态说明
	人为偏差	物质危险状态	人为偏差	物质危险状态	
劳动者（管理者）	使用偏差	/	责任落实程度差	/	
器械、装置	/	装备性能不足或存在瑕疵		装备性能不足或存在瑕疵所导致的不可控	
应用的科学技术与管制方案	/	危险程度较高		危险程度较高	
	使用熟练度不高，做工差	未能妥善处置危险性物品	掌控不到位	未能妥善处置危险性物品	
选址周边	人员拥堵	天气多变	协调不足	人为开采导致地质恶化	

（三）施工时不和谐因子危险程度认知

何为施工时的不和谐因子，即可以将系统中的隐患转化为事故的一切物质包括人，也称作损失诱导因子。它既可以是隐患转化为事故的直接导致者亦可以间接的作为第三方将隐患变为损失，如（负责人对上下级协调不善）。因此，通过追溯源头我们不难看出不和谐因子是由人的掌控，或者操作不当导致机械的运作不正常再加之施工环境中的不利因素共同作用而产生的。这是三者的不协调。

通常，间接的不安定因子使隐患上升为损失的概率要高于可以直接引发事故的不安定因子，而在可以直接引发事故的不安定因子中以易燃易爆、有毒易挥发等有害物质为主体，人为的直接导致事故仅占小部分，但这一小部分也高于因选址地区的气候地质不稳定而导致事故产生的概率。近几年我国著名学府清华大学对施工系统中的安全事故做过统计与探究，且以某一地区为例进行了数据统计解析。

近年来清华大学对施工安全事故统计、安全投入绩效、伤害保险等方面进行了系统的研究，并对某地区近 6 年来施工伤害事故调查统计分层分析，探讨施工事故产生的原因。间接因素导致事故的频率高于直接因素。在直接因素中物的不安全状态导致事故的频率高于人的不安全行为，人的不安全行为导致事故的频率高于环境的不安全状态。

二、我国水利工程施工安全管理制度

我国在 1993 年确立了安全管理体制，即"国家监察、行业管理、企业负责、群众监督、劳动者遵章守纪"，十年后的 2003 年构建了"政府统一领导、部门依法监管、企业全面负责、群众参与监督、全社会广泛支持"的安全生产工作格局。

《建筑法》和《安全生产法》总共制订了十六项制度来规范安全施工工作并确立了"安全第一，预防为主"的安全生产方针，国家要求建筑施工单位在这个方针和安全管理体制的指导下，根据自身单位的特点形成具有自己特色的安全管理，这些管理的内容包括：安全生产防护基本措施、安全技术、企业的环境形象、宣传培训、卫生、社会治安等方面。各施工企业单位实施安全管理的主要方法为建立两个目标，即事故控制和创优达标。

国家除了制订方针制度还会采用宏观和微观的手段来直接或间接的干预监管安全生产，宏观方面的措施是制订安全生产许可制度，为施工企业进行资质等级划分，如果施工单位所承接的工程出现安全事故就要承担处罚，如果安全事故中有人员伤亡则要求施工企业除了接受经济惩罚外，还要承担被降低资质等级和暂扣安全生产许可证的处罚，暂扣期限一般为 1 ~ 3 个月，暂扣期间要进行停工整顿并不得在参加招投标活动，停工整顿所产生的费用和工期由施工方承担，不得加入成本核算当中，此次的信誉也会被记录档案，作为以后资质等级评选的资料，这样可以刺激企业自主的参与到安全管理当中去。除此之外，国家的微观干预体现在由国家建设主管部门委派安全监督员到施工现场实地勘察和监督，对安全防护措施不到位的地方要给与警告并督促整改，安全监督员还负责为现场施工的员工进行安全教育的宣传工作，提高工人的安全意识。

三、我国水利工程施工安全管理存在的问题

近年来我国在安全生产方面做了很多工作，包括提高施工技术、运用科学手段对事故进行事前预防和事中控制等，成绩显著，但是在管理层面仍然有违规操作、监管不力、责任落实不清的问题，因此有必要在我国建立一个有效标准的安全管理模式规范管理行为。

（一）法律法规方面

随着环境问题日益突出，很多国家都把环境与健康纳入建筑施工安全管理法律法规的内容之中，并作为强制标准开始执行，国际上的已经出现了 ISO14000 的环境管理体系，随着我国经济的发展，建筑业在我国突飞猛进的成长并承担了综合国力支柱的很大一部分，但是由于建筑施工而产生的环境与健康问题却正是我国法律所欠缺的，虽然我国参考 ISO14000 制订了《职业健康安全管理体系规范》（简称 GB-T28000），但是却并未规定强制执行，并纳入法律规范作为《建筑法》的内容。《建筑法》显然已经落后于国际发展的潮流，不能顺应时代发展的要求。

（二）安全管理体制方面

国外发达国家一般采取的是保险制约，行业咨询的安全管理体制，这种体制的好处在于以市场监管为主，行政约束为为辅，充分发挥了市场经济的作用，采用第三方的保险制度作为经济手段进行调节则可以真正的将安全管理落实到实处，而我国采取的是行业管理，

群众监督的管理体制，这种管理体制相对来说比较粗放，职责划分的也比较模糊，因为惩治力度不强使群众监督本身就失去了效力，而行业监管也由于我国的市场经济发展相对不完善而使这种监管使用性较差，由于法律制度中缺乏环境与健康的内容，使管理体制中根本没有体现环境方面的内容。由于监管的参与方较少，仅有行业本身和国家有关部门，使得这种监管很容易出现官僚的作风，往往一顿饭或是一点礼金就可以解决的问题施工方绝对不会大费周折真的进行安全防护管理措施，这使得安全管理成为一纸空文，从这点来看，我们应该学习西方，靠多方的协助监管来实现安全管理。

（三）施工单位方面

1. 管理粗放

一般水利工程的施工场地比较偏远，地区相对落后，项目管理人员长期在这种环境下施工素质相对低下，对项目的管理也只是凭经验，根本无数据源的收集和分析，施工工艺不精，忽略细节处理，致使管理粗放。

2. 管理体系普适性差

现阶段，工程施工行业没有一套普适性的安全管理体系，个别施工企业虽然有自己的管理规章制度，但也只是停留在原则层面，具体的操作较少，企业每次新接到一个工程就要根据这个项目重新编制一套实际操作的管理制度和体系，这样不仅浪费了大量的人力和财力，还致使施工企业根本没有一套实际操作性强的管理体系，而编制的管理体系文件只是应付上级检查，在施工中出现事故时只能是采取遮掩或是听天由命的无用措施。

3. 管理效率低

管理机构繁多，又出现交叉管理，与管理有关的文件需要经过层层审批，许多措施在审批结束后都已经排不上用场或是事故已经发生，施工场地的安全员在时间的消磨下工作积极性全无，只是做一些日常的安全知识普及工作。

4. 管理职责划分不科学

在每一个施工项目中都有一个项目经理全权负责项目的进度以及质量、安全等问题，但是却没有一个独立于项目经理之外的安全管理机构和负责人，项目的安全组织机构由项目经理划分，受个人经验和知识的限制，机构的组成和职责的划分基本上与科学和高效无缘。

四、造成当前这种形势的主要原因

近年来我国在安全生产方面做了很多工作，包括提高施工技术、运用科学手段对事故进行事前预防和事中控制等，成绩显著，但是在管理层面仍然有违规操作、监管不力、责任落实不清的问题，因此有必要在我国建立一个有效标准的安全管理模式规范管理行为。

（一）法律法规方面

随着环境问题日益突出，很多国家都把环境与健康纳入建筑施工安全管理法律法规的内容之中，并作为强制标准开始执行，国际上的已经出现了IS014000的环境管理体系，随着我国经济的发展，建筑业在我国突飞猛进的成长并承担了综合国力支柱的很大一部分，但是由于建筑施工而产生的环境与健康问题却正是我国法律所欠缺的，虽然我国参考IS014000制定了《职业健康安全管理体系规范》（简称GB-T28000），但是却并未规定强制执行，并纳入法律规范作为《建筑法》的内容。《建筑法》显然已经落后于国际发展的潮流，不能顺应时代发展的要求。

（二）安全管理体制方面

国外发达国家一般采取的是保险制约，行业咨询的安全管理体制，这种体制的好处在于以市场监管为主，行政约束为为辅，充分发挥了市场经济的作用，采用第三方的保险制度作为经济手段进行调节则可以真正的将安全管理落实到实处，而我国采取的是行业管理，群众监督的管理体制，这种管理体制相对来说比较粗放，职责划分的也比较模糊，因为惩治力度不强使群众监督本身就失去了效力，而行业监管也由于我国的市场经济发展相对不完善而使这种监管使用性较差，由于法律制度中缺乏环境与健康的内容，使管理体制中根本没有体现环境方面的内容。由于监管的参与方较少，仅有行业本身和国家有关部门，使得这种监管很容易出现官僚的作风，往往一顿饭或是一点礼金就可以解决的问题施工方绝对不会大费周折真的进行安全防护管理措施，这使得安全管理成为一纸空文，从这点来看，我们应该学习西方，靠多方的协助监管来实现安全管理。

（三）施工单位方面

1. 管理粗放

一般水利工程的施工场地比较偏远，地区相对落后，项目管理人员长期在这种环境下施工素质相对低下，对项目的管理也只是凭经验，根本无数据源的收集和分析，施工工艺不精，忽略细节处理，致使管理粗放。

2. 管理体系普适性差

现阶段，工程施工行业没有一套普适性的安全管理体系，个别施工企业虽然有自己的管理规章制度，但也只是停留在原则层面，具体的操作较少，企业每次新接到一个工程就要根据这个项目重新编制一套实际操作的管理制度和体系，这样不仅浪费了大量的人力和财力，还致使施工企业根本没有一套实际操作性强的管理体系，而编制的管理体系文件只是应付上级检查，在施工中出现事故时只能是采取遮掩或是听天由命的无用措施。

3. 管理效率低

管理机构繁多，又出现交叉管理，与管理有关的文件需要经过层层审批，许多措施在审批结束后都已经排不上用场或是事故已经发生，施工场地的安全员在时间的消磨下工作积极性全无，只是做一些日常的安全知识普及工作。

4. 管理职责划分不科学

在每一个施工项目中都有一个项目经理全权负责项目的进度以及质量、安全等问题，但是却没有一个独立于项目经理之外的安全管理机构和负责人，项目的安全组织机构由项目经理划分，受个人经验和知识的限制，机构的组成和职责的划分基本上与科学和高效无缘。

第四节　水利工程项目风险管理

一、风险的基本概念

（一）风险的含义

风险意识由来已久，就我国而言，赈灾制度其实就是政府对灾荒的一种积极的风险预控手段。参照马丁的意见，风险定义就是环绕基于某种预期的不同变化的结果。

"风险"这一名词最早出现在 17 世纪，起源于西班牙航海方面的术语，原意是指航海时候碰到危机或者触礁，反映的是资本主义早期的时候，在贸易航行活动中的遇到的不确定的一些因素。伴随着社会的迅速发展，"风险"的定义在也在不停的进行丰富。

到目前为止，风险还没有很具体、统一的一个概念，较宽泛的说也就是危险事件的发生具有的不确定性。它有两个较代表性观点：

1. 第一种观点把风险认为是一种不确定性的、并存在着潜在的危险。

2. 第二种观点是说风险会出现和预期不一样的不利的后果，会造成损失。有些其他国外学者认为"风险是不确定的"；我国学者的主要观点："风险其实是实际的进展和预期想的结果有着不同性，所以发生不确定性损失"。

从上文可知，风险不确定性的损失，它能利用概率的方法表达危险事件产生的可能性。公式可表述为：

$$R=f(p, c)$$

其中式中，R—风险的大小；p—不利事件发生的概率；c—损失程度。

（二）风险的特点及构成要素

风险的特点主要有以下几方面：

1. 风险具有客观性

风险是企业意志之外的客观的存在，是不易企业的意志转移的。不能完全把风险消灭，只是说采用一些风险管理的办法来降低风险发生的概率和损失程度。

2. 风险具有普遍性

风险无处不在，不管是个体还是企业都会面对各种各样的风险，伴随着新兴科技的出现，崭新的风险还会继续出现，并且由于风险事件导致的损失还会越来越大。

3. 风险具有不确定性

风险之所以称为风险，是因为它具有不确定性。它主要从时间、空间和损失程度这三种方面来表现其不确定性的。

4. 风险具有损失性

风险的发生，不只是生产力遭到损失，还会导致人员伤亡。可以这么说只要有风险的出现，就必定有可能导致损失，假如风险发生后不会造成损失，那我们也不需要对风险进行研究了。所以很多人一直在努力的寻找应对风险的方法。

5. 风险具有可变性

这一特点是说风险在一定的条件下是可以转化的。这个大千世界，任何的一个事物都是互相依存、联系和制约的，都处在变化和变动当中，而这些变化又必会导致风险的变化。

风险的构成要素包括风险因素、风险事故及风险损失这三方面，它们之间的关系为：风险是这三方面构成的统一体，风险因素产生或增加了风险事故，而风险事故的产生又可能导致损失的出现。

风险事故是造成损失的事件，由风险因素所产生的结果，也是引发损失的直接原因。

风险损失是由于风险事故发生而出现的后果，由风险损失产生的概率和后果严重程度来计算风险的大小。

风险因素是通过风险事故的发生从而造成风险损失。

二、水利工程风险的相关概念

（一）水利工程风险的定义及分类

从风险的不确定性，可以把工程项目风险定义为："在整个工程寿命周期内所发生的、对工程项目的目标（质量、成本和工期）的实现及生产运营过程中可能产生的干扰的不确定性的影响，或者可能导致工程项目受到损害失或损失的事件"。水利工程风险指的是从水利工程准备阶段到其竣工验收阶段的整个全部过程中可能发生的威胁。

根据项目风险管理者不同的角度，不同的项目生命周期的阶段，风险来源不同，按照风险可能发生的风险事件等方面，采取不同管理策略对工程进行管理，对工程风险常见的分类如下：

1. 按工程项目的各参与单位分类：业主风险、勘察单位的风险、设计单位的风险、承办商的风险、监理方的风险等。

2. 按风险的来源分类：社会风险、自然风险、经济风险、法律风险、政治风险等。

3. 按风险可控性分类：核心风险和环境风险。

4. 按工程项目全生命周期不同阶段划分分类：那就可行性研究分析阶段的风险、设计阶段的风险、施工准备阶段的风险、施工阶段的风险、竣工阶段的风险、运营阶段的风险等。

5. 按风险导致的风险事件分类：进度风险、成本风险、质量风险、安全风险、环境污染的风险等。

（二）水利工程风险的特点

水利工程风险除了破坏性、不确定性、危害性这几个特点之外，还有下面的几个特点：

1. 专业性强

水利工程其工作环境、施工技术及其所需设备等的复杂性，决定了其风险的专业性强。所以很多复杂的施工环节都需要专门的人员才能胜任。由于专业性的限制，水利工程施工人员都是要经过职业培训的，只有业务和专业上对口，才能在进行水利工程的工作中很好的发挥。在风险的管理过程中，质量、设计规划、合同、财务管理等都是人为性质的风险，因为专业性较强，这些人为性风险很难管理，外行人难以对它进行有效的监督。

2. 发生频率高

因为水利工程项目的工期一般较长，不确定的因素较多，特别对于是一些大型的工程，人为或者自然的原因导致的工程风险交替发生，这就造成风险的损失频繁发生。而且我们所处的市场是有很大变数的，很多发包人，一般较喜欢签订固定总价的合同，并且一般在合同中都会有"遇到政策及文件不再调整"条款，其实意图很简单，就是他们担心因为政策的变化等一些外力的介入会妨碍其利益的获得，特别是担心国家或省级、行业建设主管部门或其他授权的工程造价管理机构发布工程造价调整文件，所带来的风险浮动的市场价格与固定的合同价格之间势必造成矛盾，利润风险自然会产生。再者，现在的很多工程项目的特点是参与方多、投入的资金巨大、资金链较长、工作监管难以到位、质量水平参差不齐、工期长、变化多端的市场价格、复杂的环境接口，存在着这么多的不可确定性因素，在项目工程实施过程中可以说是危机丛丛。

3. 承担者的综合性

水利工程是一个庞大的系统工程，其各参与方很多，其中某一方在工作中都有可能发生风险，只要是一个环节出现，整个系统都受其影响。因为风险事件的尝试经常是因为多方原因导致的，因此一个项目一般都有多个风险共同承担者，这方面与别的行业对比，突出性尤其明显。

4. 监管难度较大，寻租空间较大

因为水利工程其涉猎的范围广泛、专业分布和人员流动都较密集，从横向范围来看，材料供应商、公关费用、日常开销等等项目繁多；那从纵向流程来看，与招标投标、工程监理、项目负责、融资投资、业主、工程师、项目经理、财务等等多个方面有关系，范围加大，监管的战线拉长，因此其监管的难度较大。正是由于监管有一定难度的前提下，对于处于利益最大化法律主体，由于利益趋动，在诱惑面前势必会导致寻租可能性的加大。

5. 复杂性

水利工程有着工期较长、参与单位多、涉及的范围广的特点，这其中碰到人文、政治、气候和物价等等不可预见和不可抗力的事件几乎是不可躲避的，所以其风险的变化是相当复杂的。工程风险与施工分工、设计的质量、方案是否可行、监管的力度、资金到位情况、执行力是否到位、施工单位资质等各种各样问题息息相关。这就是说风险一直存在，并且其发生的流程也很繁复。

三、水利工程项目风险管理概述

水利工程包括了防洪、排涝、灌溉、发电、供水等工程的新扩建、改建、加固及修复，及其一些配套和附属工程，有着投入大；工程量大；周期较长；工作条件复杂；并且受自然方面的条件制约多；施工难度系数大；当然得到的效益也大，于此同时对环境的影响也大；失事后果相当严重；对国民经济有很大影响等特点。所以在现在的工程管理中，怎样对水利工程进行有效的风险管理，已经是一个企业想得到赢利的一个非常重要的管理内容。

水利工程的风险管理是项目管理的一部分，确保工程项目总目标的实现是它的目的。风险管理具体指的是利用风险识别去认识风险，风险估计去量化风险，接着对风险因素进行评价，并以评价结果为参照选择各种合理的风险应对措施、技术方案和管理办法对工程的风险实行有效及时的控制，对导致的不利结果进行妥善解决，在确保工程目标得以实现的同时，成本达到最小化的一项管理工作。具体风险管理的基本流程包含风险识别、风险评估、风险控制等阶段周而复始的过程。

从一般情况来说，大家会把风险识别和风险评估认统一看作为风险分析，把风险控制认定为风险决策。这两者密不可分，风险识别是风险决策的科学依据，其目的就是为了避免失误的、盲目的决策。在具体工程中从事风险管理的主体有多不同，风险管理的侧重点也会跟着有所差异，对于不同的工程来说，风险因素和具体采取的控制方法也会有差异。尽管我们在实际的工作中，因为具体的项目的不同风险管理的程序会有所不同，但是风险管理的基本内容是一致的。

（一）风险识别

水利工程风险的识别是其风险管理的第一步，是基础性工作，它是从定性的角度，来了解和认识风险因素，加上之后的风险评估的量化，这对于我们更好的认识风险因素有很大的帮助。风险识别是指工程项目管理人员根据各种历史资料和相关类似工程的工程档案进行统计分析，或者通过查找和阅读已出版的相关资料书籍和公开的统计数据来获得风险资料的方法，并且加上具体管理人员以往的工程项目经验的基础上，对工程项目风险因素及其可能产生的风险事件进行系统、全面、科学的判断、归纳和总结的过程，对工程项目各项风险因素进行定性分析。风险识别如果做得不是很好，经常可以预料到风险评估也做得不是很好，对风险的错误认识将导致进一步的风险。风险识别一般包含确定出风险因素、分析风险产生的条件、描述风险特征和可能发生的结果这几个方面，并且分类识别出的风险。风险识别不是完成一次就结束了，而是在风险管理过程当中的一项一直继续着的工作，应当在工程建设过程中从始至终的定期进行。

1. 风险识别分类

（1）感知风险

第一是查阅和整理以往工程资料数据和类似风险案例发生的资料，工程的具体要求、计划方案和总体目标等等，把这些作为工程识别的根据；第二是对收集的依据和数据进行分类整理，最后进行风险识别。

（2）分析风险

由于水利工程有着投资需求大、技术要求高和建设工期长等特点，所以水利工程的风险无处不在又多种多样，有来自内外部环境的、各个时期的、动态和静态的。分析目的就是寻找出工程的重要风险，在这复杂的环境里。

2. 常用的风险识别方法

常用的风险识别方法有：头脑风暴法、德尔菲法、流程图法、核对表法、情景分析法、工作分解结构法等等。风险识别方法的选取主要取决于具体工程的性质、规模和风险分析技术等方面。

（1）头脑风暴法

这种方法是吧众多该领域的专家召集在一起，对某个事件进行互相的探讨，通过专家们创造性思维，相互激发、集思广益。综合各个专家的意见形成风险识别的结果。这种方法在具体的工程风险管理实施中很常见。

（2）德尔菲法

德尔菲法，是指通过函件的形势与相关领域的专家取得联系，征求专家在某一问题上的看法。首先将需要解决的问题发到每位专家的手中，各个专家单独分析后，将各个专家的意见进行处理后再把信息反馈给各个专家进行修改，如此重复几次后，直到各个专家的意见趋于相同时，最后的结果作为风险识别的最终结果。该方法在 20 世纪 40 年代由美国兰德公司提出，现已在社会、经济和工程技术领域取得了广泛的应用。

（3）流程图法

流程图法是以每个施工过程为研究对象，列出每个施工工艺、每个施工过程具体有什么工程，风险源是什么，威胁力有多大。这是一种非常细致的风险识别方法对于一些小工程为目标进行识别，可操作较强，但对于一些相对复杂的工程，特别是水利工程来说，工作量较大。

（4）核对表法

风险核对表法是以以往类似项目的历史资料作为依据，将当前项目可能存在的风险列在一个表格上供项目管理人员核查，对照表对项目现实存在的风险进行选择。该方法能够利用项目管理人员在项目管理领域的知识、经验和对已有资料的归纳总结的基础上完成对风险的识别工作。

（5）情景分析法

情景分析法也称为幕景风险法，它是结合一定的数理统计原理利用图表或者曲线表来描述在各种因素发生变化时，整个项目风险因素的变化及可能产生的后果。它是通过图表或者曲线表，能直观的表达对风险的认识，但是这个方法主要是从个人的角度和观点来看待问题，对问题的分析有着片面性。

（6）工作分解结构法

英文简称 WBS，是以项目系统为研究对象，以一定的方法和逻辑将大的项目系统进行层层分解变成若干个子系统。通过整个子系统的风险因素进行识别形成整个系统的风险因素。利用工作分解法用于风险识别，得到的风险因素更加清晰和明了，使得风险管理人员整体的组织结构更加的清晰，对关键因素的识别也更明确。

（二）风险评估

风险评估一般分风险估计及风险评价两个步骤。由于工程风险的不确定性和模糊性导致难以对其进行准确的定义和量化，所以工程评估显得尤其重要。

1. 风险估计

风险估计一般是对单个的意见辨识的风险因素进行风险估计，通常可分为主观估计与客观估计两种，主观估计是在对研究信息不够充足的情况下，应用专家的一些经验及决策者的一些决策技巧来对风险事件风险度做出主观的判断与预测；客观风险的估计是指经过对一些历史数据资料进行分析，这样找到风险事件的规律性，进一步对风险事件发生的概率及严重程度也就是风险度做出估计判断和预测。风险估计大概包含以下几方面内容：

（1）最开始要对风险的存在做出分析，查找出工程具体在什么时候、地点及方面有可能出现风险，接着应尽力而为的对风险进行量化的过程，对风险事件发生概率的估算。

（2）对风险发生后产生的后果的大小进行估计，并对各个因素大小确定和轻重缓急程度进行排序。

（3）最后一个方面那就是对风险有可能出现的大概时间及其影响的范围进行认真确认。换句话说，风险估计其实就是以对单个的风险因素和影响程度进行量化为基础来构建风险的清单，最终为风险的控制给了参考，提供了各样的行动的路线及其方案的一个过程。我们来依据事先选择好的计量的方法和尺度，可以确定风险的后果的大小。这期间我们还要对有可能增加的或者是比较小的一些潜在风险的考虑。

2. 风险评价

风险评价是综合权衡风险对工程实现既定目标的影响程度，换句话说，就是指工程的管理人员利用一些方法来对可能有引起损失的风险因素进行系统分析及权衡，对工程发生危险的一些可能性及其严重的程度进行评价，并对风险整体水平进行综合整体评价。

3. 风险估计和评价的常用方法

风险估计及风险评价是指利用各式各样的科学的管理技术，并且采取定性和定量相结合的方式，对风险的大小进行估计，进一步对工程主要的风险源的寻求，并对风险的最终影响进行评价。当前估计与评价的方法具有代表性的包括：模糊综合评判法、层次分析法、蒙特卡洛模拟法、事故树分析法、专家打分法、概率分析法、粗糙集、决策树分析法、BP 神经网络法等。

（1）事故树分析法

事故树分析法是在 1962 年，在美国贝尔电报公司的电话实验室开发出来的，其运用了逻辑的方式，能够形象的对风险的工作进行分析。将工程风险层层分解，形成树状结构，逐步寻找引起上一层事件的发生原因和逻辑关系。由于该方法适合评价复杂项目的风险，且系统性、层次性较强，所以在风险识别过程中得以广泛使用。

（2）专家打分法

专家打分法采用业内专家的知识和经验，对水利工程建设过程中可能的风险进行直接的判断，并度量出任何一个单独的风险的水平，例如是给出 0 ~ 10 之间的分数。它是风险的评价方法中的较简单和较常用的一种。专家的经验和知识是在通过长期的实践过程中形成的，因此采用专家打分法在实际应用中有十分理想的效果。简单明了、容易实现是这种方法的最大优点，能够比较真实的反应各种风险的因素。一句话就是可以让各个专家的精华的思想得以全部利用，便于找出更好的建设性的建议，它是一个很好的评价方法。

（3）概率分析法

概率分析法是经过研究工程建设过程中各式各样不确定的因素幅度的概率分布，和对工程的不良影响，对工程风险性作出评判的一种不确定性分析方法。这种方法的优点是减弱了人为主观因素的影响，并且用数字来表示更为直观明了。

（4）蒙特卡洛模拟法

蒙特卡洛法又称为统计试验法或随机模拟法。是在使用的过程中加入一些不确定的因素的功能，并且从输入的样本中来随机的抽取出试验的样本，把样本数据输入数据模型，得出风险率，再进行若干次独立抽样，得到一组风险率数值，便能得到风险概率分布，判断风险水平。

（5）决策树分析法

决策树分析法，它指的是在对每一个事件或者决策进行分析的时候，一般都会不止出现一个事件，有两个或者更多个的事件，分别引起不同结果，并且用长得像是一棵树的树干的图形把这种事件或者决策的分支画出来。决策树把致灾原因作为决策点，给出相应的方案，并且给出各个方案的概率值，最后采用数学方法计算得出致灾原因的风险值。

（6）粗糙集

粗糙集是用来描述不确定性的数学理论。该方法可以分析不确定的、不完整的各种信息，还能够对数据进行分析和推理，并且得出相应的结果。粗糙集的基本思想是：它只是依靠大量的实验时的观测数据，不利用其他的任何形式的算法和之前经验得来的信息，仅是从大量的数据中找出它们潜在的关系和联系。

（7）模糊评价法

模糊评价法是一种多层次评价法。其中评价因素、层次要是越多，评价过程就会越复杂，评价结果越准确。这个方法首先的一步就是确定出评价的层次体系，接着安札从下到上的步骤，一步步的从下往上进行分析，最终可得出评价的结果。

（8）层次分析法

层次分析法是一位美国教授 T.L.Satty 等在研究课题时提出来。该方法适用于解决多目标决策问题的定性和定量相结合的、系统化的和层次化的决策分析的方法，属于运筹学的范畴。

（9）神经网络法

神经网络模拟人脑神经元，用神经元来表示输入信息、中间层信息和输出信息。各节点相互连接，形成网络系统。通过相互刺激和彼此连接使得神经元之间进行学习及记忆；神经网络进行训练时是利用激励函数来实现的。将一些互不关联的网络节点通过训练，使得其迭代逼近某一函数，即逼近函数，最后通过这个函数得到网络的输出。这种方法具有很强的自主学习的能力、自适应能力及自组织能力，可以避免因权重和相关系数的选取而产生的人为评价误差，其中，又以 BP 神经网络应用最为广泛。

每一种方法都有其各自的优缺点，没有一种评价方法适合所有的工程。在工程风险的评估方法研究上，国内外的很多相关学者做出了很大的贡献，提出了很多方法，并且每一种方法在各自的环境下都尤其自己的适用性。水利工程风险的评估方法的选择，将会直接影响风险评估的结果的客观性和有效性。为了选取最合适的评估方法，应该遵循适应性、合理性、充分性、针对性及系统性这五个原则。

一般来说，定量和定性相结合的风险评估方法是比较有效的，在复杂的风险评估过程中，把定性分析与定量分析简单的分割是不可取的，应使它们融合在一起。采用综合系统的评估方法，经常是吸取不同方法的优点，采用几种方法相结合的风险评估。通过对上述方法的优缺点分析，根据相关管理人员的以往经验的基础之上，并且从理论上讲，神经网络控制系统，它具有一定的学习能力，极其适合复杂系统的建模及控制，能够更好的适应环境及系统特性的一些变化，之前利用专家打分法对风险因素进行打分量化，将量化的风险因素作为神经网络的输入，神经网络的输出则是我们需要的风险结果，应用神经网络来构建一个待解决的问题等价的一个模型，这对于风险管理来说，是个有效的办法。在水利工程工程风险管理中，为了能够保证得到客观准确的安全风险评价等级，需要对水利工程中的环境、设备、人力方面等进行定性转为定量的分析，但是我们在实际中概率不能完全的获取等情况，因此为了最大程度的弱化了人为因素对评估的影响，本章节选择专家打分法和神经网络中的 BP 神经网络评估方法，利用建立的水利工程风险评价指标体系，对风险作出评价，并提出相关措施，达成良好的风险管理。

（三）风险控制

风险控制就是在风险发生之前，依据风险的识别、估计及评价的结果，选择一些应对的措施来避免或降低风险的发生概率及发生后导致的损失，增加积极应对风险的过程。把工程带入正确的方向前进。制订风险管理相关计划是风险控制的前提条件，一般情况下，对风险的应对有两方面的内容，第一个是选择相关措施把风险事件扼杀在萌芽时期，尽可能的消灭或减轻风险，控制在一定的范围内；第二是采取合理的风险转移来减轻风险事故发生后工程目标的影响。因此，我们首先就要对风险源及其风险的特点、类型等进行正确的分析，并利用合理的风险评估方法进行评估，这是风险控制的前提条件。

风险控制的主要方法有风险预防、损失控制、风险规避、风险转移、风险储备、风险利用、风险自留等。

1. 风险转移

这种方法是一种比较经常使用的一个风险控制方法。它主要是针对一些风险发生的概率不是很高而且就算发生导致的损失也不是很大的工程，通过发包、保险及担保的一些方式把工程遇到与一些潜在的风险转移给第三方。例如，总承包商可以把一些勘测设计、设备采购等一些分包给第三方；保险说的是和保险公司就工程相关方面签订保险合同；一般在工程项目中，担保主要是银行为被担保人的债务、违约及失误承担间接责任的一种承诺。

2. 风险规避

这是一种面对一些风险发生的概率较高，而且导致的后果比较严重，采取的主动放弃该工程的方法。但是这种方法有着一些局限性，因为我们知道，很多风险因素是可以相互转化的，消除了这个风险带来的损害的同时又会引起另一个风险的出现，假如我们因为某些高风险问题放弃了一个工程的建设，是直接消除了可能带来的损失，但是我们也不可能得到这个工程带来的盈利方面的收入。所以有时我们应该衡量好风险和利益之间的比率来选择风险控制的方法。

3. 风险预防

这种方法主要是采取一些措施来对工程的风险进行动态的控制，就是要尽可能的消灭可以避免的风险的发生。第一种是运用工程先进合理的技术手段对工程决策和实施阶段提前进行预防控制，降低损失；第二就是管理人员和施工人员要把实际的进度、资金、质量方面的情况与之前计划好了的相关目标机械能对比，要做到事前控制、过程控制和事后控制。发现计划有所偏离，应该立即采取有效的措施，防患于未然。第三就是要加强对管理人员及从事工程的各方人员进行风险教育，提高安全意识。

4. 损失控制

这种方法一般包括两个方面，第一是在风险事件还没发生之前就采取相应损失的预防措施，降低风险发生的概率；例如：对于高空作业的工作人员应该要做好高空防护措施，系好安全带等；第二是在风险事件发生之后采取相应措施来降低风险导致的损失。如一些自然灾害导致的风险事件。

5. 风险储备

这种方法就是在对一些经过分析判断后，一些风险事件发生后对工程的影响范围和危害都不是很确定的情况下，事前制订出多种的预防和控制措施，也就是主控制措施和备用的控制措施。例如很多施工和资金等方面的风险问题都可以采取备用方案。

6. 风险自留

风险自留这是选择自愿承担风险带来损失的一种方法。一般包括主动自留和被动自留两张，是企业自行准备风险基金。主动自留相对于目标的实现更有力，而被动自留主要是一些以往工程中未出现过的或者出现的机率非常低的风险事件，还有就是因为对项目的风险管理的前几个环节中出现遗漏和判断失误的情形下发生的风险事件，事件发生后其他的风险措施难以解决的，选择了风险自留的方式。

7. 风险利用

这种方法一般只针对投机风险的情况。在衡量利弊之后，认为其风险的损失小于风险带来的价值，那就可以尝试着对该风险加以利用，转危为机。这种方法比较难掌握，采取这种方法应该具备以下几个条件：首先，此风险有无转化我价值的可能性，可能性的大小；其次，实际转化的价值和预计转化的价值之间的比例占多少；再次，项目风险管理者是否具备辨识、认知和应变等方面的能力；最后，要考虑到企业自身有这样的一个能力，这能力就是具不具备在转危为机的过程中所要面临的一些困难和应该付出的代价。

上面描述的风险应对措施都会有存在着一定的局限性，是处理实际的问题时，一般采取组合的方式，也就是采用两种或者两种以上的应对方法来处理问题，因为对于简单的事件，单一的方法可以解决问题，但是复杂的就很棘手，采用组合的方式可以弥补各自之间的不足，使得目标效益最大化。

第五节 水利工程质量管理

一、建设项目质量管理概念

（一）建设项目质量的定义

"质量"这个词的内涵极广，它的定义属性也极为丰富。平常工作生活中不可缺少"质量"二字。因此，不同的学者和文献对质量的定义不尽相同。ISO 在《质量管理与质量保障术语》一书中认为质量就是指物质能够满足和隐藏需求的性质。这其中主要包含服务、产品以及活动。对于不同的实体，质量的特性也是不同的。

ISO9000：2000 标准中将质量管理定义为在既定的质量管理计划、目标及职能设置的基础上，经过质量管理系统的策划、控制、保证及改进来实现其所有相关质量管理职责的行为。通俗地讲，把完成服务和产品适用性作为一个组织或者企业质量管理的根本职责。所以，质量管理并不是一个简单的基础定义，而是一个全方位的具有相当的复杂性的系统工程。

建设项目的质量内涵是指工程项目的使用属性及性质，它是一个综合性的复杂指标。它应该反映出合同中规定的条款，还包括隐藏的功能属性，其中包含下面三个主要内容：

1. 程项目建设完工投产运行之后，它所提供的服务或产品的质量属性，生产运行的稳定性和安全性。

2. 工程项目所采用的设备材料、工艺结构等的质量属性，尤其是耐久性及工程项目的使用寿命。

3. 其他方面，如造型、可检查性和可维护性等。

（二）建设项目质量管理的内涵

普遍意义中，质量管理的内涵主要指为了实现工程项目质量管理目标而实施的相关具有管理属性的行为及控制活动。这其中主要包含制定方针及目标、进行控制及实施改进措施等。质量管理行为绝对不是孤立的，它也不是与进度、成本、安全等活动相互对立的，而是项目质量管理全过程的一个重要组成因素，是与进度、成本、安全等活动相互促进并相互制约的。质量管理活动应该是贯穿整个工程项目管理全过程的重要活动。

建设项目质量管理的内涵为保障项目方针目标内容的实现，同时能够对劳动成果进行管控的活动。主要包括为保障项目质量管理成果符合协议合同或者业内标准而采用的一系列行为。它是工程项目质量管理中非常重要的、有计划性和系统性的行为。

建设项目质量管理活动的定义是为了达到工程项目质量管理需求而采用的各种行为及活动的总和。其目标为监视控制质量的形成过程，并消灭质量管理各环节中偏离行为准则的现象，以确保质量管理目标的完成。建设项目质量管理活动通过检验建设项目质量成果，判定其是否完全符合相应的准则和规范，并且消除引起劣质结果的因素。

二、质量管理相关理论及其发展

（一）质量管理相关理论

质量管理发展到现在阶段，主要有以下几种重要理论：

1. "零缺陷"理论

"零缺陷"理论最早是在 20 世纪 60 年代由美国人提出的。顾名思义，该项理论基本原则和内容是把活动中可能发生的任何错误及缺陷降为零。这种管理方法出发点及目标较为全面。核心思想是企业的生产者第一次就把工作作到非常好，没有任何缺陷，不用依靠事后的验证来发现及解决错误。它强调对缺陷进行提前预防以及对生产过程进行极为有效的控制。

"零缺陷"要求企业管理层应该采取各种激励手段来充分调动生产者的主观能动性和积极性，并且制订高质量的目标。使得生产的产品及从事的业务没有任何缺点。零缺陷的成功实现还需要企业生产者具有强烈的产品及业务质量的责任感。零缺陷理论强调在整个项目质量管理中，只有全员参与，才能切实提高产品和服务的质量。

"零缺陷"管理理论由外国传入我国。从 20 世纪 80 年代开始，部分管理思想较为先进的组织或企业开始学习采用"零缺陷"管理，并且努力将真正的"零缺陷"作为最重要的活动目标。这就需要所有工作层面对所有产品或者服务的质量进行保证，以使整个组织或者企业的质量管控水平逐步提高。

2. "三部曲"理论

"三部曲"是在美国发生质量管理危机的宏观背景下，首先由著名专家朱兰博士提出的。就其内涵而言，将质量策划、控制以及改进作为服务或者产品全周期质量管控的三个最重要环节。每一个环节都有其相对固定的模式和实施标准。其认为质量管理的目的是保证服务或者产品的质量能确保消费者或者使用者的需求。

三个环节中，质量计划的制订是质量管理"三部曲"的起始点，它是一个能保证满足管理者特定管理目标，并且能够在现有生产环境下施行的过程。在质量计划完成之后，这个过程被移交给操作者。操作人员的职责就是按照既定质量计划施行全部控制管理行为。若既定的质量计划出现某些漏洞，生产过程中的经常性损耗就会始终保持较高的标准。于是组织或者企业的管理层就会引入一个新的管理环节——质量改进环节。质量改进环节是通过采用各种行之有效有效的办法来提升服务或者产品、过程和体系以满足管理者或者消费者质量管理需求的行为，使质量管理工作达到一个崭新的高度和水平。通过实施质量改进活动，生产过程中的经常性损耗会较大程度的下降。最终，在实施质量改进活动中吸取的经验教训会反馈并影响下一轮的质量计划，于是，质量管理全过程就会形成了一个生命力强劲的循环链条。

3. 全面质量管理理论

该理论主要涵义是指组织或者企业实施质量管理的权限和范围应该不仅局限在服务或者产品的质量本身，而且还应该要包含从生产扩展至研究设计、设备材料采购、制造生产、营销销售和后勤服务等质量管理的各个环节。该理论在工程项目质量管理的实际应用中必须关注下面五点原则：以质量为效益、以人为本、预防为先及注重全过程原则。

全面质量管理理论由费根堡姆于 20 世纪 60 年代，在其著作中第一次归纳并提出。它要求将组织内部的所有部门都联合起来，把提高及维持质量等行为组成一个非常高效的系统。同时费根堡姆还强调了以下三个方面：

（1）组织或者企业为了使消费者或者使用者对其提供产品或者服务产生较高地满意度，那么就要求组织或者企业必须从更加全方位的角度去寻找解决质量问题的管控办法。需要其把各类先进的管控方法或者思想融合加工，将组织或者企业中的每一道环节的质量管控作到极致，来代替仅在生产环节中依靠统计学来管控质量，以使质量问题得到更为根本的解决。

（2）产品质量的高低是相对的。而控制质量高低程度的管理过程也不是一蹴而就的。它是由制订标准及研制开发等多个步骤构建而成。这些步骤影响着一项服务或者产品质量高低的程度。因此组织或者企业进行质量管控，就必须关注设计开发生存的全过程，这是全面质量管理的基本原则。

（3）由于组织或者企业经营持续下去的基础是盈利，那么它就必须要服务或者产品的功能性和经济性结合起来，既保证服务或者产品能够满足消费者或者使用者的功能需求品质需求，又要充分考虑其成本，否则长久持续确保服务或者产品的质量水平就是一句空谈。

全面质量管理理论，从问世起就在世界各地关注并研究相关理论的专业领域和群体中得到了相当广泛的传播。同时，由于各国的国庆不同，因此，在各国的研究中，也都充分与各国不同实际进行着有机的结合。20世纪80年代中后期，由于生产水平的提高，该理论有了较快发展，逐步演变为一种全面且综合的管理思想。在ISO制定的新一期的准则中，对其赋予了如下定义：一个组织或者企业将服务或者产品的质量管控作为中心点，而实施的全过程周期的管控行为或者活动。

（二）质量管理的发展

至今，质量管理理论的发展阶段主要有以下四个：

1. 质量检验阶段

这个阶段是以泰勒等专家提出的质量管理理论为标志的。这阶段的质量管理是由专职的质检人员或者质检部门利用各种仪表及检测设备，按照规定的质量标准对生产过程进行严格把关，以确保产品质量。它的主要特点是强调事后把关及信息反馈行为，但无法在生产过程当中起到预防及控制作用。

2. 统计质量控制阶段

这阶段是利用数理统计技术在生产流程工序之间进行质量控制行为，从而预防不合格产品的产生。使用该种方法能够对影响服务或者产品质量的相关因素进行部分约束。与此同时，世界范围内主流的质量管理由事后检查进化到事前事中预防性控制的管控模式。但是，由于该种方式是以数理统计学科技术为基础的，容易导致组织或者企业把质量管控的关注点集中到数理统计工作者本身，却容易忽视生产人员以及管理人员的重要影响。因此，质量管理理论必然开创了一个全新的阶段——全面管理阶段。

3. 全面管理阶段

全面质量管理理论是根据组织或者企业的不同实际情况，通过全周期、全过程的质量控制，运用当代最为先进的科学质量管理模式，保证服务业或者产品的质量，改善质量管理模式的一种思想。

全面质量管理主要特征是面对不同的组织或者企业在条件、环境以及状态等方面的不同，综合性地把数理统计学科、组织管理技术和心理行为科学等各个学科知识以及工具融合统一，建立健全完善高效的质量管理工作系统，并对全过程各个环节加以控制管理，做到生产运行全面受控。全面质量管理是现代的质量管理，它从更高层面上囊括了质量检验及统计质量管理的内容。不再受限于质量管理的职能范畴，而是逐步变成一种把质量管理作为核心内容，行之有效的、综合全面的质量管理模式。

4. 质量保证与质量管理标准的形成阶段

20 世纪 80 年代，人们把一些现代科学技术融入到质量管控当中，一些当代互联网的辅助质量管理信息系统如雨后春笋，被逐步开发应用。随着先进技术的应用，促使 ISO 应用和规范了一些在国际国内范围都得到了广泛接受的规则及标准。近代涌现出了非常多的关于质量管理理论和办法，就是得益于全面质量管理研究的快速发展。其中，得到了广泛应用的主要包括"零缺陷"理论等。

三、水利工程质量管理及其优化

（一）水利工程施工管理内容

1. 施工前管理

水利工程施工前主要完成的工作包括投标文件的编制及施工承包合同的签订以及工程成本的预算，同时要根据工程需要制定科学合理的合同及施工方案。施工前的管理是属于准备工作阶段，这段时间是为工程的顺利施工提供基础，准备的充分与否是决定工程能否顺利进行以及能否达到高标准高质量的决定条件。

2. 施工中管理

（1）对图纸进行会审，根据工程的设计确定质量标准和成本目标，根据工程的具体情况，对于一些相对复杂、施工难度较高的项目，要科学安排施工程序，本着方便、快速、保质、低耗的原则进行安排施工，并根据实际情况提出修改意见。

（2）对施工方案的优化。施工方案的优化是建立在现场施工情况的基础之上的，根据施工中遇到的情况，科学合理的进行施工组织，以有效控制成本进行针对性管理，做好优化细化的工作。

（3）加强材料成本管理。对于材料成本控制，首先是要保证质量，然后才是价格，不能为了节约成本而使用质量难以保证的材料，要质优价廉，再有要根据工序和进度，细化材料的安排，确保流动资金的合理使用，既保证施工作业的连续性，同时也能降低材料的存储成本。另外对于施工现场材料的管理要科学合理的放置，减少不合理的搬运和损耗，达到降低成本的目的。另外要控制材料的消耗，对大宗材料及周转料进行限额领料，对各种材料要实行余料回收，废物利用，降低浪费。

3. 水利工程施工后管理

水利工程完工后要完成竣工验收资料的准备和加强竣工结算管理。要做好工程验收资料的收集、整理、汇总，以确保完工交付竣工资料的完整性、可靠性。在竣工结算阶段，项目部有关施工、材料部门必须积极配合预算部门，将有关资料汇总、递交至预算部门，预算部门将中标预算、目标成本、材料实耗量、人工费发生额进行分析、比较，查寻结算的漏项，以确保结算的正确性、完整性。加强资料管理和加强应收账款的管理。

（二）水利工程质量管理的重要性

随着科学技术的发展和市场竞争的需要，质量管理越来越被人们重视。在水利工程建设中，工程质量始终是水利工程建设的关键，任何一个环节，任何一个部位出现问题，都会给整体工程带来严重的后果，直接影响到水利工程的使用效益，甚至造成巨大的经济损失。因此，可以肯定的说，质量管理是确保水利工程质量的生命。

工程质量的优劣，直接影响工程建设的速度。劣质工程不仅增加了维修和改造的费用、缩短工程的使用寿命，还会给社会带来极坏的影响。反之，优良的工程质量能给各方带来丰厚的经济效益和社会效益，建设项目也能早日投入运营，早日见效。由此可见，质量是水利工程建设中的重中之重，不能因为追求进度，而轻视质量，更不能因为追求效益而放弃质量管理。只有深刻认识质量管理的重要性，我们的工作才能做好。

（三）水利工程质量管理存在的问题

1. 质量意识薄弱

虽然国家反复强调"质量第一""质量是工程的生命线"，但迫于工程进度的压力，少数施工单位为了避免由于工期延误引起业主提出索赔，不得不向"重进度轻质量"倾向，即在工期与质量发生冲突时，往往会是工期优先。一些工程没能认真推行工程项目招标制、项目法人制、工程监理制、工程质量终身制。一些地方与单位行政干预严重，违反建设程序，任意压缩合理工期，影响工程质量；资金不到位，资金运作有问题、压价、要求承包方垫资、拖欠工程款，造成盲目压缩质量成本和质量投入；招投标工作不够规范，违规操作，虚假招标或直接发包工程导致低资质、无资质设计、施工、监理队伍参与工程建设。

2. 工程前期勘测设计不规范

个别水利工程建设项目的项目规划书、可行性研究报告和初步设计文件，由于前期工作经费不足，规划只停留在已有资料的分析上，缺乏对环境、经济、社会水资源配置等方面的综合分析，特别是缺乏较系统全面地满足设计要求的地址勘测资料，致使方案比选不力，新材料、新技术、新工艺的应用严重滞后，整个前期工作做得不够扎实，直接影响到工程建设项目的评估、立项、进度和质量等。

3. 监理市场不规范，监理工作不到位

监理队伍少，人员素质良莠不齐，部分人员无证上岗，工作责任心不强；监理市场不规范，监理单位存在"一条龙""同体监理""自行监理"现象，监理成"兼理"；监理工作不到位，工作深度和广度不够，质量能力不强，缺乏有效的方法和手段。

4.技术力量薄弱

一些中小型水利工程设计、施工单位的设计、施工人员的业务水平较低，对于某些复杂的技术问题无法很好地解决。加之有些人员有着"等、靠、要"的传统思想，进取心不强，因此相对于日益发展的技术水平来讲，他们的水平呈下降趋势。如在施工工程中遇到地质较为复杂的情况，这些人员往往拿不出合理的方案，有时甚至做出错误的决策，难以承担有一定深度的工作。量下降，市场上无法形成有力的竞争优势。

（四）水利工程质量管理的要点

从以上分析可知，进行水利工程建设时质量管理的重要性，针对以上水利工程质量管理所存在的问题，笔者总结了应从以下几方面，加强质量管理，确保工程建设的质量。

1.加强水利工程的测量工作，保证测量的准确性

水利工程建设中，工程设计所需的坐标和高程等基本数据以及工程量计算等都必须经过测量来确定，而测量的准确性又直接影响到工程设计、工程投入。

2.加强水利工程设计工作

在水利工程建设项目可行性论证通过并立项后，工程设计就成为影响工程质量的关键因素。工程设计的合理与否对工程建设的工期、进度、质量、成本，工程建成运行后的环境效益、经济效益和社会效益起着决定作用。先进的设计应采用合理、先进的技术、工艺和设备，考虑环境、经济和社会的综合效益，合理地布置场地和预测工期，组织好生产流程，降低成本，提高工程质。

3.加强施工质量管理

施工是决定水利工程质量的关键环节之一，因此在施工过程中应加强施工质量管理，保证施工质量，如：

（1）加强法制建设，增强法制意识，认真遵守相关的法律法规。

（2）完善水利工程施工质量管理体系，严格执行事先、事中、事后"三检制"的质量控制，并确保水利工程施工过程中该体系正常和有效地运转，质量管理工作到位。

（3）水利工程建设中，影响工程质量的因素主要有人、材料、机械、工艺和方法、环境5个方面。因此，在建设过程中应从以上5个方面做好施工质量的管理。

（4）整个施工过程中应实行严格的动态控制，做到"施工前主动控制，施工时认真检查，施工后严格把关"的质量动态控制措施。

（5）施工时不偷工减料，应严格按照设计图纸和施工规程、规范、技术标准精心施工。

（6）加强相关人员的管理，对有特殊要求的人员应要持证上岗。

（7）加强工程施工过程中的信息交流和沟通管理。

（8）加强技术复核。

水利工程施工过程中，重要的或关系整个工程的核心技术工作，必须加强对其的复核避免出现重大差错，确保主体结构的强度和尺寸得到有效控制，保证工程建设的质量。

4. 重视质量管理，落实责任制

相关的管理部门应高度重视水利工程质量管理工作，本着以对国家和人民负责的态度真正把工程质量管理工作落到实处，明确相关人员的责任，层层落实责任制，全面落实责任制，并加强监督和检查，严格按照水利规范和技术要求，如出现质量问题就要追究当事人的责任，即工程质量终身制，彻底解决工程质量如没人负责问题，能够提高相关人员的责任感。

5. 改进监控方法，提高检测水平

加强原材料、设备的质量控制，对批量购置的材料、设备等，要按国家相关部颁或行业技术标准先检测（全面检测或抽样检测）后使用，对不合格材料和设备不使用。加强施工质量监测，对关键工序和重点部位，应严格监控施工质量。

6. 加强技术培训，提高相关人员的业务素质

设计人员、管理人员、施工人员和操作人员业务素质的高低直接影响水利工程建设的质量，加强相关人员的技术培训，提高技术人员的业务素质，能够大大地提高水利工程建设的质量。因此，各个单位应重视员工的专业素质，定期进行相关的培训，提高员工的专业技能和业务素质，能够掌握并运用新技术、新材料和新工艺等，还应建立完善的考核机制。

综上所述，质量是企业的生存之本，因此，只有高度重视工程质量，才能使企业更好更快地发展。

（四）施工过程的质量控制

施工是形成工程项目实体的过程，也是决定最终产品质量的关键阶段，要提高工程项目的质量，就必须狠抓施工阶段的质量控制。水利水电工程项目施工涉及面广，是一个极其复杂的过程，影响质量的因素很多，使用材料的微小差异、操作的微小变化、环境的微小波动，机械设备的正常磨损，都会产生质量问题，造成质量事故。因此工程项目施工过程中的质量控制，是工程项目控制的重点，是工程的生命线。施工过程的质量控制，主要表现为现场的质量监控，牢牢掌握住 PDCA 循环中的每一个环节。

1. 加强工地试验对质量控制的力度

工地试验室在工程质量管理中是非常重要的一个环节，是企业自检的一个重要部门，应该予以高度的重视。试验人员的素质一定要高，要有强烈的工作责任心和实事求是的认真精神。必需实事求是。否则，既花了冤枉钱，又耽误了工期，更可能造成严重的后果。

试验室配备的仪器和使用的试验方法除满足技术条款和规范要求外，还要尽量做到先进。比如在测量工作中，尽量使用全站仪校验放样：①精度较高；②可以提高工作效率。

2. 加强现场质量管理和控制

要加强现场质量控制，就必须加强现场跟踪检查工作。工程质量的许多问题，都是通过现场跟踪检查而发现的。要做好现场检查，质量管理人员就一定要腿勤、眼勤、手勤。

腿勤就是要勤跑工地，眼勤就是要勤观察，手勤就是要勤记录。要在施工现场发现问题、解决问题，让质量事故消灭在萌芽状态中，减少经济损失。质量管理人员要在施工现场督促施工人员按规范施工，并随时抽查一些项目，如混凝土的砂石料、水的称量是否准确，钢筋的焊接和绑扎长度是否达到规范要求，模板的搭设是否牢固紧密等。质量管理人员还应在现场给工人做正确操作的示范，遇到质量难题，质量管理人员要同施工人员一起研究解决，出现质量问题，不能把责任一齐推向施工人员。质量管理者只有做深入细致的调查研究工作，才能做到工程质量管理奖罚分明，措施得当。

目前工地上有一种现象值得重视，那就是好像拆掉多少块混凝土、砸掉多少个结构物、挡墙施工返工多少次，就证明质量工作抓得严，质量工作就做到家了，往往还在质量总结中屡屡提及，把它当作质量管理中的功劳。这种看法有它的片面性，是要不得的。应该看到问题的另一面，敲、砸和返工证明你质量管理没有做好。试问：为什么在事前不采取措施预防此类问题的发生？因此，质量管理一定要把保证质量、提高质量、对质量精益求精做为施工的大提前，未雨绸缪，将质量隐患消除在萌芽状态。

另外，在现场质量管理上，有一个弊病，就是管理质量的人没有真正的否决权，技术和行政相对来讲还是分家的。现在的很多工地，特别是中小型工地，往往是行政一把手对质量管理工作说了算，搞技术的人在技术管理上也得听他的指挥，这样极大地挫伤技术人员的积极性，该管的地方不管，该说的问题不说，一切听领导是从。这样如何搞得好质量控制？建议给真正进行质量管理的技术人员一定的否决权。

在现场质量控制的过程中，还应该采取合理的手段和方法。比如在工程施工过程中，往往一些分项分部工程已完成，而其他一些工程尚在施工中；有些专业已施工结束，而有的专业尚在继续进行。在这种情况下，应该对已完成的部分采取有效措施，予以成品保护，防止已完成的工程或部位遭到破坏，避免成品因缺乏必要保护，而造成损坏和污染，影响整体工程质量。此时施工单位就应该自觉地加强成品保护的意识，舍得投入必要的财力人力，避免因小失大。科学合理地安排施工顺序，制订多工种交叉施工作业计划时，既要在时间上保证工程进度顺利进行，又要保证交叉施工不产生相互干扰；工序之间、工种之间交接时手续规范，责任明确；提倡文明施工，制订成品保护的具体措施和奖惩制度。

在工程施工过程中，运用全面质量管理的知识，可以采用因果分析图、鱼刺图等方法，对工程质量影响因素进行认真细致的分析，确定质量控制的措施和目标，使工程质量控制有的放矢，达到事前预防、事中严格控制，扭转事后检测不达标的被动局面，提高工程质量控制的水平和效率。